全国电力行业“十四五”规划教材
高等教育新型电力系统系列教材

Insulation On-line Monitoring Technology for Electrical Equipment

电气设备绝缘在线监测技术

肖登明　编著
唐　炬　吴广宁　主审

中国电力出版社
CHINA ELECTRIC POWER PRESS

内 容 提 要

本书主要介绍电气设备绝缘在线监测和故障诊断的基本知识和技术，分别叙述了在线监测系统、故障诊断方法以及各种电气设备（包括电容型设备、避雷器、高压绝缘子、变压器、GIS、高压断路器、电力电缆和发电机等）的绝缘在线监测和故障诊断技术，特别介绍了相关的新技术、新成果。本书配套有教学课件和思考题参考答案，可通过扫描封面二维码获取相关数字资源。

本书主要作为高等学校电气工程专业的本科生和研究生的选修课教材，也可供电力部门从事运行、维护和试验相关工作的人员参考。

图书在版编目（CIP）数据

电气设备绝缘在线监测技术/肖登明编著．—北京：中国电力出版社，2022.3（2023.4重印）
ISBN 978-7-5198-5957-2

Ⅰ.①电… Ⅱ.①肖… Ⅲ.①绝缘—在线监测系统 Ⅳ.①TM08

中国版本图书馆 CIP 数据核字（2021）第 179755 号

出版发行：中国电力出版社
地　　址：北京市东城区北京站西街 19 号（邮政编码 100005）
网　　址：http://www.cepp.sgcc.com.cn
责任编辑：陈　硕（010—63412532）
责任校对：黄　蓓　马　宁
装帧设计：赵姗杉
责任印制：吴　迪

印　　刷：望都天宇星书刊印刷有限公司
版　　次：2022 年 3 月第一版
印　　次：2023 年 4 月北京第二次印刷
开　　本：787 毫米×1092 毫米　16 开本
印　　张：11
字　　数：242 千字
定　　价：36.00 元

前言

现代电网技术的发展趋势是将智能化在线监测和诊断技术应用在电厂、变电站、运行线路和分布式电气设备上，以发展成为先进的状态维修制度，提高电气设备的运行寿命。利用传感器技术、计算机技术及信号处理技术进行电气设备的在线监测，以及以此为基础进行电气设备的预知性维修，是保证电力系统安全、可靠运行的根本途径，也是近几十年来信息技术向电气设备试验及维护领域渗透的重要成就。

本书结合国内外相关的教学和科研成果，介绍了各种电气设备的在线监测及故障诊断的基础知识、原理和方法，特别介绍了在线监测的新技术和新成果。

本书的编写除满足作为高等学校相关课程的教材外，还对各部分的相关内容进行了必要的扩充，方便学生对有关内容的进一步了解、学习，满足作为教学参考书的需求，以面向多层次和不同要求的读者，也有利于不同教学学时要求的教师选择不同深度的教学内容。本书配套有教学课件和思考题参考答案，可通过扫描封面二维码获取相关数字资源。

本书由唐炬教授、吴广宁教授和殷禹教授审稿，提出了许多有益的建议，在此致以深切的谢意。

限于作者的能力和水平，以及新技术的不断发展，本书有不妥和疏漏之处，恳请读者批评指正。

编　者
2022年1月

目录

1

电气设备绝缘在线监测基本知识

1.1 电气设备的绝缘故障和预防性试验

随着电力系统朝着高电压、大容量的方向发展，停电事故给国民经济和人民生活带来的影响及损失越来越大，保证电气设备的安全运行越来越重要。高压电气设备是组成电力系统的基本元件，是保证电力系统运行可靠性的基础，不论是大型关键电气设备（发电机、变压器、断路器等），还是小型电气设备（避雷器、绝缘子等），一旦发生故障必将引起电力系统的停电。

高压电气设备主要由金属材料和绝缘材料构成。金属材料包括导电材料（铜、铝等）、导磁材料（硅钢片等）和结构材料（铸铁、钢板等）。绝缘材料包括固体材料（云母、电瓷、聚氯乙烯等）、液体材料（变压器油等）和气体材料（SF_6等）。而绝缘材料往往较易劣化变质而使电气、机械强度显著降低。统计表明，电气设备运行中70%左右的故障是由绝缘故障引起的，不仅是由于电应力作用引起绝缘劣化而导致绝缘故障，而且机械力或热效应也会发展为绝缘性故障。

为了确保电气设备的安全运行，电气设备在制造和运行过程中均需要进行严格的监测试验。在制造过程中，要经过型式试验、例行试验和出厂试验，才能保证电气设备的质量。而在运行时，电气设备要进行交接试验和预防性试验，这样才能及时掌握电气设备绝缘状况，以便安排相应的维护和检修，保证电气设备的正常运行。

电气设备在运行中进行预防性试验，可及时发现缺陷，减少事故的发生，它已成为电力运行中的一项重要制度。预防性试验可分为非破坏性试验和破坏性试验两大类。

（1）非破坏性试验又称绝缘特性试验，是指在较低的电压下或是用其他不会损伤绝缘的办法来测量绝缘的各种特性，从而判断绝缘内部有无缺陷。常见的试验项目有绝缘电阻测量、泄漏电流测量、介质损耗角正切值测量、油中气体含量监测等。由于这类试验施加的电压较低或不需要施加电压，故不会损伤设备的绝缘性能，其目的是判断绝缘状态，及时发现可能的劣化现象。实践证明这类试验是有效的，但目前还不能仅依据它们来可靠地判断设备的绝缘状态。

（2）破坏性试验又称绝缘耐压试验，是指在高于工作电压下所进行的试验。试验时施加规定的试验电压，考验绝缘对此电压的耐受能力，主要有交流耐压试验和直流耐压试验两类试验。由于这类试验所加电压较高，考验比较直接和严格，特别是可能会在耐压试验时给绝缘造成一定的损伤。破坏性试验在非破坏性试验之后才进行，如果非破坏性试验已表明绝缘存在不正常情况，则必须在查明原因并消除不正常情况后再进行破坏性试验，以避免出现不应有的击穿。

DL/T 596—1996《电气设备预防性试验规程》规定了电气设备预防性试验的项目、周期和要求。电气设备预防性试验主要项目见表 1-1。

表 1-1　电气设备预防性试验主要项目

试验项目	发电机	电力变压器	电力电缆	高压套管	断路器	
					充 SF_6	充油
绝缘电阻	☆	☆	☆	☆	☆	☆
直流泄漏电流	☆	☆	☆	×	☆	☆
介质损耗角正切值	△	☆	☆	☆	△	☆
绝缘油试验	☆	☆	☆	○	×	☆
微量水分测定	×	☆	×	○	☆	×
气体色谱分析	×	☆	×	○	×	×
局部放电试验	×	×	×	○	×	×
直流耐压试验	☆	×	☆	×	×	×
交流耐压试验	△	△	×	△	△	☆

注　“☆”表示正常试验项目；“×”表示不进行该项试验；“△”表示大修后进行；“○”表示必要时进行。

预防性试验是一种简便且较有效地评估电气设备绝缘状况的方法。现行的预防性试验方法是根据过去长期的运行经验及试验研究逐步确立起来的，对电气设备的安全运行发挥着积极作用。但是近年来越来越多的电力工作者在实践中意识到，常规预防性试验存在试验时需要停电、试验时间集中、工作量大、试验是否有效的问题。特别在电气设备运行过程中，人们非常关心绝缘剩余电气强度，但至今还未找到它与绝缘电阻、泄漏电流及介质损耗角正切值等非破坏性试验参数之间的直接函数关系。所以仅凭这些试验项目难以准确、有效地判断电气设备绝缘的好坏，也不能确保下一周期安全运行，有的试验项目在试验后还会留有后遗症，这就暴露出常规的停电预防性试验本身存在着缺陷。

从经济角度来讲，定期试验和大修均需停电，不仅造成生产损失，而且增加了工作安排的难度。另外定期大修和更换部件也需投资，而这种投资是否必要尚难肯定。因为设备的实际状态可能完全不必做任何维修而仍能继续长时期运行，若维修水平不高，反而可能损坏设备，从而产生新的经济损失。

从技术角度分析，离线的定期预防性试验有两方面的局限性。

(1) 试验条件不同于设备运行条件，多数项目是在低电压下进行检查。例如介质损耗角正切值 $\tan\delta$ 是在 10kV 下测试的，而设备的运行电压特别是超高压设备远比 10kV 要高。另外运行时还有诸如热应力等其他因素的影响，无法在离线试验时再现，这样就很可能发现不了某些绝缘缺陷和潜在的故障。

(2) 绝缘的劣化、缺陷的发展，虽然具有统计性，发展速度有快有慢，但总是有一定的潜伏和发展时间，预防性试验是定期进行的，很难及时准确地发现故障。因而会出现如下现象：①漏报，即预防性试验通过后仍有可能发生故障，甚至严重事故；②误报或早报，例如预防性试验结果虽不符合标准，但若故障不进一步发展，可不必马上停电检修而仍可继续运行，只需加强监视即可。若按预防性试验结果诊断，就会造成停电检修费用的损失。

1.2 电气设备在线监测和故障诊断

常规的预防性试验一般以一年为一周期。电气设备虽然都按规定、按时做了常规预防性试验，但事故仍然时有发生，主要原因之一是现有的试验项目和方法往往难以保证在下一个预防性试验周期内不发生故障。由于绝大多数故障事前都有征兆，这就要求发展连续或持续定时的监测技术，在线监测就是在这种情况下产生的。电气设备在线监测技术是一种利用运行电压来对高压设备绝缘状况进行在线试验监测的方法，它可以提高试验的真实性，更及时发现绝缘缺陷。在线监测可以根据设备绝缘状况的好坏来选择不同的监测周期，使试验的有效程度明显提高。在线监测还可以积累大量的数据，将被试设备的当前试验数据（包括停电及带电监测）和以往的监测数据相结合，用各种数据分析方法进行及时、全面的综合分析判断，有助于发现和捕捉早期缺陷，确保安全运行，从而减小由于预防性试验间隔长所带来的误差。

国际上早期采用的是事后维修（breakdown maintenance）。美国在 20 世纪 40 年代，日本在 20 世纪 50 年代曾经改用定期维修，即按事先制订的检修周期按期进行停机检修，因而也称时间基准维修（time based maintenance）。该方法虽对提高设备可靠性起了一定作用，但由于未考虑设备的具体情况，而且制订的周期往往比较保守，以致出现了过多不必要的停机及维修，甚至因拆卸、组装等过多而出现设备过早损坏。

20 世纪 50 年代，美国通用电气公司等已提出要从以时间为基准的维修方式发展到以状态为基准的维修方式，即状态维修（condition based maintenance）。日本等国家在 20 世纪 70 年代也转向采用状态维修。

在线监测的推广还有助于从定期维修制过渡到更合理的状态维修制。状态维修的基础就是在线监测和故障诊断技术，既要通过各种监测手段来正确诊断被试设备的当前状态，又要根据其本身特点及变化趋势等来确定能否继续运行或是否需要停电检修。采取在线监测与故障诊断技术，可以使预防性维修向预知性维修即状态维修过渡，从“到期必修”过渡到“该修则修”。

在线试验和离线试验并非对立，而是相辅相成的。如在线监测中发现事故隐患后，必要时可在离线状态下进行更为彻底的全面检查。电气设备监测诊断流程示意图如图 1 - 1 所示。

电气设备差异性较大，不同的设备和不同的故障类型，采用的在线监测的方法可能完全不一样。一些机械装置和控制系统常用的行之有效的故障诊断方法，并不适合电力系统设备的特定情况。因此，必须首先认识电力系统设备故障的类型和特点。以下两方面的问题是电力系统设备故障所特有的。

（1）由于故障发展速度的差别，形成了瞬变故障和缓变故障两个类型。以大型发电

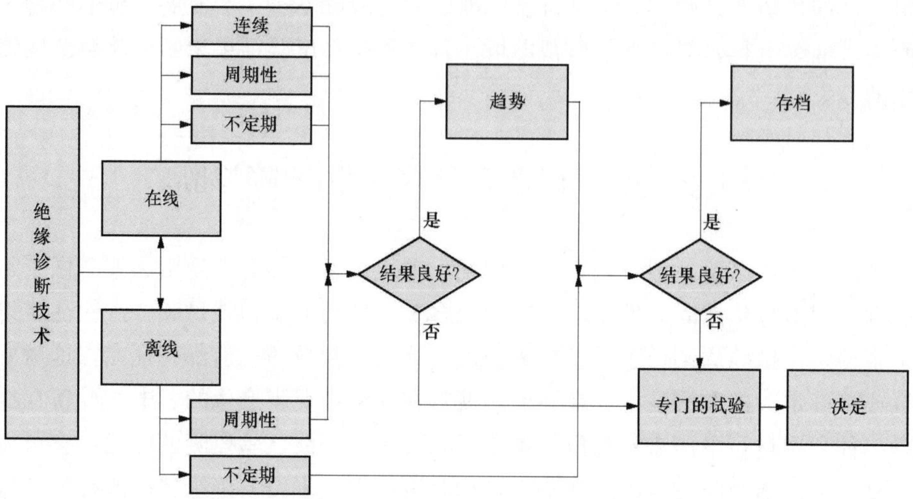

图 1-1　电气设备监测诊断流程示意图

机和变压器为例，瞬变故障（如相间短路等）发展很快。瞬变故障发生时需要解决的问题是故障保护和避免事故扩大，不是诊断和监测的对象。缓变故障是从出现故障征兆发展到故障灾害进程较慢的一类故障。当出现故障征兆时，需要对故障进行定位，或对故障的程度和发展进行监测并采取措施，防止故障状态的进一步发展和造成重大损失。因此，缓变故障是在线监测和故障诊断的对象。对于瞬变故障，继电保护可以发挥巨大的作用，大大减轻可能造成的危害，但并不是所有的瞬变故障都是由缓变故障发展形成的，同时，很多缓变故障及其发展造成的损害也不在继电保护的范围内。

(2) 绝缘故障是电气设备的主要故障之一。很多故障现象都直接或间接地与绝缘有关，可以说，绝缘的寿命就是电气设备的寿命。电气设备绝缘故障特征表现在多个方面，不仅表现在很多电参数上，而且还有力、热、声、光等物理方面，气体、油等化学方面的特征变化。绝缘故障与设备的绝缘结构、分布、环境都有关，形成的机理复杂。而且，对设备绝缘故障的定位和绝缘损坏程度的诊断还存在很大的困难。

绝缘潜伏性故障前期征兆的信号通常极为微弱，而运行条件下现场又存在强烈的电磁干扰。因此，抑制各种干扰，提高信噪比，是在线监测中首先需要解决的难题。此外，监测的各种特征量和绝缘的状态通常也不是简单对应的，而是错综复杂的关系。如果说对离线的预防性试验结果的分析，已经积累了大量经验，据此可以制定出相应的规程推广施行，那么对于在线监测和诊断，现在还处于研究、试运行、积累经验的阶段。发展绝缘在线监测和故障诊断技术，既需对绝缘结构及老化机理有深入的了解，也需应用传感器、微电子、信号处理与分析等多种新技术。它是具有交叉学科性质的一门新兴技术，具有较高的学术和应用价值。

1.3　电气设备在线监测的发展与智能电网技术的融合

国际上对电气设备在线监测与故障诊断技术的研究，始于 20 世纪 60 年代，但直到

20 世纪 70～80 年代，随着传感器、计算机、光纤等高新技术的发展与应用，电气设备在线监测与故障诊断技术才真正得到迅速发展。加拿大、日本、苏联等国家和地区陆续研制了油中溶解气体、介质损耗角正切值、泄漏电流和局部放电等在线监测系统，很多技术和装置已应用在电力系统中。

目前在线监测技术应用主要集中在变电设备，也逐步应用于输电线路和电缆。对于变电设备：变压器和电抗器采用的在线监测技术主要包括油中溶解气体、局部放电、铁芯接地电流、套管绝缘、顶层油温和绕组热点温度；电流互感器、电容式电压互感器、耦合电容等电容型设备，主要是对其电容量和介质损耗进行监测；避雷器主要监测其泄漏电流；而断路器、封闭式组合电器（GIS）等开关设备，主要包括开关机械特性、GIS 局部放电、SF_6 气体泄漏及 SF_6 微水、SF_6 密度的监测。其中应用比较成熟有效的是：变压器油中溶解气体的在线监测，电容型设备、避雷器在线监测和局部放电在线监测。对于输电线路，目前应用的在线监测方法主要有雷电、绝缘子污秽、杆塔倾斜、导线弧垂等监测技术，比较成熟的主要是雷电监测和绝缘子污秽监测。对于电力电缆，主要在线监测方法是温度监测和局部放电监测。

目前，在线监测技术应用及推广上存在的问题主要有：①在线监测装置可靠性不高，存在误报现象，并且装置的故障率高，运维的工作量较大；②缺乏统一的标准和规范指导，各厂家装置的工作原理、性能指标和运行可靠性等差异较大，同时各类装置的校验方法、输出数据以及监测平台有待规范；③现行的在线监测技术在设备缺陷监测方面还存在盲区，状态参量还不够丰富，对突发性故障预警作用不够明显；④缺乏深入有效的综合状态评估方法，缺乏有效的监测预警判据。

智能电网对状态信息的获取范围与传统电网相比将发生很大的变化。不同于传统电网的局部、分散、孤立信息，对于智能电网而言其所监测的状态信息具有广域、全景、实时、全方位、同一断面、准确可靠的特征。

由于电网是统一协调的系统，未来智能电网的在线监测，需要通过对涵盖发电侧、电网侧、用户侧的状态信息，进行关联分析、诊断、研判和决策，因此，智能电网的在线监测信息必须是广域的全网状态信息。再者，电网运行状态不仅依赖于电网装备状态、电网实时状态，还与供需动态及趋势甚至自然界的状态相关。因此，未来智能电网的在线监测信息不仅有电网装备的状态信息，如发电及输变电设备的运行状态、劣化趋势、安全运行承受范围、经济运行曲线等；还应有电网运行的实时信息，如机组运行工况、电网运行工况、潮流变化信息、用电侧需求信息等；还应有自然物理信息，如地理信息、气象信息、灾变预报信息等。因而，智能电网的在线监测信息是全景、实时、全方位的。

传统电网在线监测的分散性和局部性，决定了其获取的状态信息是凌乱的、孤立的，难以形成统一应用的关联信息；同时，由于监测技术的限制，采集到的许多数据缺乏一致性、准确性，降低了可用性和可信度。因此，在未来智能电网的状态信息监测中，势必要提高信息采集的准确性，加强采集信息的可靠性和准确性验证手段，通过远程、现场校验和校准技术，提高在线监测信息的可用度。同时，为了保证信息的关联性、系统性、完整性，便于信息处理、分析、挖掘，形成更高层面的应用，提供实时在线辅助决策，必须保证全网状态信息采集的同一断面，实现广域的统一采集。因此智能电网的在线监测信息必须是同一断面、准确可靠的。

信息采集与状态信息处理是智能电网在线监测的基础支撑，智能电网在线监测的信息已远远超出了传统电气设备在线监测的信息范畴，是更加宽泛的信息采集。在智能电网中，一次设备与二次设备、设备与系统将更加融合，在线监测的信息不仅涵盖了传统二次系统设备，还囊括了传统一次系统设备的在线监测和故障诊断信息；不仅包含电气设备运行状态信息，还包括电网运行状态信息。

智能变电站设备实现广泛的在线监测，使设备状态检修更加科学可行。在一个变电站里需监测的设备很多，例如电容型设备（包括电容器、电容式套管以及电容式电压互感器、电流互感器）、变压器、GIS、避雷器、绝缘油等，这就需对整个变电站的主要电气设备实行全面的监测与诊断，形成全变电站的在线监测系统。各类设备的数据采集和存储仍由各自监测系统的在线监测单元承担，分散在现场各自被测设备的附近，通过信号传输系统实现和主控制室的集成控制主机之间的通信，并由主机来集中管理和控制各个监测系统，并进行数据处理和诊断。

在线监测与诊断系统是变电站设备综合故障诊断系统，依据获得的被监测设备状态信息，结合被监测设备的结构特性和参数、运行历史状态记录以及环境因素，对被监测设备工作状态和剩余寿命做出评估。信息融合又称数据融合，是对多种信息的获取、表示及其内在联系进行综合处理和优化的技术。

变电站在线监测系统实现了信息共享平台化、系统框架网络化、设备状态可视化、监测目标全景化、全站信息数字化、通信协议标准化、监测功能构件化、信息展现一体化，实时采集站内设备的状态数据，进行综合的诊断分析和全寿命评估。一方面，变电站在线监测系统内部是一个相对独立的内部互联配变设备网络；另一方面又是远方主站的一个节点，向主站发送变电站内部设备的监测诊断系统和自身状态信息。

采用国际电工委员会（IEC）通信标准，以完整的分层通信体系，采用面向对象的方法，使构建真正意义上的智能化变电站监测系统成为可能。具体来说，智能变电站在线监测系统包括几个部分：①电气设备，如变压器等；②在线监测单元；③集成的在线监测主站。变电站在线监测系统架构如图 1 - 2 所示。

目前变电站内配置的在线监测系统多由不同供应商提供，在线监测系统兼容性较差，不利于与自动化系统的连接及信息的远传。并且大多局限于单台设备或者某一类设备的某几个方面的特征量监测。各个监测系统平行完成对应电气设备运行工况信息的采集、上传、处理分析，不存在交叉联系，无法直接获得完整的一次设备的运行状态信息，不利于变电站整体运行工况的把握和分析，也未能完全达到智能化变电站的要求。智能变电站在线监测系统包括智能设备监测终端、通信网络以及综合监测分析系统。如图 1 - 3 所示，系统采用模组形式，可以根据需要灵活添加或配置，如添加电能质量监测评估模块和自然环境监测评估模块等。智能监测终端的选取应综合考虑各种变电站设备的在线监测和故障诊断需求。

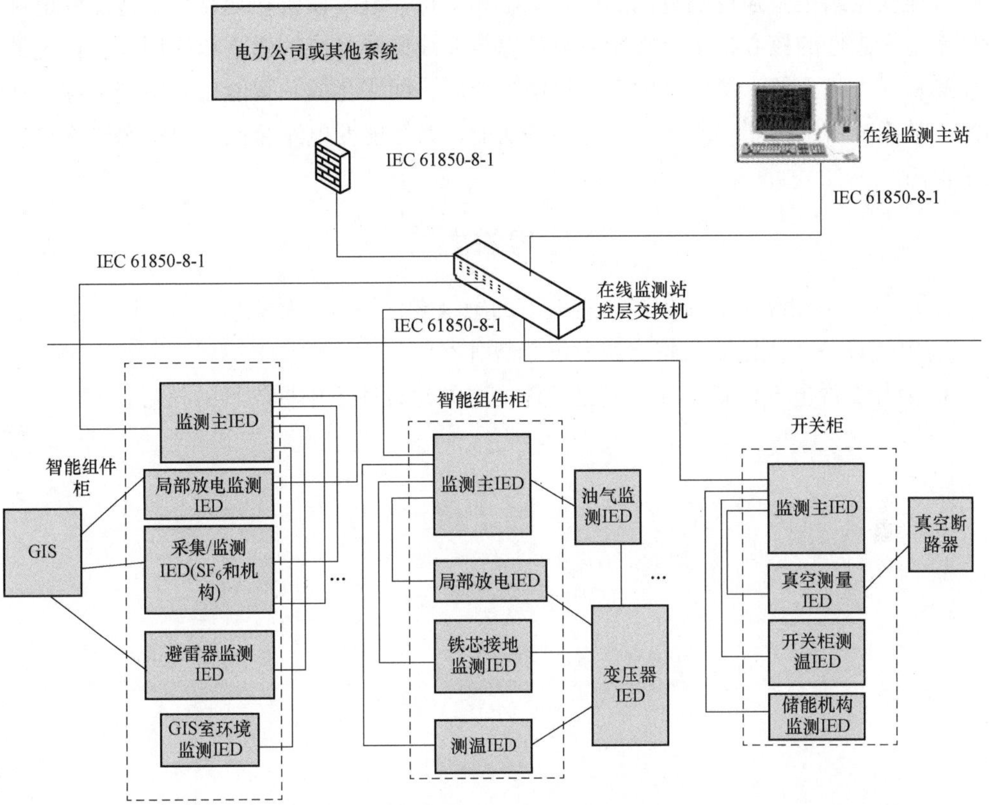

图 1-2　智能变电站在线监测系统架构

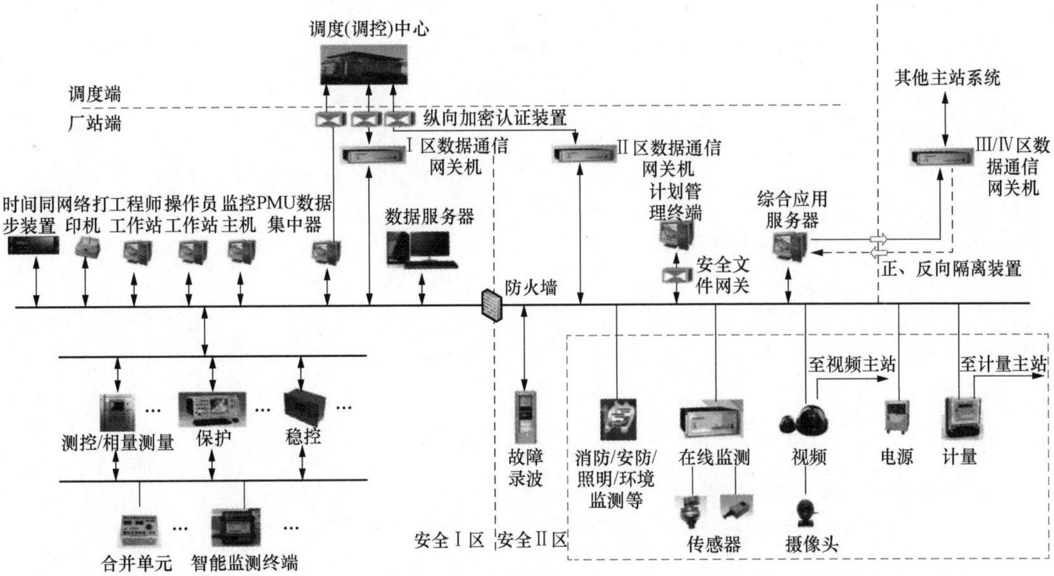

注：在现行条件下，虚框内的设备只与一体化监控系统进行信息交互，本规范对其建设和技术要求不做规定。

图 1-3　一体化在线监测系统结构设想

智能变电站是坚强智能电网的重要基础和支持，电气设备在线监测是智能变电站建设体系中标志性的核心技术。智能变电站综合在线监测系统的建立和运用，将传统的在线监测从一个孤立的、参考性的系统过渡到全局、网路化的、智能化的系统，综合在线监测、数据分析、诊断和服务管理等各种功能，为智能变电站全面实现状态检修提供了技术保障。

思考题

1. 电气设备在高压交流、高压直流下的绝缘老化特点是什么？
2. 电气设备在线监测的特点及发展趋势什么？
3. 为什么说电气设备在线监测是智能变电站建设体系中标志性的核心技术？

2

在线监测系统

电气设备在线监测系统是由多个环节组成的对被测电气设备或电力系统物理量（信号）进行监测、调理、变换、传输、处理、显示、记录等完整的系统。电气设备在线监测系统工作原理框图如图2-1所示。

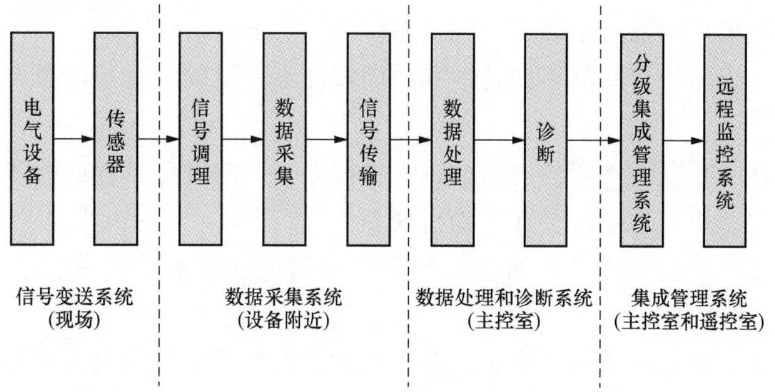

图2-1　电气设备在线监测系统工作原理框图

信号变送系统通过传感器从电气设备上监测得到反映设备状态的物理量或化学量，并将其转化为电信号。数据采集系统将电信号经过放大、模拟/数字转换等过程，变换成标准信号以便传输；信号传输单元采用数字信号传输或光信号传输，使监测到的信号无畸变、有效地传输到主控室的数据处理单元。数据处理和诊断系统将监测信号进行处理和分析，对设备的状态做出诊断和判定。集成管理系统将诊断数据接收到集成系统（如监控与数据采集系统），或者通过专用电缆或互联网向远程监测系统发送诊断数据和接收指令。

2.1　传　感　器

传感器一般由敏感元件、转换元件、信号调理转换电路三部分组成，有时还需外加辅助电源提供转换能量。敏感元件是指传感器中能直接感受或响应被测量的部分。转换元件是指传感器中能将敏感元件感受或响应的被测量转换成适合于传输或测量的电信号部分。由于传感器输出信号一般都很微弱，一般需要进行信号调理与转换、放大、运算与调制之后才能进行显示和参与控制。

传感器能完成监测任务，它的输出量是与某一被测量有对应关系的量，且具有一定的准确度，被测量包括电磁量、电气量、光学量、化学量、生物量等。传感器按用途可分为位移、压力、温度、振动、电流、电压、气体传感器等。

传感器输出与输入之间关系的特性称为传感器的一般特性，主要包括：

（1）线性度。线性度指传感器输出量和输入量间的实际关系与它们的拟合直线（可用最小二乘法确定）之间的最大偏差与满量程输出值之比。线性度低，会产生系统误差。

（2）灵敏度。灵敏度指传感器对输入量变化反应的能力。灵敏度通常由传感器的输出变化量 Δy 与输入变化量 Δx 之比 S 来表征，即 $S=\dfrac{\Delta y}{\Delta x}$。灵敏度高，表示相同的输入改变量引起的输出改变量大。

（3）分辨度。分辨度也称灵敏度阈值，表征传感器有效辨别输入量最小变化量的能力。当用满量程的百分数表示时称为分辨率。

（4）迟滞。迟滞指传感器正向特性和反向特性不一致的程度。迟滞大，就会产生系统误差。

（5）重复性。重复性指当传感器的输入量按同一方向做全量程连续多次变动时，特性不一致的程度。重复性差，会产生随机误差。

（6）准确度。一般来说，准确度主要由传感器的线性度、迟滞、重复性三种特性构成。

（7）稳定性。稳定性指在规定工作条件范围内，在规定时间内传感器性能保持不变的能力。一般分为温度稳定性、抗干扰稳定性和时间稳定性等。

以下着重介绍电气设备绝缘在线监测技术中常用的一些传感器。

2.1.1 电流传感器

广泛用于在线监测技术的多为电流互感器型的电流传感器，其原理结构如图 2-2 所示。多数这类传感器是一次侧为一匝的电流互感器，有些情况也有用多匝的。监测时将圆形磁芯穿过待测设备的接地线或其他导线上。

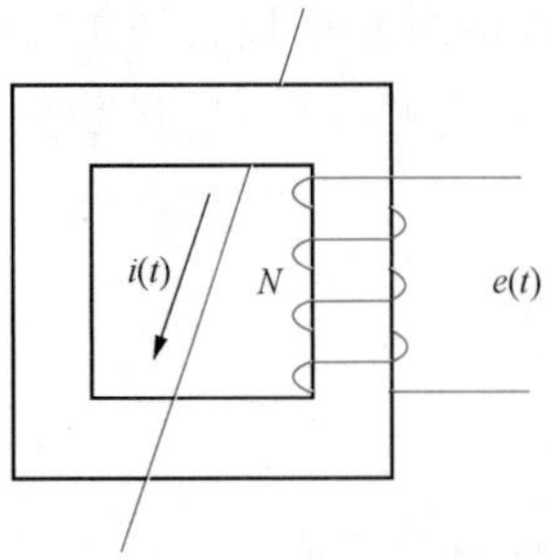

图 2-2 电流传感器原理结构图

电流信号 $i_1(t)$ 和二次线圈两端的感应电压也即输出信号 $e(t)$ 的关系为

$$e(t)=M\frac{\mathrm{d}i_1(t)}{\mathrm{d}t} \tag{2-1}$$

$$M=\mu\frac{NS}{l} \tag{2-2}$$

式中：M 为线圈互感；N 为二次线圈匝数；μ 为磁导率；S 为磁芯截面积；l 为磁路长度。

故输出信号 $e(t)$ 的大小和被测电流 $i_1(t)$ 的变化率成正比。

1. 宽带型电流传感器

宽带型电流传感器又称自积分式电流传感器，在线圈两端并接一积分电阻 R，如图

2-3所示。由图可列出电路方程为

$$e(t)=L\frac{\mathrm{d}i_2(t)}{\mathrm{d}t}+(R_L+R)i_2(t) \quad (2-3)$$

$$L=\mu\frac{N^2S}{l} \quad (2-4)$$

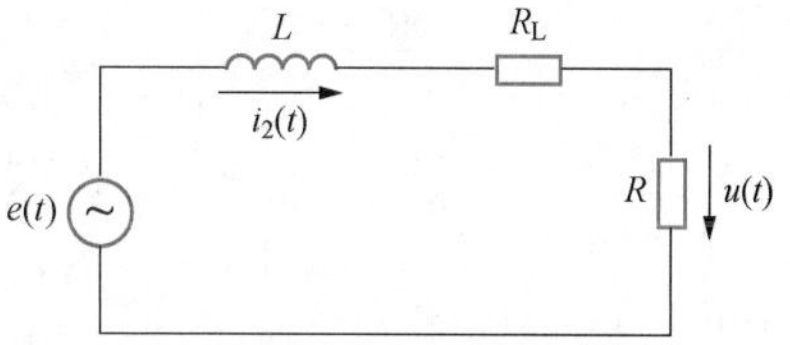

图 2-3　宽带型传感器等效电路

式中：L 为线圈自感；R_L 为线圈电阻。

当满足条件

$$L\frac{\mathrm{d}i_2(t)}{\mathrm{d}t}\gg(R_L+R)i_2(t) \quad (2-5)$$

则

$$e(t)=L\frac{\mathrm{d}i_2(t)}{\mathrm{d}t} \quad (2-6)$$

由式（2-1）、式（2-2）、式（2-4）、式（2-6）可得

$$i_2(t)=\frac{1}{N}i_1(t) \quad (2-7)$$

则

$$u(t)=Ri_2(t)=\left(\frac{R}{N}\right)i_1(t)=Ki_1(t) \quad (2-8)$$

式中：K 为灵敏度，其与 N 成反比，与积分电阻 R 成正比。

故信号电压 $u(t)$ 和所监测的电流 $i_1(t)$ 呈线性关系。

2. 窄带型电流传感器

窄带型电流传感器又称外积分式或谐振型电流传感器，与宽带型电流传感器相比，它具有较好的抗干扰性能。由积分电阻 R 和积分电容 C 构成积分电路如图 2-4 所示，可列出等效电路方程

$$e(t)=L\frac{\mathrm{d}i_2(t)}{\mathrm{d}t}+(R_L+R)i_2(t)+\frac{1}{C}\int i_2(t)\mathrm{d}t \quad (2-9)$$

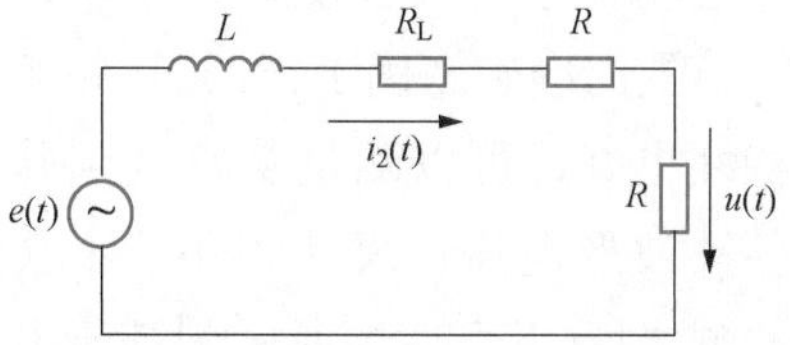

图 2-4　窄带型传感器等效电路

当被测电流 $i_1(t)$ 的频率为 $f=\frac{1}{2\pi\sqrt{LC}}$ 时，电路谐振，则式（2-9）可写为

$$e(t)=(R_L+R)i_2(t) \quad (2-10)$$

由式（2-1）、式（2-10）可得

$$u(t)=\frac{M}{(R_L+R)C}i_1(t) \quad (2-11)$$

为提高监测灵敏度，常取 $R=0$，故灵敏度为

$$K=\frac{M}{R_LC}$$

3. 低频电流传感器

电气设备在线监测系统中，低频电流传感器用于监测电容型设备介质损耗和氧化锌避雷器阻性电流，通常需要测量工频电流或工频电流的谐波，两者均属低频电流（50～250Hz），且数值也较小，前者为数十至数百毫安，后者为数百微安。

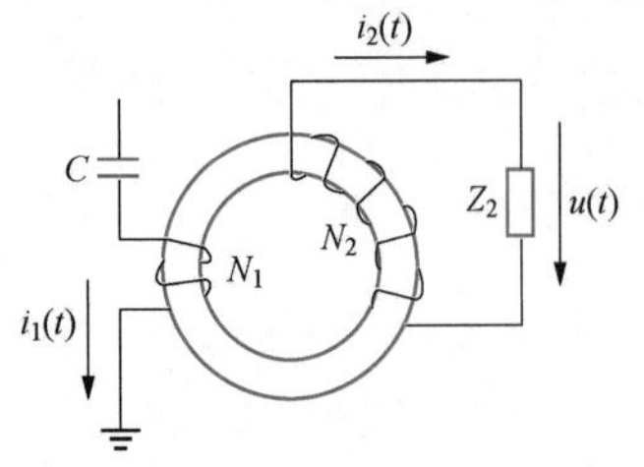

图 2-5　低频电流传感器原理图

介质损耗测量要求传感器的准确度较高。低频电流传感器的原理如图 2-5 所示，N_1、N_2 分别为一次、二次线圈的匝数，Z_2 是负载阻抗。忽略线圈的电阻和漏抗后，引起误差的主要原因是铁芯的励磁电流，为减小励磁电流，应选用高磁导率的坡莫合金做铁芯。适当增大铁芯截面积，增加 N_2 或 N_1 的匝数，$i_1(t)$ 应工作在额定值附近，以减小励磁电流在总电流中的比例，减小测量误差。尽量减小负载中的阻性分量也可降低角差。

此外，可采用微晶环形铁芯组成的自积分式低频电流传感器，如图 2-6 所示。图中放大器的输入电阻 R_i 相当于积分电阻，$R_i=R_f/A_{od}$，放大器的开环增益 A_{od} 较大，故 R_i 较小，f_L 主要由线圈（匝数为 N）的电阻 R_L 决定。在通频带内 $i_2(t)=i_1(t)/N$，当满足条件 $i_2(t)\gg i_{ib}$（放大器输入偏置电流）、$i_2(t)R_f\gg u_{id}(t)$ 时，$u(t)\approx i_2(t)R_f$，故

$$u(t)=\frac{R_f}{N}i_1(t)=Ki_1(t)\quad(2-12)$$

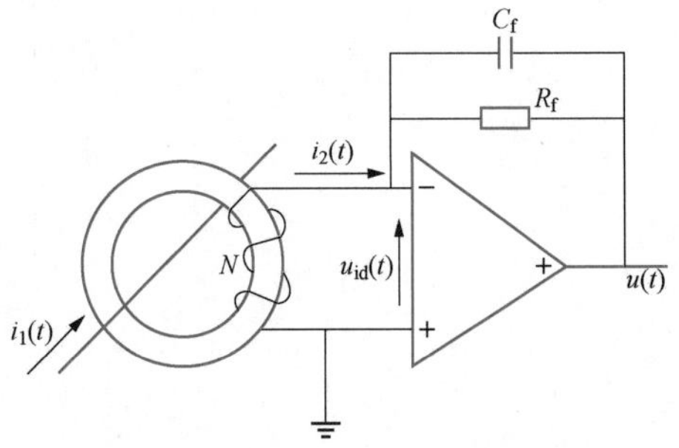

图 2-6　自积分式低频电流传感器原理图

因反馈电阻 R_f 对频率特性几乎无影响，可增大 R_f 以提高灵敏度 K，并接电容 C_f 是为了降低噪声影响。

2.1.2　电场传感器

监测电压除了利用电压互感器外，还可利用电场传感器。离子晶体（如 $LiNBO_3$）在外电场作用下，当线性偏振光射入晶体后，出射光即变成椭圆偏振光的普克尔斯（Pockels）效应或电光效应，利用检偏镜即可测定其偏振特性的变化，因为这一变化和外界电场强度成正比，故可测定外电场强度。若晶体上直接加上电压，即可测定外加电压。电场传感器线性度好，在 −15～70℃范围内准确度优于 ±3%；频率响应特性也好，可以测量从直流到脉冲的各种波形电压；尺寸很小，不会影响被测电场。图 2-7 所示为基于电光效应研制的光纤场强电压表，场强测量范围为 2～6000V/cm，可用于实验室和现场条件下的电场强度带电监测。

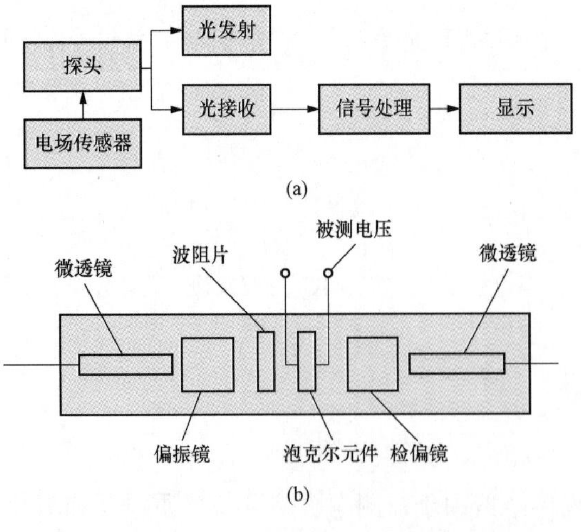

图 2-7　光纤场强电压表结构框图及探头结构示意图
（a）光纤场强电压表结构框图；（b）探头结构示意图

2.1.3　气敏传感器

气敏传感器利用了气体的某些物理化学性质，将被测气体的某些特定成分转换成便于测量的电信号。气敏传感器具有测量范围宽、准确度高、

灵敏度高、工作可靠、体积小、成本低等一系列特点，广泛应用于电力工业和其他领域。

气敏传感器的种类繁多，就其监测方法来分，有半导体式、催化还原式、红外吸收式等，其中半导体式气敏传感器元件发展最为迅速。传感器中的气敏元件（气敏电阻）由非化学配比的金属氧化物按一定的比例混合，并加入黏合剂成型和高温烧结而成，分N型和P型两种。气敏传感器的原理结构如图2-8（a）所示，其工作原理如图2-8（b）所示。通电后，气敏元件被加热，表面电阻值迅速下降，一般经2～10min后，阻值达到稳定状态，这一状态称为初始稳定状态。到达初始稳定状态时间的长短与环境条件有关。必须指出，使用气敏元件时必须预热，待元件达到初始稳定状态时才能开始测量。

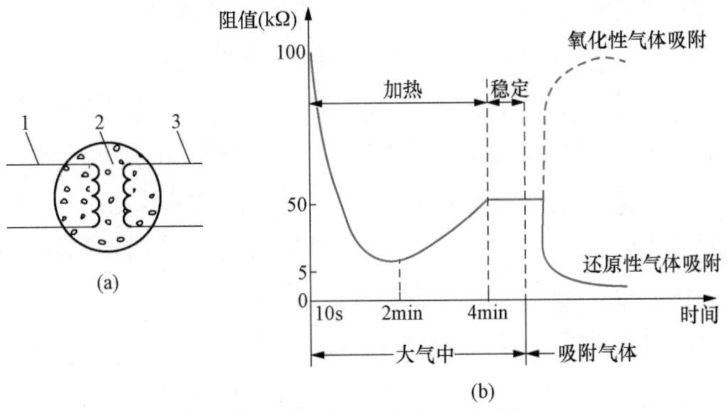

图2-8　气敏传感器原理结构及工作原理图

（a）原理结构；（b）工作原理

1—加热电极；2—气敏材料；3—信号引出电极

当加热的气敏元件表面接触并吸附被测气体时，被吸附的气体分子首先在表面扩散而失去动能，期间部分气体分子被蒸发，剩余的气体分子被离解而固定在吸附位置上。若气敏元件材料的功率函数比被吸附气体分子的电子的亲和力小，则被吸附的气体分子就从元件表面夺取电子，以阴离子形式被吸附。具有阴离子吸附性质的气体称为氧化性气体（如氧气等）。气敏元件吸附的氧化性气体会使载流子的数目减小，从而表现出元件的表面电阻阻值增加，如图2-8（b）中虚线所示。若气敏元件的材料的功率函数大于被吸附气体的离子化动能，被吸附气体的电子被元件俘获，而以阳离子形式被吸附。具有阳离子吸附特性的气体称为还原性气体（如氢气、一氧化碳等）。还原性气体被吸附时，会使载流子的数目增加，表现出气敏元件的表面电阻阻值减小的特性，如图2-8（b）中实线所示。

2.1.4　超声波传感器

超声波频率超过20kHz是一种振动频率高于声波的机械波，具有穿透能力强、方向性好、定向传播等特点。超声波在传播中通过两种不同的介质时，会产生折射和反射现象，其频率越高，反射和折射的特性与光波的特性越相似，如图2-9所示。超声波在同一介质内传播时，随着传播距离的增加，其强度会减弱。这是由于介质吸收能量，引起能量损耗的缘故。介质吸收能量的程度与波的频率及介质的密度有关。例如，气体的密度很小，超声波在气体中传播时很快就衰减。超声波对液体、固体的穿透本领很大，尤其是在不透明的固体中，它可穿透几十米的深度。超声波碰到杂质或分界面会产生明显反射形成回波，碰到活动物体能产生多普勒效应。因此，超声波主要用于固体和液体中有关参数的测量。

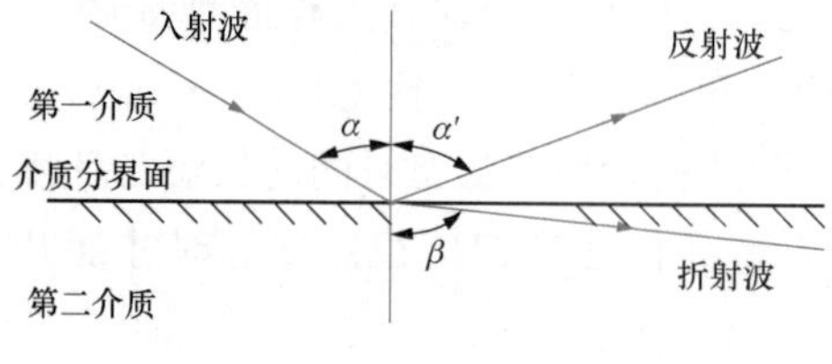

图 2-9　超声波的折射和反射

以超声波作为监测手段，必须能产生超声波和接收超声波。完成这种功能的装置就是超声波传感器，习惯上称为超声换能器，或者超声探头。超声波探头主要由压电晶体组成，既可以发射超声波，也可以接收超声波。超声探头的核心是其塑料外套或者金属外套中的一块压电晶体。构成压电晶体的材料有许多种，晶体的大小（如直径和厚度）也各不相同，因此每个探头的性能是不同的，使用前必须预先了解它的性能。

（1）工作频率。工作频率就是压电晶体的共振频率。当加到它两端的交流电压的频率和晶体的共振频率相等时，输出的能量最大，灵敏度也最高。

（2）工作温度。由于压电材料的居里点一般比较高，特别是诊断用超声波探头使用功率较小，所以工作温度比较低，可以长时间工作不失效。

（3）灵敏度。灵敏度主要取决于晶体本身。机电耦合系数大，灵敏度高；反之，灵敏度低。

超声波发生器是利用压电晶体的电致伸缩效应，在电极上施加频率高于 20kHz 的交流电压，压电晶体就会产生超声机械振动，从而发出超声波，如图 2-10（a）所示。

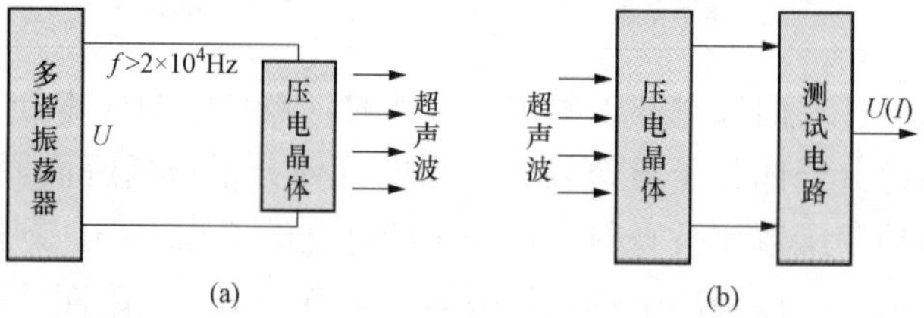

图 2-10　超声波发生器和接收器原理图

（a）超声波发生器原理；（b）超声波接收器原理

设压电材料的固有频率为 f_0，压电晶体厚度为 d，声波在压电材料内的传播速度为 c，则

$$f_0 = \frac{n}{2d}c \tag{2-13}$$

式中：n 为谐波的次数。

c 取决于压电材料的弹性模量 E 和密度 ρ，即

$$c = \sqrt{\frac{E}{\rho}}$$

从而得到

$$f_0 = \frac{n}{2d}\sqrt{\frac{E}{\rho}} \tag{2-14}$$

若外加的交变电压的频率 f 等于晶体的固有频率 f_0，则晶体产生共振，从而振幅最大。超声波的强度可达数十瓦每平方厘米，频率可从数十千赫到数十兆赫。

超声波接收器是利用压电晶体的压电效应原理工作的，其原理图如图 2-10（b）所示。在压电晶体的电轴或机械轴的两端面施加某一频率的超声波，则在压电晶体的电轴的两个端面出现频率与外加超声波频率相同的交变电荷，交变电荷的幅值与所施加的超声波强度成正比。通过测量电路将交变的电荷转化为电压或电流输出。

超声波传感器主要材料有压电晶体（电致伸缩）及镍铁铝合金（磁致伸缩）两类。电致伸缩的材料有锆钛酸铅（PZT）等。压电晶体组成的超声波传感器是一种可逆传感器，它可以将电能转变成机械振荡而产生超声波，同时它接收到超声波时，也能转变成电能，所以它可以分成发送器或接收器。有的超声波传感器既用于发送，也能用于接收。超声波传感器由发送传感器（或称波发送器）、接收传感器（或称波接收器）、控制部分与电源部分组成。发送传感器由发送器与使用直径 15mm 左右的陶瓷振子的换能器组成，换能器的作用是将陶瓷振子的电振动能量转换成超能量并向空中辐射。接收传感器由陶瓷振子换能器与放大电路组成，换能器接收波产生机械振动，将其变换成电能量，作为接收传感器的输出，从而对发送的超声波进行监测。实际使用中，用发送传感器的陶瓷振子，也可以用作接收传感器的陶瓷振子。控制部分主要对发送器发出的脉冲链频率、占空比及稀疏调制和计数及探测距离等进行控制。

2.1.5 光电式传感器

光电式传感器通常是指对光敏感，并将光信号转换成电信号的传感器。当光照射在某些物质上，物质吸收光子的能量而释放电子的现象，称为光电效应。利用这种光电效应制造的转换元件称为光电式传感器。根据光电效应制造的光电元件有光电管和光电倍增管。光电管一般有真空光电管和充气光电管。真空光电管有稳定性好、惰性小和温度系数小等优点，因此常被用作自动监测元件。光电倍增管与光电管不同，它具有光电流放大作用，这是由于 n 个对光电流进行放大的“倍增极”的缘故。目前对于光电元件信号的监测方法有以下几种：

（1）透射式。恒光源发出的光通量 ϕ_0，经被测物体后衰减为 ϕ，光电元件将光通量 ϕ 转换成光电流。其关系为

$$\phi = \phi_0 e^{-\mu d}$$

式中：μ 为被测对象的吸收系数；d 为被测对象的厚度。

此法可用于测量绝缘气体、液体和固体的透明度、厚度及吸收系数等，如图 2-11（a）所示。

（2）反射式。恒光源的光通量 ϕ_0 经被测对象后损失了部分光通量，到达光电元件的光通量为 ϕ，如图 2-11（b）所示。此法可用于测量电极的表面粗糙度、反射率及电机的转速等。

(3) 辐射式。如图 2-11 (c) 所示，被测对象辐射的光通量 ϕ_0 投射到光电元件上，转换成光电流。此法可用于测量电气设备的温度及与温度有关的参数。

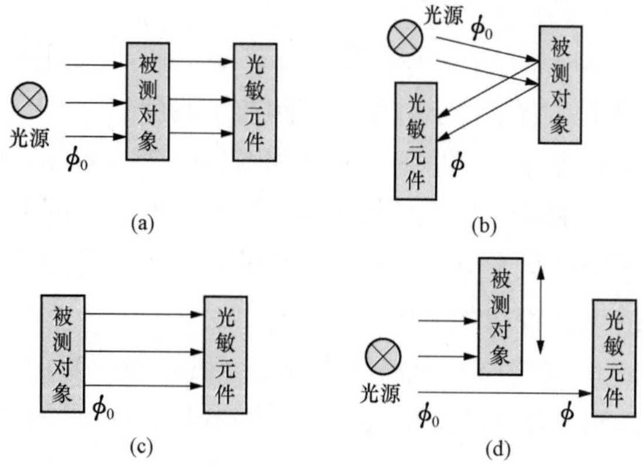

图 2-11　光电元件的信号监测方法

(a) 透射式；(b) 反射式；(c) 辐射式；(d) 遮挡式

(4) 遮挡式。恒光源的光通量 ϕ_0 被被测对象遮挡了一部分，到达光电元件的光通量为 ϕ，如图 2-11 (d) 所示。此法可用于测量高压断路器的振动、位移等。

2.1.6　光纤光栅传感器

光纤光栅传感器（fiber bragg grating sensor）属于光纤传感器的一种，基于光纤光栅的传感过程是通过外界物理参量对光纤布拉格（Bragg）波长的调制来获取传感信息，是一种波长调制型光纤传感器。

光纤光栅与光纤之间天然的兼容性，很容易将多个光纤光栅串联在一根光纤上构成光纤光栅阵列，实现准分布式传感，加上光纤光栅具有普通光纤的许多优点，且本身的传感信号为波长调制，测量信号不受光源起伏、光纤弯曲损耗、光源功率波动、系统损耗影响，因此光纤光栅在传感领域的应用引起了世界各国有关学者的广泛关注和极大兴趣。光纤光栅传感器的应用领域不断拓展，已逐步应用于多种物理量的测量，制成了各种传感器。这些传感器主要包括光纤光栅应变传感器、温度传感器、加速度传感器、位移传感器、压力传感器等。

2.1.7　压力传感器

压力传感器有许多种，包括电容式压力传感器、电阻应变式压力传感器、压电式压力传感器、压阻式压力传感器等，其工作原理各不相同，此处主要介绍电容式压力传感器。

电容式压力传感器利用电容器的原理，将非电量（如压力、厚度、质量、温度等）转化为电容量，从而实现非电量到电量的转化和测量。常用电容器有平板电容器和圆筒形电容器，如图 2-12 所示。若忽略边缘效应，平板电容器的电容为

$$C=\frac{\varepsilon_r\varepsilon_0 A}{d}=\frac{\varepsilon A}{d} \quad (2-15)$$

式中：C 为电容量；d 为两平行极板的距离；ε_r 为极板间介质的相对介电常数；ε_0 为真空介电常数；ε 为极板间介质的介电常数；A 为极板相互遮盖面积。

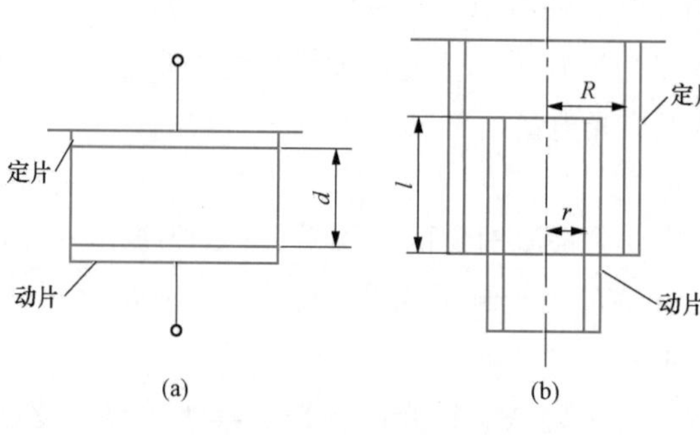

图 2-12　两种常用电容器

(a) 平板电容器；(b) 圆筒形电容器

圆筒形电容器的电容为

$$C=\frac{2\pi\varepsilon_r\varepsilon_0 l}{\ln(R/r)} \tag{2-16}$$

式中：C 为电容量；l 为圆筒的长度；R 为外圆的半径；r 为内圆半径。

由此可见，电容式压力传感器的基本工作原理是通过改变电容器的 ε_r、d、A（或 l）参数中的任何一个，从而实现电容量 C 的改变。根据改变的量的不同可以分为变面积型、变间隙型和变介电常数型。在电气设备的监测中，通常只用到前两种，即面积或间隙受到外界压力而发生改变，如图 2-12 所示。

2.1.8 温度传感器

温度的监测是最常见的监测方法，不仅广泛用于电气设备，有时也用于监测系统本身。温度传感器通常分为热电偶传感器和热电阻传感器。热电偶传感器结构简单，测量范围宽（−260～2800℃），响应时间较快，具有较好的稳定性和重复性，因此在测温领域得到了广泛应用。但因热电偶传感器测量准确度不高，在高准确度要求的场合下，通常采用热电阻传感器。下面主要介绍热电阻传感器。

几乎所有物质的电阻率都随本身温度的变化而变化，这一物理现象称为热电阻效应。根据电阻与温度之间的函数关系，可以将温度量转换为相应的电参量，从而实现温度的电测量。利用这一原理制成的温度敏感元件称为热电阻。热电阻按照材料不同可分为金属热电阻和半导体热电阻。通常金属热电阻简称为热电阻，半导体热电阻简称为热敏电阻。金属铂具有作为热电阻材料所需的主要特性，因此是制造热电阻的最好材料，但铂的价格昂贵，除了用作标准热电阻或要求测量准确度高的场合之外，在一般工程测量中较少应用。

一般工程测量中热电阻材料多为铜，其最大优点是价格便宜，容易加工提取，在−50～150℃范围内电阻与温度呈良好线性关系，且稳定性好。其缺点是准确度不太高，测量范围窄，一般不能超过 150℃，超过后容易氧化，通常使用温度在 100℃以下；此外，由于铜的电阻率较小，所以要制造一定电阻值的热电阻，则需要铜丝的直径很小，而且长度很长，这样既影响其机械强度，制成的热电阻体积又较大；铜易氧化，不能在有侵蚀性介质中使用。

金属热电阻传感器通常使用电桥测量电路。为了完全消除热电阻引线和连接导线电阻变化对测温的影响，在实验室精密测温及计量标准工作中，都采用四线制的热电阻传感器，并配合精密电桥和精密电位差计进行测量，测量电路如图 2-13 所示。图中 R_t 为测温用热电阻，它有四根引线，R_N 为标准电阻，电位器 R_P 的作用是调节回路的电流 I 使之符合热电阻的规定值。利用电位差计及切换开关分别测出电流 I 在 R_t 和 R_N 上的压降 U_t 和 U_N，由此

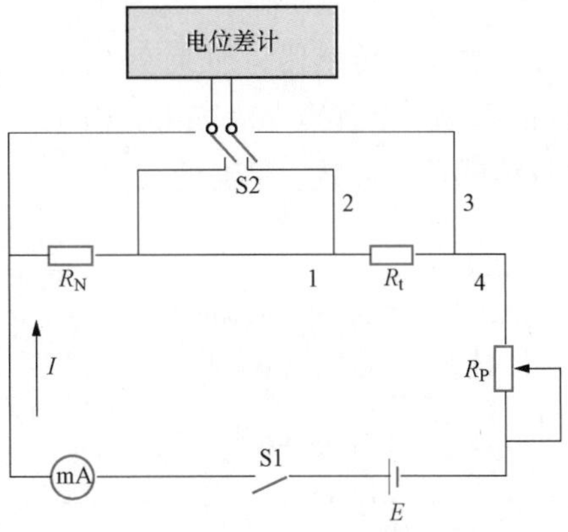

图 2-13　四线制接法的热电阻传感器测量电路

1～4—热电阻引线

可得

$$R_t = \frac{U_t}{U_N} R_N$$

由于电位差计平衡读数时，电位差计不取电流，热电阻的引线 2、3 不流过电流，故其引线和连线的电阻无论如何变化均不会影响 R_t 的测量，这就完全消除了引线电阻变化对测温准确度的影响。另外，必须注意测量时流过热电阻的电流不得超过其规定值（一般工业用热电阻工作电流为 4～5mA），必须保持工作电流稳定，否则会产生较大的热量，影响测量准确度。

热电阻传感器的应用很广泛，可用来测量电气设备的温度和真空度，以及绝缘气体和液体的成分。

2.1.9 振动传感器

振动的监测不仅包括一些旋转电机因转动引起的机械振动，还包括静电力或电磁力作用引起的振动。例如封闭式组合电器（GIS）中带电微粒在电场作用下对 GIS 壳体的撞击、短路故障引起的强大的电动力、局部放电引起的微弱振动。测量振动有三个主要参数，即位移、速度和加速度。根据振动的频率来确定测量哪个量，随频率的上升可分别选用位移传感器、速度传感器或加速度传感器。

（1）位移传感器。在低频区使用位移传感器最为有效，用一高频电源在探头上产生电磁场，当被测物表面与探头之间发生相对位移时，使该系统上能量发生变化，灵敏度达 10mV/μm，以此来测量相对位移。位移传感器广泛用于测量重型电机机座的振动和偏心度。

（2）速度传感器。在 10Hz～1kHz 内的振动用速度传感器最有效。其基本结构是将一块永久磁铁放在一绕制的线圈内，此线圈牢牢地贴在传感器外壳上，传感器再和探头一起安装在被测物体的表面，一旦发生振动，传感器外壳和线圈与磁铁块之间会发生相对位移，线圈中产生感应电动势，由电动势的大小来测定振动的速度。速度传感器的特点是输出信号大，缺点是不够坚固。速度传感器常用来测量各类电机的振动的总均方值。

（3）加速度传感器。加速度传感器常用来测量频率较高的振动，特别是频率超过 1kHz 的振动，其优点尤为突出。由于加速度是位移的二阶导数，故加速度传感器是三个测量传感器中灵敏度最高的。

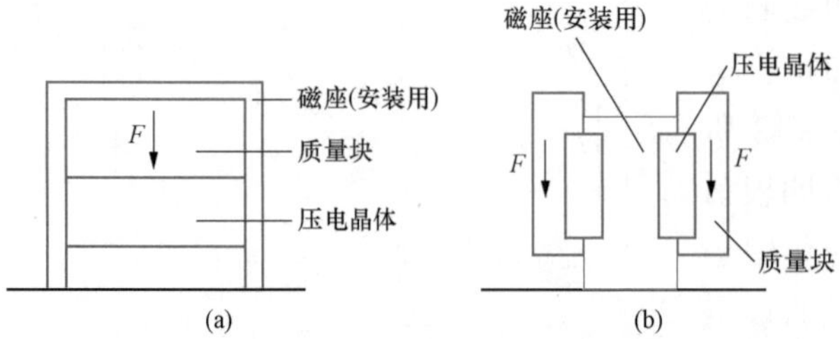

图 2-14 压电式加速度传感器结构原理

（a）压缩型；（b）剪切型

压电式加速度传感器选用具有压电效应的晶体作为敏感元件，常用材料是石英。传感器由质量块、压电晶体、磁座（安装用）组成，如图 2-14 所示。整个传感器紧贴在待测设备表面，加速度 a 通过质量块 m 产生力 $F=ma$，将力传到压电晶体上，产生电荷，再经电荷放大器进行放大，其输出信号的大小即正比于加速度。压电式传感器的特点是比速度传感器刚性好，灵敏度高且稳定性好、线性度好，内配放大器后使用更为方便。

2.2 数据采集

数据采集系统的功能是采集来自传感器的各种电信号，并将其送往数据处理和诊断系统，进行分析、处理。数据的分析、处理一般是由微机配合相应的软件进行，而送入微机的信号应是数字信号，故应将传感器送出的信号预先进行模拟/数字转换（analog-to-diqital，A/D 转换）。此外，为提高监测系统的监测灵敏度，还需采取一些抗干扰措施提高信号的信噪比。

2.2.1 放大器与采样保持电路

1. 放大器

由于传感器受到体积、功耗及转换效率等因素的限制，通常输入信号都比较弱，很难直接用来显示和记录，并且在传输过程中容易受环境的电磁干扰。因此，在测量系统中通常需解决信号放大问题。一般是在传感器之后配置前置放大电路，对有用信号进行放大，对噪声进行抑制。对于有些不受体积限制的传感器，可以把放大电路装在其内部。所以一般情况下，放大器是传感器后处理电路的第一个环节。

对放大器的基本要求是：线性好，增益高，转换速率高，抗干扰能力强，输入阻抗高（宜大于 60MΩ），输出阻抗尽量小，这样便于信号的匹配和传输。

（1）测量放大器。当传感器转换后的信号很微弱，并且还有共模干扰信号时，需要放大电路具有很高的共模抑制比以及高增益、低噪声及高输入阻抗。这是因为传感器的信号很微弱，可减少放大器对传感器的负载效应。此时，最好采用测量放大器。

测量放大器通常是由三个运算放大器组成，分为阻抗变换和增益变换两级，如图 2-15 所示。阻抗变换级的两个运算放大器 A1 和 A2 的结构完全对称。差动输入端 U_1 和 U_2 是两个输入阻抗和增益对称的同相输入端，其直接与信号源相连，因而，共模成分（如电磁干扰、温度漂移）被对称结构抵消。运算放大器 A3 将差动输入变换为单端输出。

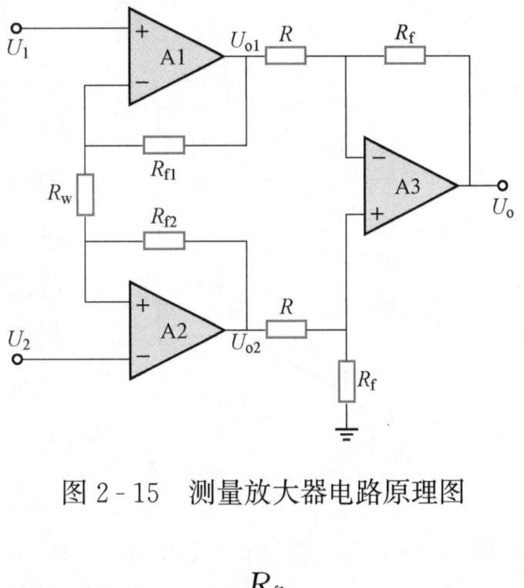

图 2-15 测量放大器电路原理图

从图 2-15 可知

$$U_{o1}=\left(1+\frac{R_{f1}}{R_w}\right)U_1-\frac{R_{f1}}{R_w}U_2=U_1-(U_2-U_1)\frac{R_{f1}}{R_w} \tag{2-17}$$

$$U_{o2}=\left(1+\frac{R_{f2}}{R_w}\right)U_2-\frac{R_{f2}}{R_w}U_1=U_2+(U_2-U_1)\frac{R_{f2}}{R_w} \tag{2-18}$$

$$U_o = \frac{R_f}{R}(U_{o2} - U_{o1}) \tag{2-19}$$

其增益为

$$A_U = \frac{U_o}{U_2 - U_1} = \frac{R_f}{R}\left(1 + \frac{R_{f1} + R_{f2}}{R_w}\right) \tag{2-20}$$

这种电路的输入阻抗很高（达 50MΩ 以上），从而使传感器的输出基本没有负载效应。它的高输入阻抗和高共模抑制比对微小的差模电压很敏感，适用于测量远距离的小信号，特别适合与传感器输出信号相接，因而得到广泛应用。在一般场合，可采用一般运算放大器组成的测量放大器。现在已将测量放大器中的三个运算放大器集成到一块芯片上，构成仪器放大器。仪器放大器均有理想的差动输入特性，有很高的共模抑制比和可调增益，例如 AD521、AD522、LH0036 等。有些传感器中已经直接配装了集成测量放大器。

（2）程控增益放大器。由于被测量有时是在较大范围内变化，并且不同的被测量变化范围一般也不相同，因此在计算机数据采集系统中，输入的模拟信号一般都需要经过放大和 A/D 转换。为减小转换误差，在 A/D 转换输入的允许范围内，希望模拟信号尽可能达到最大值。这样对固定增益的放大器而言，有时可能增益不够，有时又可能因增益过大而使信号饱和失真。为解决此问题，常采用在测量过程中自动改变放大器放大倍数的方法。在微机控制的测试系统中，通常用软件控制实现增益的自动转换，具有这种功能的放大器称为程控增益放大器。利用程控增益放大器与 D/A 转换器（analog - to - digital converter）组合，再配合软件控制实现输入信号和增益与量程的自动转换，可提高输入信号的分辨率。

程控增益放大器原理如图 2 - 16 所示，它是通过改变负反馈电阻实现量程变换的。当开关 S1、S2、S3 中之一闭合，其余两个断开时，放大器增益为

$$A_{Uf} = -\frac{R_i}{R} \quad (i = 1,2,3,\cdots) \tag{2-21}$$

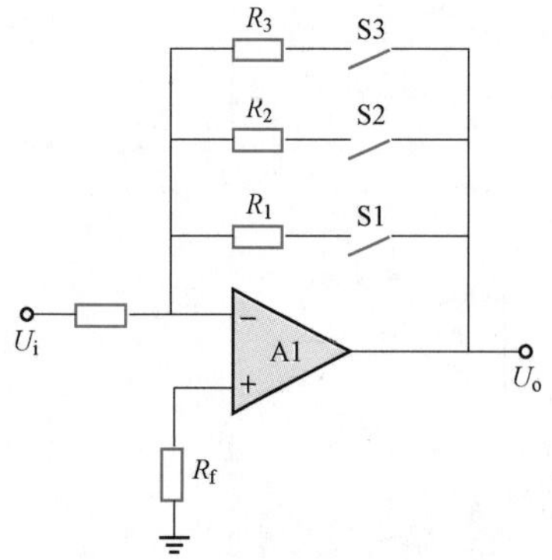

图 2 - 16　程控增益放大器电路原理图

利用软件对开关闭合进行选择，即可实现程控增益变化。程控增益放大器在计算机数据采集系统中应用较广泛，其类型较多。程控增益放大器按其构成可以由单个、多个运算放大器或测量放大器配上调节增益的电阻网及相应的开关网络组成，或者以此为基础制成一个整体的集成元件；按其输出可以分为模拟式和数字式。

程控增益放大器一般通用性很强，无需外加模拟开关，可通过软件方便地进行量程自动切换，从而使输出信号根据输入信号的变化自动调整增益，扩大局部数据的测量分辨率，使放大后的信号幅值接近 A/D 转换器满量程信号，可提高测量准确度。当被测量动态范围较宽时，其优越性更明显。

2. 采样保持电路

采样保持电路通常由保持电容器、输入输出缓冲放大器、逻辑输入控制的开关电路

等组成，如图 2-17 所示。采样期间，逻辑输入控制的模拟开关是闭合的。A1 是高增益放大器，它的输出通过闭合开关给电容器快速充电。保持期间，开关断开，由于运算放大器 A2 的输入阻抗很高，理想情况下，电容器将保持充电时的最终值。目前采样保持电路大都集成在单一芯片中，其中保持电容器是外接的，由用户根据需要选择。

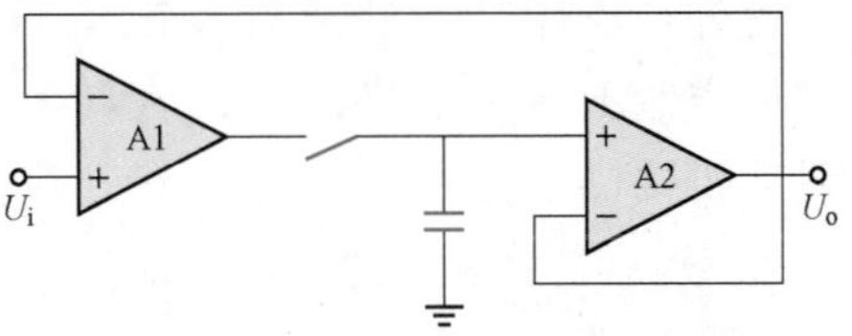

图 2-17　采样保持电路原理图

2.2.2　模/数转换器与数/模转换器

1. 模/数转换器原理

将模拟量（连续变化的信号）转换成一定码制的数字量（断续变化的信号）称为模拟/数字转换（A/D 转换）。A/D 转换又称为模拟量的离散化。在实际应用中，除了少数直接将各种连续的物理量转换成数字量外，大多是经传感器或变换器转换成模拟电压信号，再由模拟电压信号转换成数字量。因此，A/D 转换多指模拟电压到数字量的转换。进行 A/D 转换的器件或装置称为 A/D 转换器。A/D 转换器是智能仪表和微型计算机控制系统的基本部件之一，直接关系到测量的准确度、分辨率和速度，关系到控制系统的准确度。

A/D 转换器主要分为：

（1）直接比较型。将输入的被测模拟电压直接与作为标准的参考电压相比较，从而得到按数字编码的数字值。

（2）间接比较型。输入被测模拟电压不是直接与标准的参考电压相比较，而是先将两者都变换为中间物理量后再进行比较，然后对比较而得的时间（t）或频率（f）进行数字编码。积分式 A/D 转换器是这类间接比较型的典型，它又分为单积分式、双斜积分式、多斜积分式、脉冲调宽式和 V/F（电压/频率）转换型等。这类转换器具有平均值响应的特点，能大大抑制干扰与噪声，但转换速度较慢，适合于测量直流信号。

（3）复合型。复合型是将直接比较与间接比较的积分式 A/D 转换原理结合起来，发挥各自的优点，因而能获得高的准确度和转换率，但成本较高。

A/D 转换器的主要技术特性为：

（1）准确度。准确度指在输入相同信号的条件下，A/D 转换器的输出与理想数学模型输出的接近程度。

（2）转换速率。转换速率指单位时间内完成 A/D 转换的次数，它近似等于完成一次 A/D 转换所需时间的倒数。

（3）分辨率。分辨率反映了 A/D 转换器所能分辨的被测量的最小值，一般用 A/D 转换器输出的数字量的位数来表示。例如，12 位的 A/D 转换器，分辨率为 12 位，模拟电压的变化范围被分为（$2^{12}-1$）级（即 4095 级）。对同样的模拟电压，用位数越高的 A/D 转换器所能测量的最小值就越小，也就越灵敏。

（4）稳定度。稳定度是指测量不变的情况下，一段时间内 A/D 转换器输出显示数的稳定性。

此外，还有V/F转换器（电压/频率变换器）、F/V转换器（频率/电压变换器），其功能类似于A/D转换器和D/A转换器。但它们不需要同步时钟，因此成本低，易于和计算机接口。

2. 数/模转换器原理和技术指标

数字/模拟转换（digital - to - analog，D/A转换）是将数字量转换成模拟量。进行D/A转换的器件或装置为D/A转换器（digital - to - analog converter），其作用与A/D转换器相反。

D/A转换器由模拟开关、电阻网络、基准源和运算放大器四部分组成，如图2-18所示。根据电阻网络结构的不同，D/A转换器分为权电阻网络的D/A转换器、T形或反T形电阻网络的D/A转换器两种类型。T形电阻网络中有一种所谓的R-2R网络，这也是目前大多数D/A转换器采用的电阻网络。

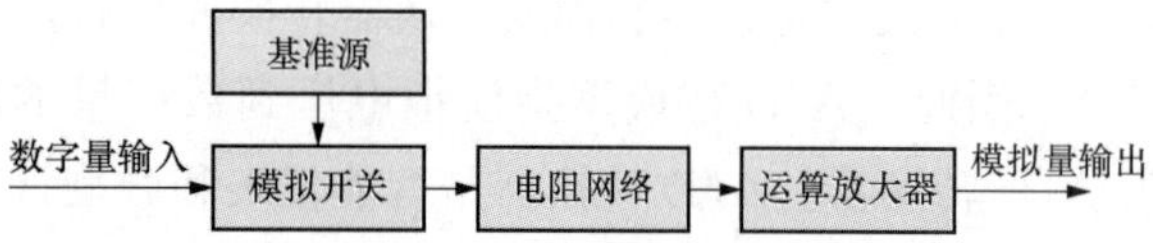

图2-18　D/A转换器的基本组成框图

D/A转换器的主要技术指标如下：

（1）准确度。准确度是指在D/A转换器的输入端加上给定的数字量时所测得的实际模拟量输出值与理论输出值之间的差异程度，通常用最大绝对误差或相对误差来表示。

（2）分辨率。分辨率是指其数字量输入变化一个最小单位时，所对应的模拟量输出的变化量与满度输出值之比。通常用D/A转换器的位数来表示，如12位的D/A转换器有12位二进制数的分辨率（$1/2^{12}$）。

（3）线性度。通常用D/A转换器的非线性误差来表示其线性度，它是指转换器实际的输入/输出特性曲线与理想的输入/输出直线的偏离程度。

（4）D/A转换时间。D/A转换时间指当输入数字量产生满度值的变化时，其模拟量输出达到稳态值所需的时间。

2.2.3　数据采集系统

为了满足现代科学实验和生产过程中，测量准确度高、测量路数多、速度快、结果显示和打印形式多样化的要求，通常需要采用现代化的数据采集系统来完成。现代数据采集系统是由包括计算机在内的一些模块组成，由于集成度很高，模块不需要很多，因此结构紧凑，可靠性高。现代数据采集系统对数据具有计算、分析和判断的能力，因此又称为自动数据采集分析系统、智能测量系统。

1. 现代数据采集系统的功能

（1）自动测量和控制。对于通用测量，预先把操作程序存入非易失性存储器中，操作人员只要按键盘上所规定的功能键操作，数据采集器就能按预先编制的程序自动测量，并对被测对象进行实时控制和分时控制。

（2）多项选择。可按要求选择测量项目、信号通道、测量范围、增益和频率范围，并达到最佳工作状态，提高测量准确度。

（3）自动校正。可进行自动调零，按预先给定的标准进行自校，消除温度、噪声及干扰等因素，把系统误差存储起来，便于以后从测试结果中扣除，提高测试准确度。

（4）数据处理。能把测量的数据进行分类处理，并进行数学运算、模拟运算、误差修正、工程单位转换等。

（5）故障报警。能进行自身的故障诊断报警，由 CPU 向系统各部分发出校准信号，经过比较，可以判断各部分有无故障。在测试过程中，如果有故障，同样也能报警。

2. 数据采集与控制系统的基本构成

数据采集与控制系统种类很多，但其基本构成是相似的。图 2-19 所示为一个典型的数据采集与控制系统框图。由图可见，组建数据采集与控制系统就是把外部输入输出器件，如打印机、显示器、键盘、模拟或数字输入通道、模拟或数字控制通道、智能仪器等同计算机连接起来。这些器件的连接都要通过适当的接口和总线，因此接口和总线是数据采集与控制系统的重要组成部分。

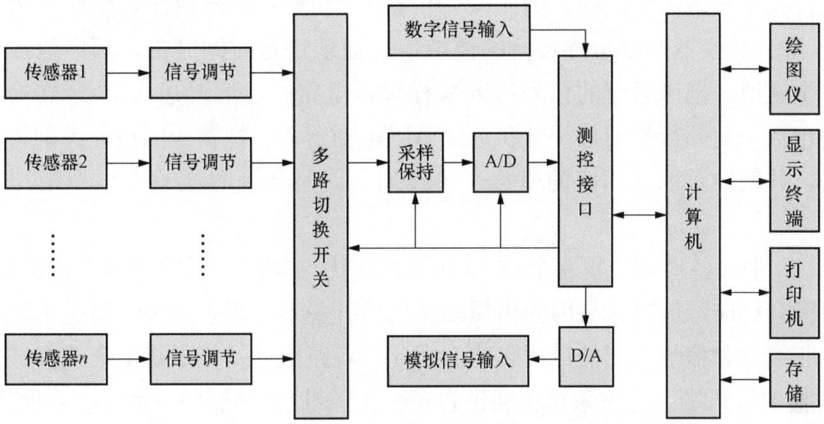

图 2-19　典型的数据采集与控制系统框图

图 2-19 中被测信号由传感器转换成相应的电信号，这是任何非电量监测必不可少的环节。不同被测信号所用传感器是不同的。例如，若第 1 路被测信号是温度，其传感器可以是热电偶；第 2 路是变压器油中故障气体，传感器为气敏传感器。

传感器输出的信号不能直接送到输出设备进行显示和记录，需要进一步处理。信号的处理由模拟信号处理和数字信号处理两部分完成，后者由计算机承担。A/D 转换器以前的全部信号都是模拟信号，在此以后的全部信号都是数字信号。除此以外，有些数字信号可以直接送入计算机接口。当然，为了恢复原始信号波形或反馈控制，还可以将数字信号再转换为模拟信号。

从传感器传输过来的信号除少数为数字信号外，多数都是模拟信号，要送入计算机必须经过 A/D 转换。因此数据采集系统中的关键部件是 A/D 转换器。为了把变化的模拟信号转换为数字信号，要对模拟信号采样，得到一系列在数值上是离散的采样值。A/D 转换器把模拟量转换成数字量需要一定转换时间，在这个转换时间内，被转换的模拟量必须维持基本不变，否则不能保证转换准确度，所以大多数情况下需要加采样保持电路。通过此电路把采样得到的模拟量保持到转换为数字量。所转换的数字量不仅在时间上是离散的，在数值上的变换也是不连续的。任何一个数字量的大小，都是以某个最小数量单位的整数倍来表示的，所规定的最小数量单位称为量化单位。把模拟量转换成这个最小数量单位的整数倍的过程，称为量化过程。把量化的数值用代码表示，就称为编码。因此，采样、量化和对数字信号进行编码，是数据转换的基本步骤。现在很多A/D转换芯片都可自动按顺序完成这几个步骤。

在进行多路数据采集处理时，需要预先计算各路模拟信号的上限频率、采样间隔，并给以一定时间限制，否则就不能正常工作。

图2-19中的多路切换开关是一种实现模拟信号通道接通和断开的器件，称为模拟开关。它的作用是把多个输入通道的模拟信号按预定时序分时地有顺序地与采样保持电路接通。模拟开关有导通和断开两种状态，可以由一个功耗极小的数字控制电路改变其工作状态。模拟多路开关可以把多个信号通道换接到同一个负荷，每个时刻只有一个通道被接通。在数据采集系统中，为了减少价格昂贵的A/D转换器，往往采用模拟多路开关先将A/D转换器对多个待转换的模拟信号通道进行时间分割，顺序地或随机地每次接通一个通道，把该通道的信号送入采样保持电路，然后再送入A/D转换器。模拟多路开关包括一列并行的模拟开关和地址译码驱动器，它把输入的地址码翻译成输入通道的代码，并把输入地址相应的模拟开关接通，同时保证每次只有一个模拟开关是导通的。

图2-19中，各通道共享一个A/D转换器，优点是以较低的成本来采集多路信号，但其准确度会相应降低。这是因为模拟多路切换开关不是理想开关，易受失调电压、开关噪声、非线性和信号之间的窜扰影响。因此，各路信号及其干扰都会或多或少地窜到A/D转换器的输入端。通过采用各通道自备一个A/D转换器的方案可以克服这个缺点。此方案的特点是，经A/D转换后进入多路切换开关的信号都是数字信号，其电平只有高电平与低电平（即“1”与“0”）之分，任何干扰信号要使高、低电平翻转，必须具有相当强的幅度，因此这种干扰信号出现的概率是很小的。所以，这种系统抗干扰能力强，但成本较高。

2.3 信号传输与电磁干扰抑制

在线监测系统的信号不仅包括从传感器来的待测信号，还有来自微机的控制信号（一般是数字信号）。这些信号需在各个系统间、单元间，甚至部件间进行传输，必须保证在传输过程中不受其他信号（包括外界干扰信号）所干扰，以避免信号的畸变或误动作。通常信号传输的方法有串行传输方法、并行传输方法和光信号传输方法，后来发展了新的集成总线的传输方法。

2.3.1 信号传输方法

1. 串行传输

在智能仪表中除了通过A/D和D/A转换器作为模拟信号的输入、输出通道，还有使用串行接口作为数字信号的输入、输出的通道。常见的例子是智能仪表与个人计算机连接采用串行接口实现数据传输和信息交换。

串行接口电路结构简单，特别适合长距离传输。一般用并行方式传输 8 位数据需要 8 根数据线，加上控制线和地线，线的数目就更多了，而采用串行方式传输最少只需要 3 根信号线。但是，串行方式传输数据的速度比并行方式慢。

串行方式传输数据需将主机数据总线上以并行方式排列的数据格式变换成二进制数逐位顺序排列的串行格式，并且这种排列的格式要符合某种规定，例如 7 位 ASCⅡ码数据格式规定：开头一个起始位，接着 7 个字符位和一个奇偶校验位，最后一个停止位，共 10bit 一帧，在数据和数据之间还规定若干空闲位，如图 2-20 所示，图中有 2 个空闲位。

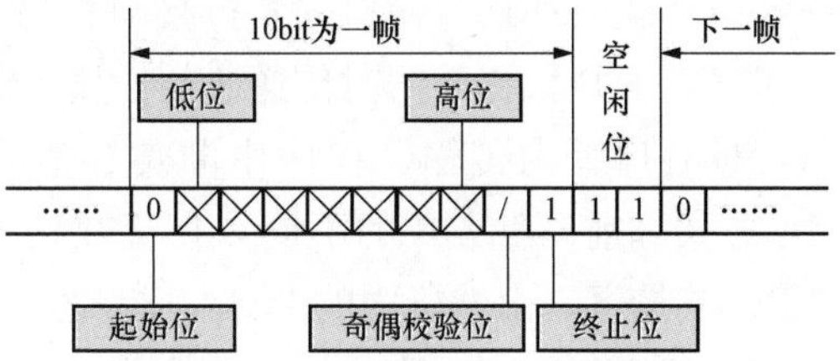

图 2-20　7 位 ASCII 码数据格式

在串行方式传输数据的接口中，要求微处理器与外设双方都应增设一个数据格式转换电路，它可将并行数据变换成串行数据，或将串行数据变换成并行数据。由于串行传输方法应用广泛，它的接口电路和信号连线已形成了通用的标准规范，用户只要按标准设计就可获得通用的接口电路，目前应用较广泛的标准有如下 3 种：

(1) RS-232C。完整的 RS-232C 接口有 25 根线，其中约有 15 根线组成主信道的通信线，而大多数的计算机数据传输只使用 3～5 根线。一般 RS-232C 接口电路的最长数据通信距离为 15～30m，如果通信距离很长，可以在发送端利用调制器把数据经过调制后传送。位速小于 30bit/s 时，采用频移键控制（FSK）方法将低电平和高电平用两种不同频率的音频信号调制成连续信号；在高速率传送时，必须采用数字调制技术。在接收端再由一个解调器将信号恢复成数字信号，如图 2-21 所示。

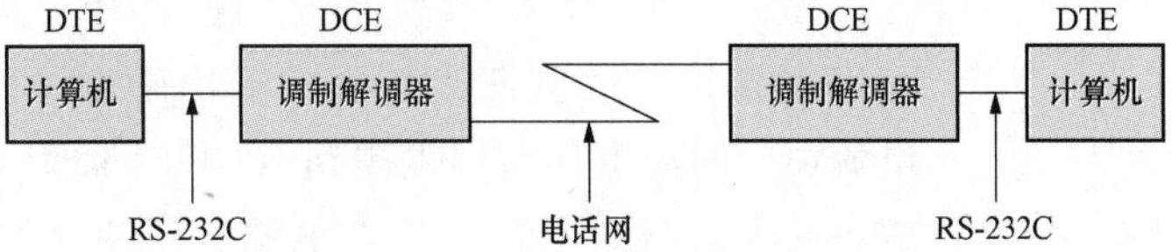

图 2-21　RS-232C 接口的应用

(2) RS-422。RS-422C 是为弥补 RS-232C 之不足而提出的，为改进 RS-232C 通信距离短、速率低的缺点，RS-422 定义了一种平衡通信接口，将传输速率提高到 10Mbit/s，并允许在一条平衡线上连接最多 10 个接收器。RS-422 是一种单机发送、多机接收的单向平衡传输规范。

(3) RS-485 标准。RS-485 标准最初由电子工业协会（EIA）于 1983 年制定并发布，后由通信工业协会修订后命名为 TIA/EIA-485-A，不过还是习惯地称之为 RS-485。RS-485 由 RS-422 发展而来，在 RS-422 的基础上，为扩展应用范围，增加了多点、双向通信能力，即允许多个发送器连接到同一条总线上，同时增加了发送器的驱动能力和冲突保护特性，扩展了总线共模范围，这就是 EIA RS-485 标准。

RS-485是一个电气接口规范，它只规定了平衡驱动器和接收器的电特性，而没有规定接插件、传输电缆和通信协议，是一种极为经济，并具有相当高噪声抑制、传输速率、传输距离和宽共模范围的通信平台。

2. 并行传输

并行传输，即通过微机的并行接口传输，其特点是可同时传输，例如对一个8位数，可通过8根数据线同时传递8位，故传输速度快。并行传输又分为三种常用的传输方式，即程序查询传输、程序中断传输和直接存储器存取传输（又称DMA方式），DMA方式和前两种方式的不同点在于数据不需要通过CPU转发存入微机内存，而是在CPU支持下，由微机内的DMA控制芯片来控制数据传输，由A/D转换器和微机内存之间直接进行数据交换，故传输数据的速率比前两种方式要高得多。

3. 光信号传输

光纤信号传输系统的光端部分（也称光端机）由光源、光纤、光监测器组成。其中发送端的光源（半导体发光二极管LED或激光二极管LD）起着电/光变换作用，光纤是光信号的传输介质，接收端的光监测器（半导体光电二极管PD或雪崩光电二极管APD）起着光/电变换作用。传输系统中的光信号可以看成是光载波，光载波携带着$u_s(t)$的信息从发送端传向接收端。但这种调制和无线电通信不同，并不是指光载波的外差调制，而是指光载波的光强度调制，即光源发出的光强度的大小在时间上随$u_s(t)$变化，这就是光强度调制方式（IM）。信号$u_s(t)$对光载波的调制方式实际使用较多的有两种：

（1）调幅式调制。调幅式调制又称振幅调制一光强调制（AM-IM），是由模拟信号直接对光载波进行光强度调制。故要求光源的驱动电流与光功率输出二者之间有好的线性关系，发光二极管能满足这种线性关系。调幅式调制原理如图2-22所示。其优点是线路简单，频带宽；缺点是LED的温度特性会使光功率的输出随温度而变化，例如在电流恒定时温度从室温提高到100℃时LED的输出功率可能减小一半。与此类似，LED电源电压的变化以及LED的老化，也会引起输出光功率的变化。这些缺点大大限制了调幅方式的使用。

图2-22　调幅式调制原理图

（2）调频式调制。调频式调制又称频率调制—光强调制（FM-IM），这种调制方式是由模拟信号先对电载波进行频率调制，即先将电信号调制为振幅不变而频率随调制信号的幅度而变的调频波，如图2-23所示。它输入的是经过预处理后的监测信号，通过FM输出调频波，这一功能一般由压控振荡器或电压/频率变换器来完成，再通过LED的光/电转换后输入光纤的是和调频电压波相同的光信号的调频波，这样LED的温度特性和电源电压就不会再影响光信号，故应用较为广泛。通过光纤输出的光信号经光/电转换恢复为电信号的调频波，再经解调（DM）、放大和低通滤波后，即复原为预处理后的电信号，而后送往数据采集单元，故该方案是将数据采集系统的数据采集单元和数据处理诊断系统一起安排在主控室。解调一般选用鉴频器和频率/电压变换器。调频方式的优点还在于当调频波的波形和振幅受到干扰，波形发生畸变时，只要基波频率不变，则通过限幅线路的处理仍可获得好的解调效果。

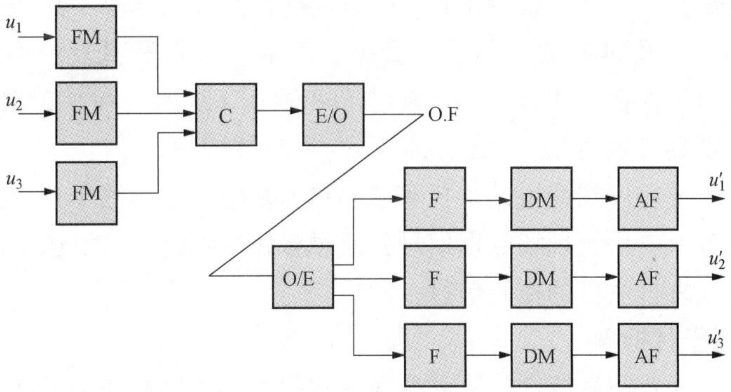

图 2-23 调频和频分复用光纤信号传输系统原理框图

FM—频率调制；C—多路信号合成；E/O—电/光转换；O. F—光纤或光缆；O/E—光/电转换；F—带通滤波；DM—解调；AF—放大和低通滤波；u_1、u_2、u_3—输入信号；u'_1、u'_2、u'_3—输出信号

4. CAN 总线

除了传统的 RS-232C 和 RS-485 串行通信方式外，目前较多采用 CAN 总线（控制器局域网络）和 Zigbee。基于单片机和总线技术的监测终端安装在设备运行现场，其主要功能是对各智能设备采集的数据采集，通过 Zigbee 或辅以其他传输网络实现实时信息的可靠传输。

为了避免远距离传输微安、毫安级小电流信号时引入大量电磁干扰，淹没原始信号，监测系统采用分布式系统，电气参数就地采集。现场的传感器将设备的实时监测数据发送至相应功能的监测单元，集成单元将采自传感器的信息处理后上传，上传数据按照 IEC 61850 规约，经光纤网络进行数据传输。在线监测系统主机中包含各类在线监测系统数据处理、故障分析诊断软件系统，该软件系统收到信号后进行解析完成设备监测的计算、分析、储存和报表生成等数据处理任务，对每个电气设备的运行状况进行评价和分析，并对有关数据进行融合，建立运行与检修管理数据库。

由于各个电压等级变电站之间的电气设备所处的实际工作环境不同，即使在某一变电站内部不同电气设备之间环境也不一致，因此有必要采用无线和有线两种通信方式。在满足变电站数据通信要求下，让两种数据通信方式相互配合，取长补短。

CAN 总线是一种多主方式的串行通信总线，基本设计规范要求有高的位速率、抗电磁干扰性强，而且能够监测出产生的任何错误。由于 CAN 总线具有很高的实时性能，已经在汽车工业、航空工业、工业控制、安全防护等领域得到了广泛应用。

CAN 总线可以多主方式工作，网络上任意节点均可以在任意时刻主动地向总线上的其他节点发送信息；采用短帧结构，传输时间短，抗干扰能力强；当 CAN 总线上的某个节点出现严重错误时，具有自动关闭输出的功能，使总线上的其他节点及通信不受影响，从而提高系统的可靠性。

5. Zigbee的无线数据通信方案

无线通信采用的Zigbee技术，是一种近距离、低复杂度、低功耗、低速率、低成本的双向无线通信技术。其主要用于距离短、功耗低且传输速率不高的各种电子设备之间进行数据传输，以及典型的有周期性数据、间歇性数据和低反应时间数据的传输。Zigbee技术方案可工作在2.4GHz（全球）、868MHz（欧洲）和915MHz（美国）3个免费频段上，分别具有最高250、20、40kbit/s的传输速率。

Zigbee技术主要应用在变电站主机和监测单元之间。在监测单元，传感器终端节点安装在输变电设备上，采集现场数据信号并通过多跳技术将信号发送至监测单元，同时该节点还可以接收来自主机的控制信息。

2.3.2 电磁干扰抑制

通过传感器进入监测系统和信号混叠在一起的干扰信号是外部干扰的主要来源，并且应在预处理时采取措施予以抑制，特别在监测微弱的瞬态脉冲信号时，这种抑制尤为重要。

1. 干扰的特征和来源

干扰信号按照其波形特征可分为：

（1）周期性干扰信号。

1）连续的周期性干扰信号。例如广播信号、电力系统中的载波通信、高频保护信号、谐波、工频干扰等，其波形一般是正弦形。

2）脉冲型周期性干扰信号。例如可控硅整流设备在可控开、闭时产生的脉冲干扰信号，旋转电机电刷和集电环间的电弧等，其特点是脉冲干扰周期性地出现在工频的某相位上。

（2）脉冲型干扰信号。高压输电线的电晕放电，相邻电气设备内部放电，以及雷电，开关、继电器的断、合，电焊操作等无规律的随机性干扰均是脉冲型干扰信号。干扰的来源主要是系统内部的相互干扰和系统外来的电磁干扰（包括载波通信、可控硅整流、谐波、高压输电线、电焊等）。

2. 干扰的抑制

干扰通常分为共模干扰和差模干扰。共模干扰是指两根电源线对地之间存在的电磁干扰，其上对地的干扰电位相等、相位相同。差模干扰则是在两电源线之间存在的干扰信号，故干扰电流在两根线上是异向的环流。

（1）系统内部干扰的抑制。对于来自系统内部的干扰，一般宜采取以下措施来抑制：

1）各个通道间尽可能拉开一定的距离，特别要避免通过高阻抗相连。例如多路信号传输时本可共用一个集成电路（例如共用一个模拟开关或共用一个运算放大器），为避免不同通道间干扰最好分别选用几个集成电路。

2）保证一点接地，多点接地时容易在地线回路上有环流引起共模干扰。各个部件、单元均自成回路，不要共用地线，特别是数字电路和模拟电路的地线更需分开，以防止相互间的共模干扰。同时地线尽可能粗一些，地回路也尽量短些，以降低地回路的阻抗。

3）信号通过一定的隔离措施再传输到另一单元，以避免各单元间的相互干扰。常用的隔离方式有：

a. 采用隔离变压器。隔离变压器是一台 1：1 的变压器，一次级绕组间及对铁芯均有一定的绝缘水平，绕组间还有接地的金属屏蔽，用以隔断相互间的干扰以及危险电位的传递。而信号通过磁路的耦合来传递。铁芯材料的选择根据传递信号的频率而定。

b. 采用光电耦合器。光电耦合器采取的是一种光电隔离方式，电路上相互绝缘，隔离电位可从数百伏至数千伏，而信号通过电/光转换，以光信号传输到下一单元，经光/电转换后恢复为电信号，其工作原理如图 2 - 24 所示。光电耦合器的输入阻抗一般仅 0.1～1.0kΩ，而干扰源的内阻一般在兆欧以上，故能馈送到光电耦合器输入端的噪声变得很小。整个耦合器是密封的，不受外界光的影响。再者耦合器输入和输出端之间寄生电容很小，仅 0.5～0.2pF，而绝缘电阻为 $10^{12}\Omega$，故输出系统的干扰噪声也很难通过耦合器反馈到输入系统。因此光电耦合器本身的隔离效果和抗干扰能力是比较好的，特别适用于短离信号的传递。

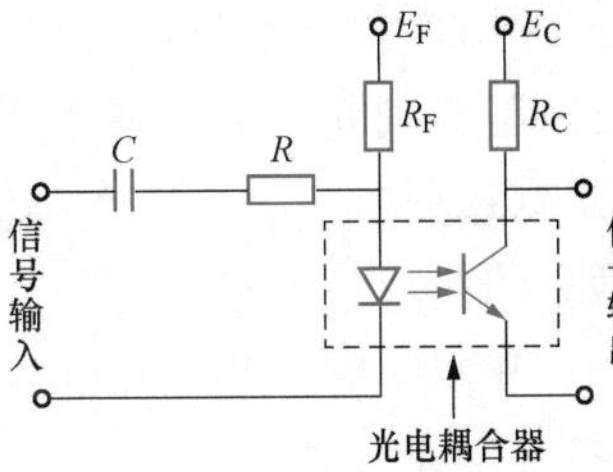

图 2 - 24　光电耦合器工作原理图

c. 采用光电光纤传输信号。光电光纤用光电隔离方式来隔离两个系统之间的干扰，但光信号的传递用光纤来完成，故特别适用于远距离的信号传输，抗干扰能力最强。由于光纤的耐压很高，1m 光纤交流闪络电压大于 100kV，故可用于隔离很高的电位。

（2）系统外部干扰抑制。对来自系统外的电磁干扰，应从电磁干扰进入的途径采取不同的措施。

1）为防止干扰从交流电源进入，监测系统一般应由隔离变压器供电，输出端还接有低通滤波器，如图 2 - 25 所示。该电路对共模干扰和差模干扰在不同干扰频率下均有良好的抑制效果，宜采用双层屏蔽，S1 屏蔽差模干扰，S2 屏蔽共模干扰。低通滤波器由共模线圈 L_1、L_2、差模电容 C_x 和两个共模电容 C_y 所组成。L_1、L_2 是绕在同一磁环（一般选用铁淦氧）上匝数、绕法均相同的两个独立线圈，则 $L_1=L_2=M$。当有负载电流流过时，在 L_1、L_2 内产生的磁通在磁环内相互抵消，电感作用呈现不出来，不会使磁环饱和，故对负载电流（或信号）的传输无甚影响。L_1 和 C_y，L_2 和另一个 C_y 分别构成两对独立端口的低通滤波器，以抑制电源线上存在的共模干扰信号。而 C_x 和 L_1、L_2 及两个 C_y 的串联又构成 Π 形滤波网络，可抑制电源上存在差模干扰，从而实现对电源系统电磁干扰的抑制。

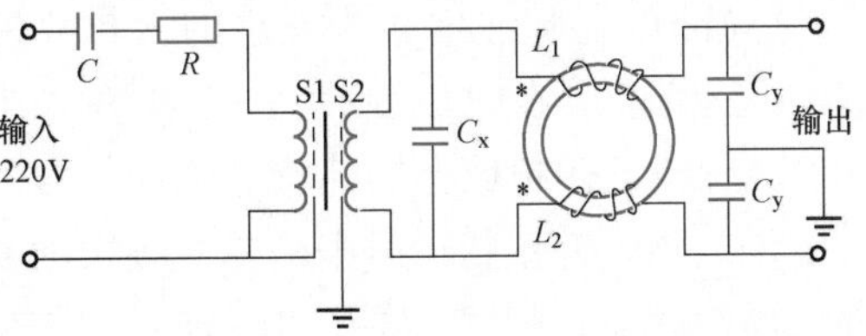

图 2 - 25　隔离变压器和低通滤波器供电接线图

2）在信号传递过程中，干扰通过电磁耦合进入系统。为抑制这种形式的干扰，可采取以下措施：①屏蔽，机箱机柜均由金属屏蔽制成，连线用屏蔽线或高频电缆；②隔离，用光电隔离、光纤传递信号等；③保证良好的一点接地。

3）通过传感器和信号混叠后一起进入监测系统，这常常是外部干扰的主要来源，而且干扰水平高较难抑制。通常采用隔离和滤波等技术后，才能保证必要的监测灵敏度和信噪比。

（3）其他干扰抑制技术。

1）平均技术。这是用软件，即数据处理的方法抑制干扰，主要是随机性干扰。随机性噪声一般遵从正态分布，故将数据样本多次代数和相加并取其平均值，即可减弱随机性干扰影响而提高信噪比。若样本数为 N，则信噪比的改善为 $\sqrt{N}$，因此样本均值的标准偏差为 $\sigma/\sqrt{N}$，是样本标准偏差的 $1/\sqrt{N}$。采用平均技术需确定采样率、每次采样样本的容量以及样本数，而这些采样值的采样周期必须是严格相同的。

2）逻辑判断。从逻辑推理上设定一些判断来确定测得的是真实信号还是干扰信号。例如监测过程中仅测得一次幅值很高的信号，那么该信号很可能是一个随机信号，可在数据处理时舍弃。

3）开窗。对一些已知的且相位固定的干扰，可运用电子技术或软件方法对这些信号不予采集或置零。

4）滤波技术。使用各种带通滤波器可有效地消除和抑制连续的周期性干扰。带宽和中心频率的选择视干扰信号的频带而定。窄带型滤波抗干扰性好，能抑制通频带以外的干扰信号，但也容易造成信号某些频率成分的过分丧失；宽带型滤波虽可测得信号的频率成分比较丰富，但又不利于抑制干扰。

5）数字滤波技术。对一个数字信号按一定要求进行运算、处理，以数字形式输出，这种处理就是数字滤波。数字滤波技术实则为计算程序，适合安排在数据采集之后，它也是运用软件的方法来抑制干扰，主要是连续的周期性干扰，可用于局部放电脉冲信号的监测中。与模拟滤波器相比，数字滤波具有可任意改变其数目、中心频率和带宽的特点。

数字滤波的基本原理如图 2-26 所示。设局部放电脉冲信号为理想的狄拉克冲激函数，干扰信号为纯正弦函数，当这两种信号呈负效应在时域混叠在一起时的波形如图 2-26（a）所示。经快速傅里叶变换（FFT 变换），在频域上局部放电脉冲信号的频谱变成一条直线，它包含所有的频率分量，是均匀谱，而干扰信号则是单一频率的冲激函数，两者在频域叠加后干扰谱线突出于局放谱线之上，如图 2-26（b）所示。若将干扰谱线去除［如图 2-26（c）所示］，经快速傅里叶反变换（IFFT 变换）回到时域，则可看出干扰信号已被消除，只剩下局部放电脉冲信号［如图 2-26（d）所示］。虽然实际上局部放电脉冲信号远非理想的狄拉克函数（有时是衰减的正弦振荡波），干扰信号也非严格的正弦信号，但仍可运用上述方法来抑制周期性干扰。

图 2-27 是对某 110kV 变压器进行在线监测时运用数字滤波技术的实例。图 2-27（a）是用采样频率 5MHz 采集到的局部放电脉冲信号（从套管末屏注入方波来模拟）和干扰信号混叠的波形，传感器选用中心频率为 250kHz 的谐振型窄带传感器，并在变压器外壳接地线上监测信号。经 FFT 变换后得到的频谱上［见图 2-27（b）］可见较强的周期

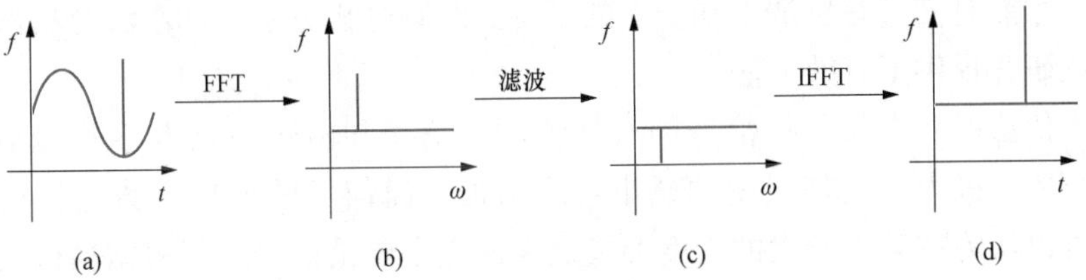

图 2-26　数字滤波基本原理

(a) 采得的时域信号波形；(b) 经 FFT 变换后在频域的信号；(c) 数字滤波后在频域的信号；
(d) 经数字滤波和 IFFT 变换后在时域的信号波形

性干扰，其频率集中在 276、316、344、396kHz 和 720kHz 处，基本上在该变电站载波通信所用的频谱范围（272～276kHz，312～316kHz，344～348kHz，392～396kHz）内。在频域对干扰谱线进行处理后［见图 2-27（c）］经 IFFT 变换返回时域得到处理后的信号波形如图 2-27（d）所示。可见主要由载波通信造成的连续的周期性干扰已被明显抑制，局部放电脉冲信号突出，信噪比提高了 20dB 以上。

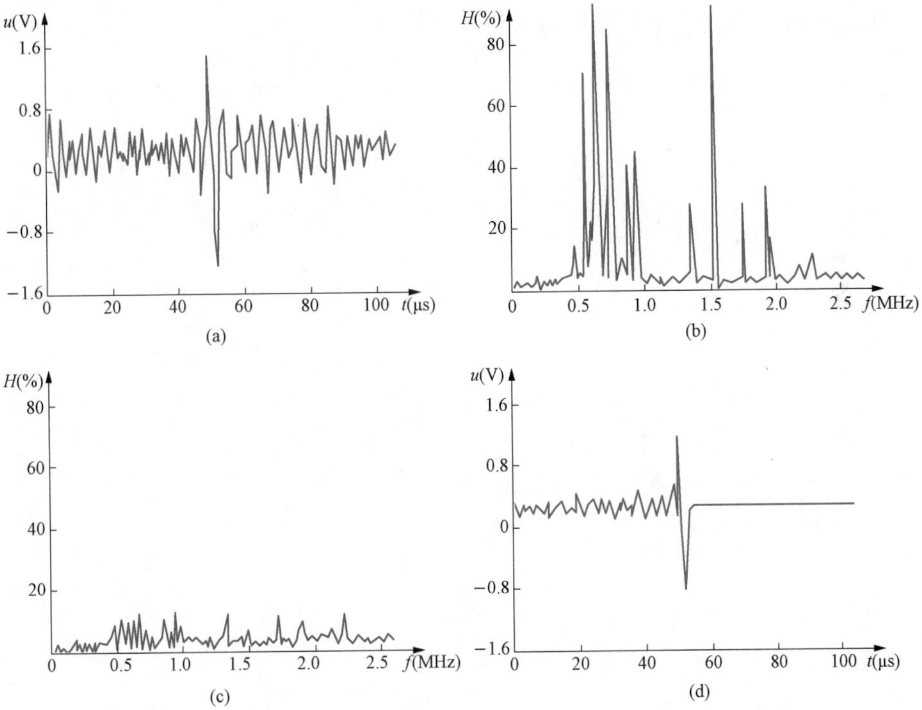

图 2-27　数字滤波技术在在线监测中的应用

(a) 采集到的信号波形；(b) 经过 FFT 变换得到的频谱；(c) 对干扰谱线处理后的波形；
(d) 经 IFFT 变换后的波形

6）时频分析。信号的时域波形和频域波形都包含着信号的全部信息，有些信号（如周期性信号）频域特征明显，有些信号（如离散性信号）时域特征明显，而更多的信号单从时域或频域来分析，往往只能了解信号的部分特性，只有同时从时域和频域两方面来看，才能对信号有更清晰和全面的了解。时频分析方法（如小波分析法）就为局部放电去噪研究提供了有效方法。

模极大值法就是去除干扰信号的有效方法。信号和白噪声具有不同的小波分析特性，白噪声的模极大值点随尺度的减小急剧增加，而信号的模极大值点随尺度变化不大，这样可以认为在某一较大的尺度上模极大值点主要是信号的。根据模极大值点的传递特性，保留信号对应的模极大值点，通过反变换就可获得去噪后的信号。该方法是通过小波变换，把信号分解到不同的频段，把干扰所在的频段置零，从而提取放电信号。

思考题

1. 电气设备在线监测系统的基本构成及其主要功能是什么？
2. 电气设备在线监测常用传感器有哪些类型？
3. 比较宽带型和窄带型电流传感器的特点，分析用于监测局部放电时如何选择。
4. 光载波的调制方式有哪些？其基本原理是什么？
5. 电气设备在线监测中干扰主要有哪些类型？其基本特点是什么？
6. 电磁干扰抑制的主要措施有哪些？

3

故障诊断方法

在线监测就是掌握设备的运行状态，包括采用各种监测、测量、监视、分析和判别方法，并结合系统的历史和现状，加入环境因素，给出设备运行状态报告，以便运行人员及时观察处理，并为电气设备的故障分析、性能评估、合理使用和安全运行提供基础数据。设备的运行状态可分为正常状态、异常状态和故障状态。正常状态指设备的整体或局部没有缺陷，或虽有缺陷但其性能仍在允许的范围内。异常状态指缺陷已有一定程度的扩展，设备的状态信号发生变化，设备运行性能已劣化，但仍可运行，此时应加强设备运行的监视。故障状态是指设备性能指标已偏离正常性能指标，设备不能维持正常工作。

故障诊断是根据在线监测所获得的信息结合电气设备已知的结构特性和参数，以及环境条件，结合电气设备的历史记录，对可能要发生或已经发生的故障进行预报和分析、判断，确定故障的性质和类别、程度、原因、部位，指出故障发生和发展的趋势及后果，提出控制故障继续发展和消除故障的调整、维修、治理的对策措施。

电气设备的故障诊断的主要内容如下：

(1) 由在线监测系统输入的信号，必须经过一系列的处理。对输入信号进行分类、降噪滤波，然后提取特征。对故障诊断有用的信息可能隐藏在被噪声严重干扰的原始信号中，要使诊断结果有效，必须对原始信号进行处理。

(2) 将经过信号处理后获得的电气设备特征参数，与规定的允许参数或判别参数进行比较，以确定电气设备所处的状态，是否存在故障以及故障的类型和性质等。

(3) 经过运行状态识别，根据一定的规则，给出应采取的对策和措施，同时根据设备当前的监测信号预测设备状态可能发展的趋势。

电气设备的故障诊断方法依据不同准则有很多分类。按照诊断环境可以分为在线诊断与离线诊断；按照所利用的监测信号的物理特征则可分为局部放电监测、介质损耗监测等；按照诊断目的分为功能诊断和运行诊断；按照诊断的要求分为定期诊断和实时诊断；按照诊断的途径分为直接诊断和间接诊断；诊断方法按照原理分为时域诊断法、频域诊断法、模式识别法等；按照诊断规则又可分为逻辑诊断、模糊诊断；也可依据诊断样本对诊断方法进行分类。

3.1 阈值和趋势诊断

对设备进行测试，按照所得特征量是否超过规定阈值来判断设备状态的方法，称为阈值诊断。长期以来，中国电力系统实行的预防性试验制度就属于阈值诊断范畴。在DL/T 596—1996《电力设备预防性试验规程》中（以下简称《规程》）对电气设备一些特征量的阈值做了规定。阈值诊断比较简单，因此易于推行，但也存在判断不够全面、容易发生误报等缺点。

例如，变压器故障可分为热性故障和电性故障。热性故障产生的主要气体是CH_4、C_2H_4。许多电力部门都按《规程》定义CH_4、C_2H_4的阈值都是50×10^{-6}，若超过此值则认为有可能存在过热故障，若按此判断，就会出现误报。实际上很多进口大型变压器的CH_4、C_2H_4出厂值就达到了60×10^{-6}以上，为防止误判，还应进行气体发展趋势诊断，若此变压器已经运行5年了，CH_4、C_2H_4的值仅发展至65×10^{-6}，即发展趋势缓慢，则可认为运行正常，不存在热故障。

由此可知，当设备的特征量及状态较少，且相互间的关系比较简单时，进行适当分析，即可做出阈值诊断；若设备的特征量及状态较多，且相互间的关系比较复杂时，则需借助逻辑运算做出阈值诊断。比如，对特征量还可由趋势预测进行诊断，监测参数的发展具有一定的延续性，从以往状态可知现状，由监测的以往和目前状态可推断运行设备的未来状况。趋势预测，就是根据特征量或特性参数随时间的变化趋势来判断设备状态。

3.2 时域波形诊断

对设备进行测试，将测得的某种物理量随时间变化的曲线与原来已测得的标准波形对照来判断设备状态的方法，称为时域波形诊断。下面以高压断路器操动机构的诊断为例进行说明。高压断路器一般以电磁铁作为操作的第一级控制元件，控制回路大多采用直流电源。设在t_0瞬间，断路器的分（合）闸命令下达，电磁铁线圈中流过电流i_0。在图3-1所示的电流$i(t)$波形中，t_0～t_3为电磁铁动铁芯在脱扣或释能过程中动作状态发生变化的时刻，其中t_0为分（合）闸过程计时起点，t_1为动铁芯开始运动的时刻，t_2为铁芯开始触动操动机构负载的时刻，t_3为电磁线圈回路断开的时刻。

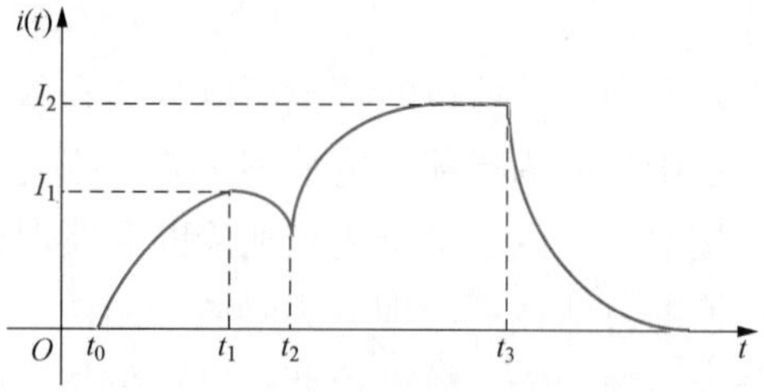

图3-1　高压断路器电磁铁线圈电流与时间的关系

t_0之后，动铁芯尚未开始运动前，电感L保持不变，电流$i(t)$随时间t按指数规律上升，当到达时刻t_1（电流为I_1）时，线圈中电流、磁路中磁通已增大到足以驱动铁芯运动的数值，动铁芯开始运动；t_1之后，因动铁芯运动，L发生变化，$i(t)$逐渐下降，至时刻t_2时，铁芯开始触动操动机构的负载，因而显著减速或停止运动（一般断路器触头将开始运动）；t_2之后，L不再变化，$i(t)$又将上升，至时刻t_3（电流为I_3）时，断路器辅助触点断开，电磁线圈回路被切断；t_3之后，$i(t)$逐步下降为零。可见，电流$i(t)$与电磁铁动铁芯的运动状态密切相关。若根据监测的波形与标准波形不同，发现一些时段的数值有显著变化时，即说明操动机构已存在明显缺陷，可判断为故障以便检修。

3.3 频率特性诊断

根据测得的设备频率特性与标准频率曲线对照来判断设备状态的方法，称为频率特性诊断。

电力变压器的绕组变形是指承受机械力的作用后，可能发生的轴向和幅向尺寸变化、扭曲等现象。造成变压器绕组变形的主要原因是运行中变压器遭受到各种短路故障冲击，以及运输中可能发生的碰撞等。变压器绕组变形后，有的立即发生事故，有的虽然可以继续运行，但已存在事故隐患。可以采用频率响应法等来诊断变压器绕组是否存在变形。

变压器绕组具有电感，绕组内线匝、线段间存在纵向电容，绕组具有对地电容，整个绕组相当于一个由电感、电容组成的网络。若将绕组的一端与地作为输入端口，绕组的另一端与地作为输出端口，那么，对这样一个无源、线性的二端口网络，可以用传递函数 $H(j\omega)$（频率响应）来描述其特性。当变压器绕组发生变形后，单位长度绕组的电感、纵向电容、对地电容也会变动，其频响特性随之改变。因此，可将不同频率的正弦电压加在绕组的一端，记录绕组其他端点上的信号，以得到频响特性，通过比较变压器绕组的频响特性，来诊断变压器绕组是否存在变形。

图 3-2 所示是某台变压器高压绕组的幅频特性，三相绕组频响特性一致性较差，判断结果为该变压器绕组发生了变形。

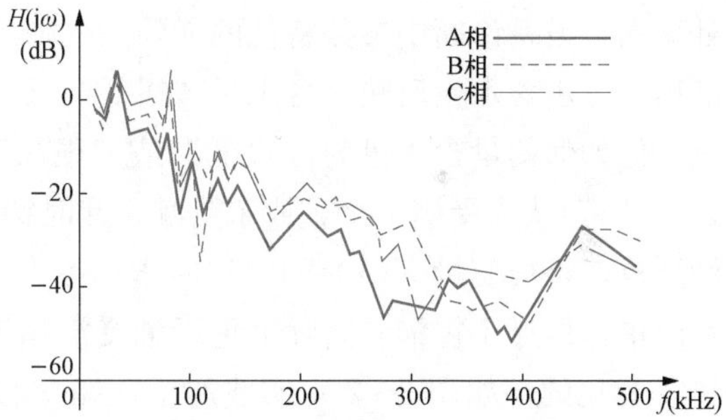

图 3-2　某台变压器高压绕组的频率特性

3.4 指纹诊断

对设备测试所得数据进行处理，得到的某种特殊图形，与标准的样板图形进行对照，判断设备状态是否存在故障的方法，称为指纹诊断。不同设备、不同类型、不同严重程度的放电，二维、三维谱图的形状不一，而不同设备的正常谱图样板也不相同，将测得的谱图与样板谱图进行目测对比，这种诊断设备状态的方法称为目测指纹诊断。

以设备的局部放电为例，对不同类型的放电及各种干扰，它们的图形会有所差异。人们总结了一些典型的放电谱图，将测得的放电图形与典型谱图进行对照，便可判断出放电类型或是否为干扰。

现代测量局部放电信号可以画出一些特殊图形，如 φ-q（见图 3-3）、q-n、φ-n 二维谱图，φ-q-n 三维谱图（见图 3-4），得到所谓“指纹”。

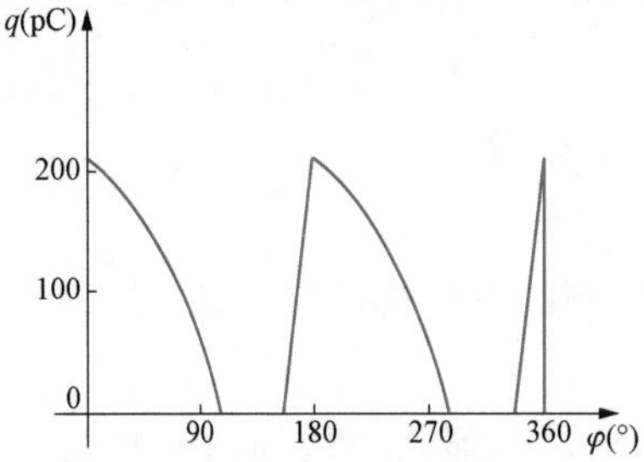

图 3-3　φ-q 二维谱图

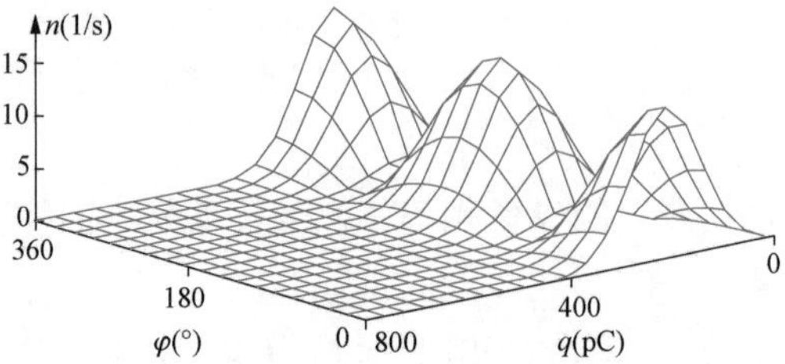

图 3-4　φ-q-n 三维谱图

3.5　模　糊　诊　断

有些设备故障的诊断数据有某些不确定性，即模糊性，则要用模糊集合论的方法来解决。模糊性指的是区分或评价客观事物差异的不分明性。例如，对绝缘受潮这一现象，很难找到这样一个数值，当绝缘含水量大于此值时即为受潮，小于此值时即为不受潮，即评价绝缘是否受潮具有模糊性。科学追求精确，但是有很多概念是不能用精确方法处理的，设备诊断中参数特征的强弱，故障的严重性都是模糊概念。例如，绝缘油的受潮程度可由含水量反映，含水量“很低”，认为未受潮；含水量“很高”，可认为受潮严重。但如何衡量含水量为“很低”或“很高”呢？逻辑诊断中使用阈值 x_0，当含水量$x \leqslant x_0$时，认为受潮不严重或未受潮，此时特征变量 $K(x)=0$；当 $x>x_0$ 时，则认为受潮严重，特征变量 $K(x)=1$。这时 $K(x)$ 与 x 的对应值如图 3-5 中所示。两值逻辑虽然简单，但过于粗糙。实际上绝缘油受潮情况的特征变量 $K(x)$ 与含水量 x 的关系是连续变化的，如图 3-2 中实线所示。在 x 很小时，可认为 $K(x)=0$；在 x 很大时，$K(1)=1$；在中间的过渡区，$K(x)$ 随 x 增大逐渐增加。

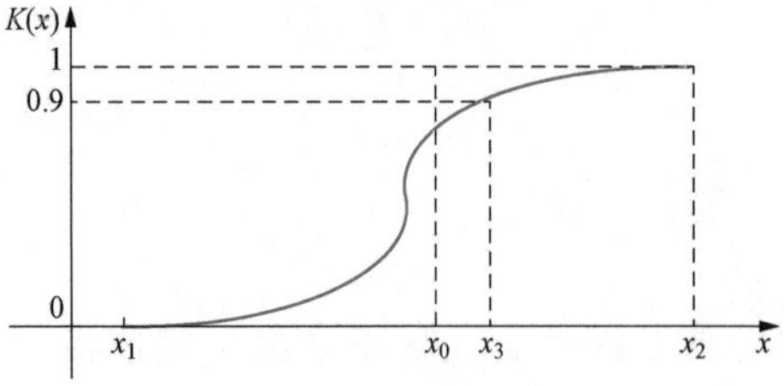

图 3-5　$K(x)$ 与 x 的关系

模糊数学将二值逻辑推广为可取 [0，1] 闭区间中任意的连续值逻辑。引入隶属函数 $\mu(x)$ 的概念，它满足 $\mu(x) \in [0, 1]$。对于所论的特征 K 或状态 D，$\mu_K(x)$ 或$u_D(y)$ 分别为 x 对 K 或 y 对 D 的隶属度。二值逻辑函数是隶属函数的特殊情况，隶属函数是二值逻辑函数的推广。事件发生的隶属度也称可能度。例如，在 $x=x_1$ 时，受潮严重的隶属度 $\mu(x_1)=0$，即确认绝缘油未受潮；在 $x=x_2$ 时，$\mu(x_2)=1$，即认为绝缘油严重受潮；若对 $x=x_3$，有 $\mu(x_3)=0.9$，则绝缘油受潮的可能度为 90%。

模糊诊断技术在电气设备监测中的具体应用，不仅突破了传统的基于规则的绝缘监测评判方法，而且可以对多因子故障进行分类模糊判别。利用模糊诊断技术对变压器油中气体含量进行故障判别时，可以将变压器油中气体含量的故障判别标准绘制成模糊分布，如图 3-6 所示。在进行判别故障类型时，可以将其三比值（C_2H_2/C_2H_4、CH_4/H_2、C_2H_4/C_2H_6）判定标准进行边界模糊（见图 3-7），在进行诊断时可以根据各个比值所处的模糊分布范围进行评判。

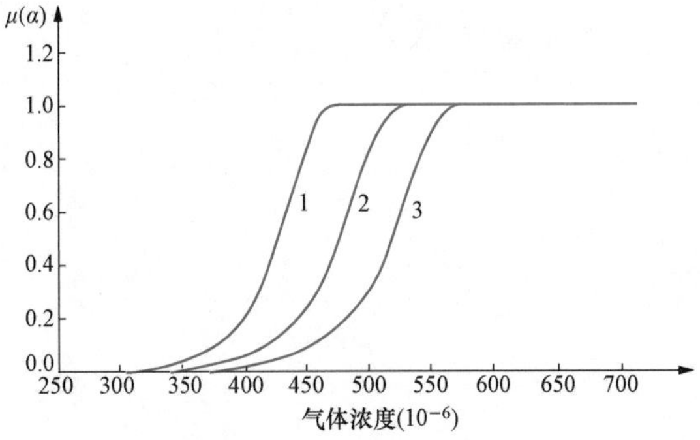

图 3-6　变压器油中气体评判标准的模糊分布 $[\mu(\alpha)\in[0,1]]$

1—C_2H_4；2—C_2H_6；3—CH_4

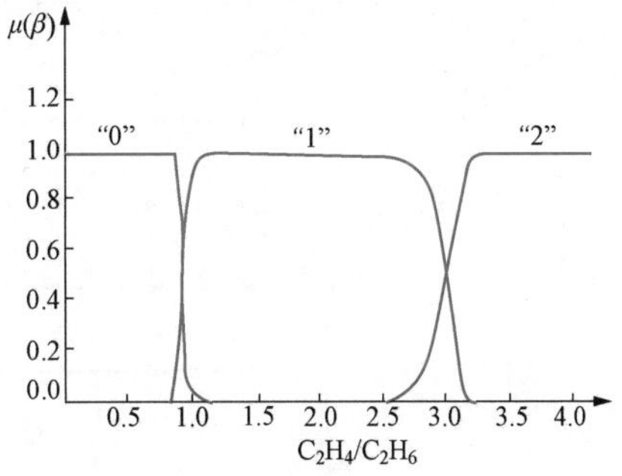

图 3-7　变压器油中气体比值 C_2H_4/C_2H_6 的边界模糊分布 $[\mu(\beta)\in[0,1]]$

例如，当 C_2H_2/C_2H_4 比值处于模糊区间中的“0”，CH_4/H_2 比值处于模糊区间中的“2”，C_2H_4/C_2H_6 比值处于模糊区间中的“1”时，则可以评判为中等程度的过热故障。

3.6 神经网络故障诊断

人工神经网络（Artificial Neural Networks，ANN）是人工智能的一个分支，是模仿人的大脑神经元结构特性而建立的一种非线性动力学网络。

神经网络系统是由大量的简单单元（即神经元）高度错综复杂连接而成的网络系统。结点特性、连接拓扑结构及学习规律是确定一个网络的三个要素。人工神经网络能反映故障模式与故障特征量之间的映射关系，利用人工神经网络分布式信息处理和并行处理的特点，可以避开模式识别方法中建模与特征提取的过程，对复杂系统进行故障分类与诊断，对传感器的非线性特性进行高准确度的拟合，是电力系统故障诊断的现代信息处理技术之一。

人工神经网络有多种类型，神经元之间的连接也有多种形式。按神经元间的连接方式看，常见的神经网络可分为：①全互联型，网络中的神经元都与其他神经元有连接；②层次型结构，网络中的神经元分有层次，各层神经元间依次连接（层内神经元之间也可连接，并可有层间反馈）；③网孔型，网络中的神经元构成一有序阵列，每一神经元只与其近邻神经元相连；④区组互联型，网络中的神经元分成几组，以确定的组内组间连接原则构成网络。常见神经网络模型的基本结构如图 3-8 所示。

神经网络的应用领域很多，主要是计算机视觉，语音识别、合成，优化计算，智能控制，模式识别，故障诊断等。

应用神经网络进行故障诊断实际上就是故障状态的模式识别，对一系列过程参量进

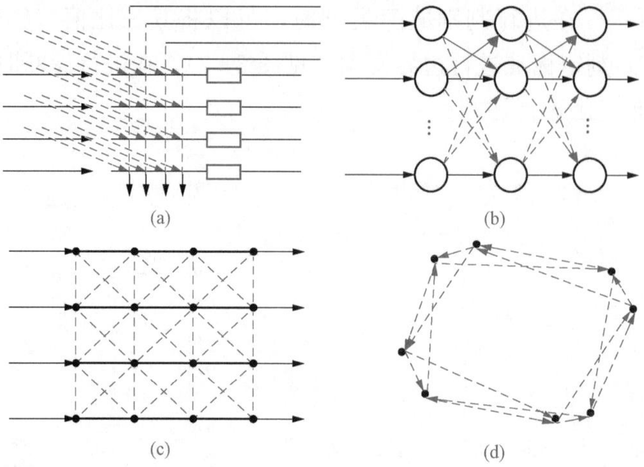

图 3-8　常见神经网络模型的基本结构

(a) 全互联型；(b) 层次型；(c) 网孔型；(d) 区组互联型

行测量，然后用神经网络从测量空间映射到故障空间，实现故障诊断。电气设备故障诊断使用较多的是 BP 神经网络、模糊专家系统结合神经网络、自适应谐振神经网络等。

人工神经网络故障诊断系统具有以下优点：

(1) 训练过的神经网络能存储有关过程的知识，能直接从定量的、历史故障信息中学习；可以根据对象的历史数据训练网络，然后将此信息与当前的测量数据进行比较，以确定故障。

(2) 人工神经网络具有滤出噪声及在有噪声情况下做出正确结论的能力。可以训练人工神经网络来识别故障信息，使其在噪声环境中有效地工作。这种滤除噪声的能力使得人工神经网络适合在线监测和诊断。

(3) 人工神经网络具有分辨故障原因及故障类型的能力。

3.7　专　家　系　统

3.7.1　专家系统的基本结构

专家系统是一类包含着知识和推理的智能计算机程序。但是，这种智能程序与传统的计算机应用程序已有本质上的不同。专家系统已经从传统的“数据结构＋算法＝程序”的应用程序模式变成了“知识＋推理＝系统”的模式。

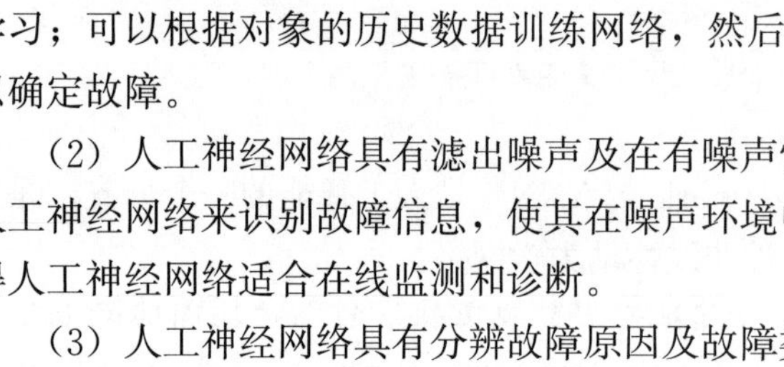

图 3-9　专家系统的功能结构

通常，一个以规则为基础、以问题求解为中心的专家系统，主要由五部分组成：知识库、推理机、综合数据库、解释接口（或人机界面）、知识获取。专家系统的功能结构如图 3-9 所示，从图中可看出各个部分之间的相互关系。

（1）知识库。知识库是专家系统的核心之一，其主要功能是存储和管理专家系统的知识，包括相关领域的学术著作、教科书中的知识和领域专家在长期实践中所获得的经验知识等。

（2）推理机。推理机实际上是一组计算机程序。其主要功能是协调控制整个系统，决定如何选用知识库中的有关知识，对用户提供的证据进行推理，以最终做出回答。在专家系统中，推理过程控制方式主要有正向推理（由原始数据出发的推理）、反向推理（由假设性结论出发的推理）和正方向推理三种。

（3）综合数据库。综合数据库用于存储系统运行过程中所需要的初始数据、证据及推理过程中得到的中间结果等。它们能反映系统要处理问题的主要状态和特征，是系统操作的对象。在系统运行过程中，综合数据库中的内容是不断改变的，并且它的表示和组合通常与知识库中知识的表示和组织相容或相一致。

（4）解释接口（人机界面）。有些系统将解释接口和人机界面分开考虑，其实它们均是人机交互程序。解释程序负责回答用户提出的问题，包括系统运行的问题与系统本身的一些问题。它可对推理的路线和提问的含义给出必要的清晰的解释，同时也是一个可发现系统不合理性或者存在错误的调试工具。人机界面则包括输入和输出两大部分。它可把用户输入信息转换成系统内规范化的表示形式，用于相应的模块去处理；或为把系统输出的内部信息转换成用户易于理解的外部表示形式以显示给用户。

（5）知识获取。这是专家系统中能将某专业领域内的事实性知识和领域专家所特有的经验性指示转化为计算机可利用的形式，并送入知识库的功能模块。同时也负责知识库中知识的修改、删除和更新，并对知识库的完整性和一致性进行维护。

上面论述的只是一般专家系统的功能和结构，在具体设计和开发一个实用专家系统时，应考虑在功能和结构方面的不同，根据系统的实际情况作出适当的变动。

3.7.2 电气设备故障诊断专家系统

图 3-10 是电气设备故障诊断专家系统示意图，图中一些模块功能为：

（1）设备参数库。用于存放设备有关的结构和功能参数（如设备的设计参数）以及设备过去运行情况等信息。

（2）诊断知识库。诊断知识库是设备故障诊断专家系统的核心，也是影响系统性能的瓶颈。其用于存放设备领域专家的各种与设备故障诊断有关的知识，包括设备故障征兆、控制知识、经验知识、对策知识和翻译程序。这些知识是由工程师和学者专家合作获取到的，并通过知识获取模块按一定的知识表示存入诊断知识库中。

（3）征兆获取模块。采用一定的征兆获取方法，对监测数据库中的数据进行分析，获取征兆。常用的方法为时域提取和频域提取，亦可研究利用小波分析来提取故障征兆。

（4）知识获取模块。知识获取模块负责对诊断知识库进行维护和更新，包括知识的输入、修改、删除和查询等管理功能，以及知识的一致性、冗余性和完整性等维护功能。同时，将机组发生的且以前没有遇到过的新情况补充到知识库中。

（5）推理机。推理机是一组程序，用于控制系统的运行。利用诊断知识库的知识，并提取征兆事实库的事实按照一定的问题求解策略，进行推理诊断，最后给出诊断结果。该模块是诊断系统的关键，其推理模式和推理依据对诊断的准确性起决定作用，它可分为自动诊断和人工干预诊断。自动诊断不需要人工干预，所有过程均由系统自动完成，并最后给出诊断结果和诊断解释。人工干预诊断需要用户提问，获得更多的征兆信息，以便更精确地进行诊断。

（6）解释模块。负责对用户提出的问题进行解释，并给出诊断依据。其是用户了解诊断结果并对诊断结果可靠性进行判断的依据。

（7）故障决策模块。根据诊断结果给出系统应采取的措施。

（8）人机接口模块。用于用户、专家和知识工程师与机组诊断系统进行交互。将用户输入的信息转换成系统能辨认的信息，同时将系统信息转换成用户易于理解的外部表示形式（图形、图表、表格、自然语言等）。

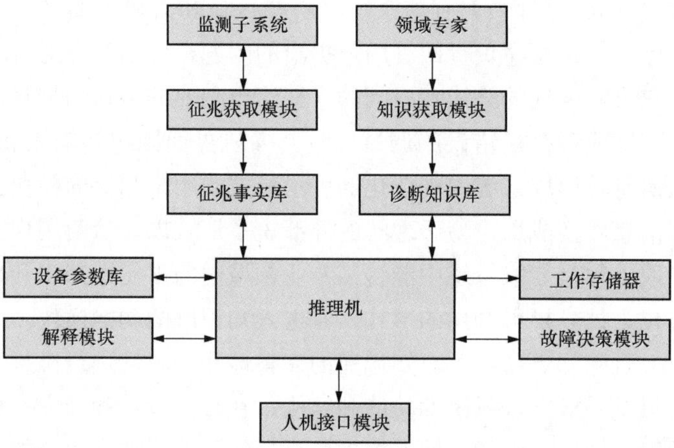

图 3-10　电气设备故障诊断专家系统示意图

3.7.3　诊断专家系统的发展方向

诊断专家系统已经在不少专业领域显示出相当出色的工作能力，在许多场合不仅达到甚至有的还超过了人类专家的工作能力，并且随着计算机技术的发展，也在不断发展和完善。但是，随着研究的深入，专家系统技术本身固有的问题也日益明显地表现出来。其中，最主要是知识获取较困难；此外，在诊断中处理不完全匹配问题的能力还不是很强。

所有这些困难和问题都促使人们考虑，能否借鉴人工智能领域的其他研究成果，采用其他方法或走其他途径，避免或消除专家系统的这些固有缺陷。人工神经网络以其模拟人脑的能力而备受关注，基于神经网络的诊断专家系统也许会为很好解决上述缺陷提供新的思路；同时人们也希望进一步拓展诊断专家系统的能力，结合数据库等技术，形成智能决策支持系统，更好地服务于应用。

1. 基于神经网络的专家系统

在电气设备绝缘故障诊断专家系统的开发中，也遇到了同样的问题。由于诊断知识多样并且随着设备结构的改变，知识还需要不断更新。同时，故障现象和故障原因间存在着大量的非一一对应关系，这也是它较难解决的。而以非线性并行分布处理为主流的神经网络理论为智能诊断的研究开辟了新的途径。首先，它是实现复杂非线性映射的适宜途径。神经网络不包含规则，而将诊断规则隐含于权值矩阵中，先通过训练使网络中的权值达到某一状态，即学到一定知识，然后如输入一实际样本，网络通过非线性映射可将样本空间映射到故障空间，实现绝缘状态的识别和诊断。其次，针对专家系统很难做到知识的动态修改的缺陷，人工神经网络的网络权值通过训练可调整、可修改，因此备受关注。它不像以往专家系统那样需添加新的规则，有时还可能改变推理机制，而只需将新的故障事例作为学习样本重新组织训练即可，无须改变网络结构。

神经网络的基本单元是神经元。网络的信息处理由神经元之间的相互作用来实现。知识与信息存储表现为网络元件间分布式的物理联系；网络的学习与识别取决于各神经元连接权值的动态演变过程。神经网络的实质是一个超大规模的自适应信息处理和分类系统。

神经网络技术的引入，使常规的专家系统的体系结构可形式化地表达为图 3-11 所示。其中，神经网络模块是系统的核心，它接收经规范化处理后的原始证据输入，给出处理后的结果（推理结果或联想结果）。知识预处理模块及知识后处理模块则主要承担知识表达的规范化及表达方式的转换，是神经网络模块与外界连接的接口。

这种基于神经网络的专家系统，其运行通常分为两个阶段。第一阶段为学习阶段，系统依据专家经验与实例，调整网络中的权值，达到知识记忆的目的。第二阶段为识别阶段，系统在外界的激发下实现已记忆信息的联想，实现特定的映射返还。基于神经网络的诊断专家系统学习的是诊断知识，通过模式匹配来实现故障类别的辨识。

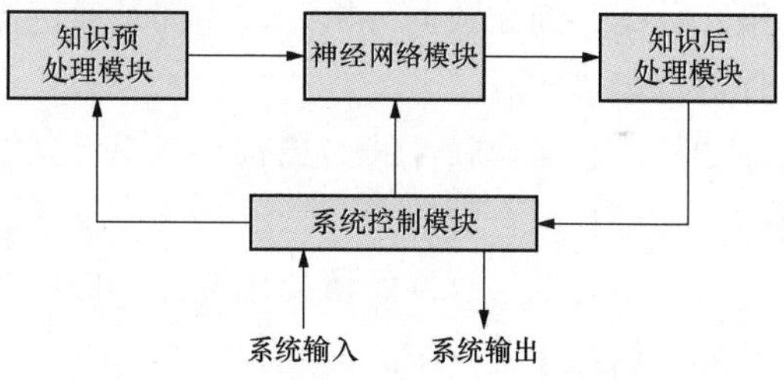

图 3-11 基于神经网络的专家系统的一般功能与结构

2. 智能决策支持系统

智能决策支持系统是结合专家系统（ES）与管理信息系统（MIS），特别是结合决策支持系统（DSS）而形成的一个强有力的系统。集成后的系统将吸收各自在数据库、模型库、接口和系统能力方面的优势，发挥出更强的功能。对于诊断用的智能决策支持系统，不仅能判断出故障原因和故障部位，还可以结合其他信息给生产部门提供检修策略和方案，或者结合系统运行情况提供设备运行计划，为更合理的、经济的生产运行提供决策服务。

智能决策支持系统是在原决策支持系统的基础上改造而成的，具体结合形式如图 3-12 所示。由于 ES 的支持，DSS 显得更有活力、决策过程更有价值；由于 DSS 的加入，ES 的结论更丰富。

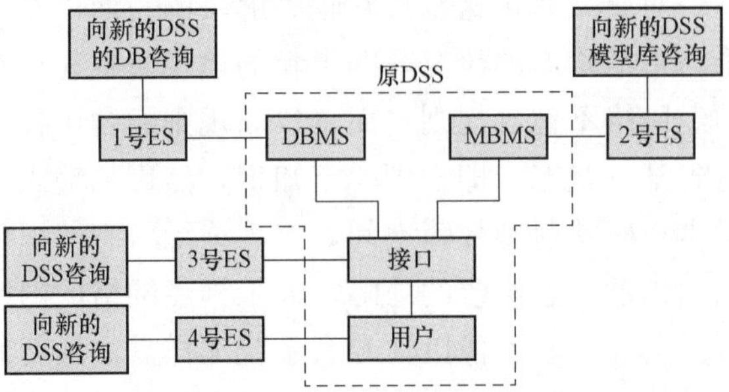

图3-12　智能决策支持系统

DB—数据库；DBMS—数据库管理系统；MBMS—模型库管理系统

3.8　信息融合与故障诊断

目前，信息融合技术在故障诊断领域中的应用研究，主要集中在融合框架的建立和融合算法的研究两个方面。整个信息融合系统由五部分组成，系统结构如图3-13所示。

(1) 中心平台软件的C/S应用部分。C/S应用部分实现数据采集、状态评价、检修决策、数据查询和数据分析，这些都是通过操控平台进行实现的，内部通过业务和数据组件进行集成。

(2) 中心平台软件的B/S应用部分。B/S应用部分实现设备属性数据和状态数据的查询、管理和综合应用。

(3) 中心平台软件的接口规范。接口规范实现C/S应用部分、B/S应用部分与技术子系统、信息综合系统的连接。

(4) 技术子系统。该系统包括电容性高压设备绝缘性能在线监测系统、变压器油中溶解气体在线监测系统、高压断路器在线监测系统、氧化锌避雷针在线监测系统，以及后续研发的各种在线监测子系统。

(5) 信息综合系统。该系统主要是链接电力系统现有的电力数据中心系统，通过链接的方式与其进行交互。信息综合系统主要包括统计融合方法、聚类分析法、逻辑模板分析法、神经网络分析法和模糊集合分析法等。

在智能系统中，普遍认为信息融合是指为帮助系统完成某一任务而对多个传感器提供的信息的协同利用。信息融合是信息集成过程的某一级，在此级别中将不同传感器信息源综合成一种表示形式。也就是说，信息融合是将来自不同信息源的信息进行处理，信息集成是将各级信息融合过程进行合成。信息融合可以定义为：充分利用不同时间与空间的多种信息资源，采用人工智能技术对按时序获得的观测信息在一定准则下加以自动分析、综合、支配和使用，获得对被测对象的一致性解释与描述，以完成所需的决策和估计任务，使系统获得比各组成部分更优越的性能。

电气设备故障诊断的信息融合系统框图如图3-14所示，将来自许多传感器的信息

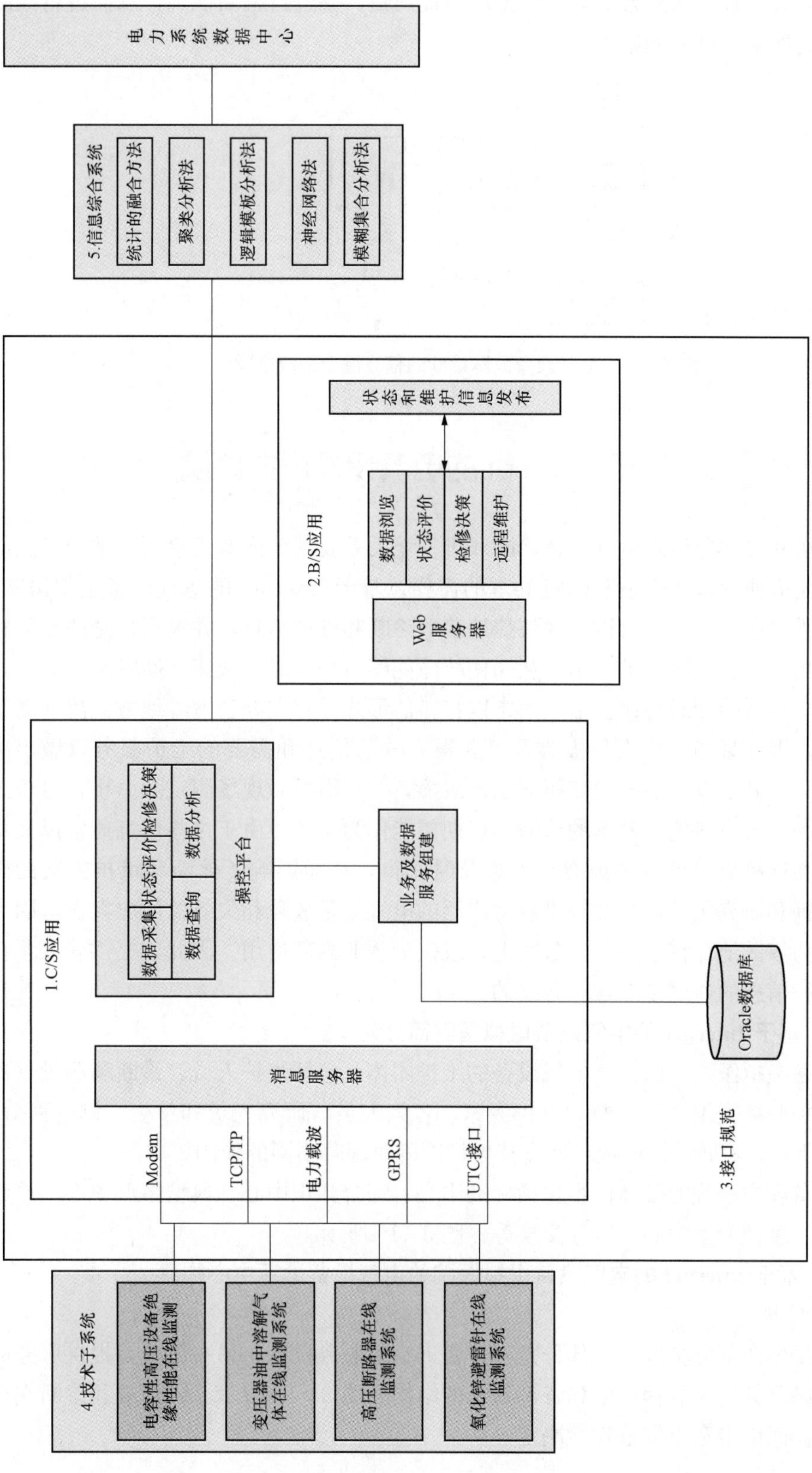

图 3-13　信息融合系统结构图

和数据进行综合处理，从融合的数据中提取特征向量，并进行判断识别，从而进行故障诊断得出更为准确、可靠的结论。

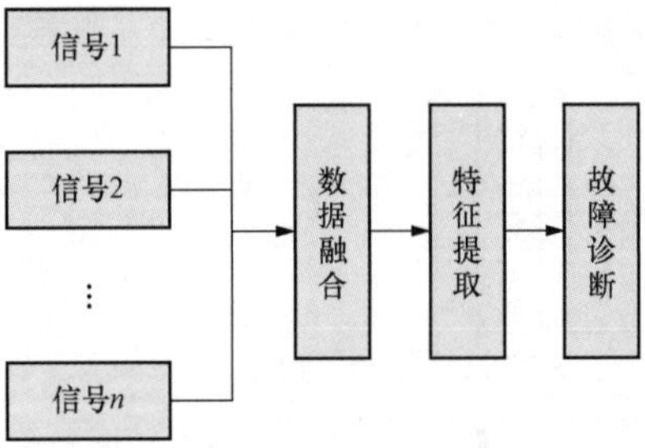

图 3-14　电气设备故障诊断的信息融合系统框图

3.9　基于 Internet 的电气设备虚拟医院

维护经验和失败分析对电气设备诊断和维护至关重要，当前对于诊断和维护信息的管理不能满足方便获取、交换和信息共享的需要。基于 Internet 的电气设备虚拟医院，通过诊断和维护中心，用户可以方便快捷地获取诊断和维护信息，并根据自身的经验和现场条件做出诊断和给出维护方案，从而使故障能够得到及时、快速、彻底排除。

目前电气设备的诊断与维护信息通常以打印的形式保存在办公室等地方，离现场工作人员较远，因而现场工作人员极难及时获得有效的信息和需要的维护服务以做出决定。例如，一远郊变电站的电力变压器出现故障，并且需要做现场测试和分析，对于工作人员，相关的历史案例和基本的诊断知识期望能作为参考，由于这些信息通常以文章的形式保存在远离故障地点的地方，极难及时获得，从而影响了诊断和维护方案的确定；对于咨询和研究人员，当前较难获得广泛的电气设备故障和失效的历史案例，因为这些信息较为零散地存在于一些出版物上，或仅为企业内部使用。因此，提供获取系统的诊断及维护信息的通道是非常有必要的。

3.9.1　基于 Internet 的电气设备虚拟医院简介

电气设备虚拟医院将服务于电气设备的维护团体，包括维护人员、诊断和测量仪器提供者、维护服务提供者、诊断和维护专家、咨询人员、研究人员和学生、制造商等，如图 3-15 所示，不同的社团成员在支持虚拟医院时起着不同的作用。

电气设备虚拟医院的具体内容包括标准中心、综合知识中心、典型案例中心、诊断和维护中心、维护专家中心、服务交换等，图 3-16 所示。

3.9.2　基于 Internet 的电气设备虚拟医院的电气设备诊断中心构建

1. 系统结构

系统主要由两部分构成，一部分是客户咨询端的服务设备，另一部分是提供服务的诊断中心网络服务器。远程诊断和咨询系统的结构如图 3-17 所示。咨询端和诊断端通过网络连接。网络带宽由传输特性决定。

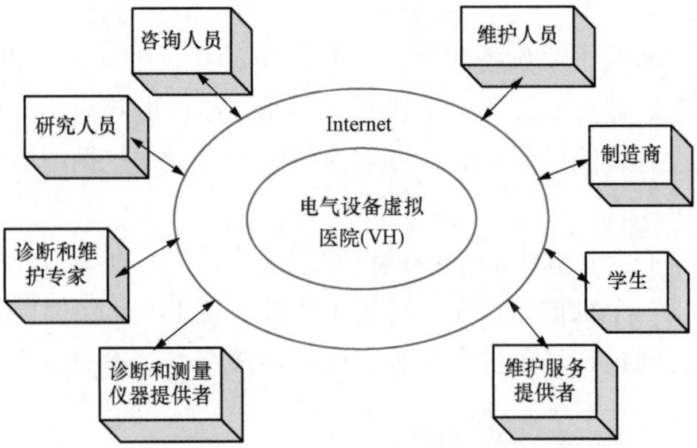

图 3-15　电气设备虚拟医院和维护团体之间的关系

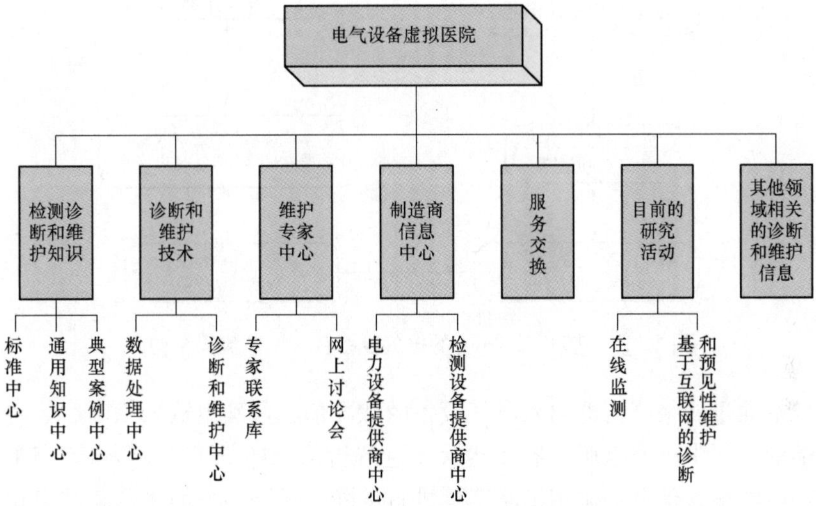

图 3-16　电气设备虚拟医院的组成部分

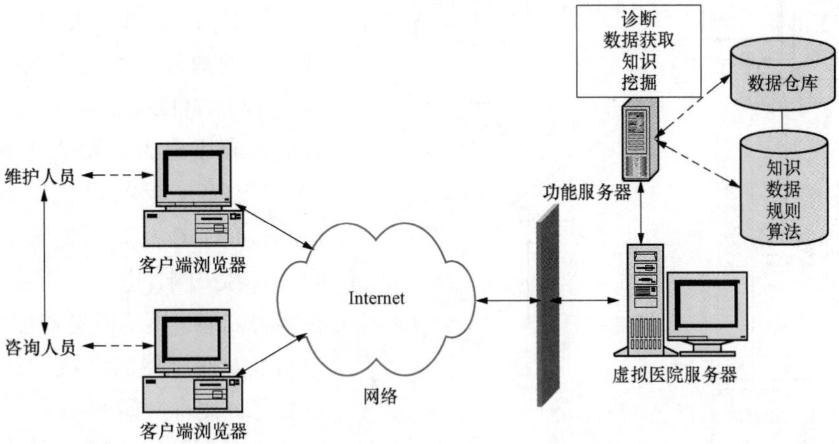

图 3-17　远程诊断和咨询系统结构图

2. 诊断的组成

远程诊断中心诊断的主要设备包括发电机、电动机、变压器、电缆、高压断路器、电压互感器、电流互感器、避雷器、绝缘子、封闭式组合电器等。如何为电气设备进行诊断，在诊断中心设有智能诊断中心、专家交流中心、数据挖掘中心等机构为用户提供高效服务。

(1) 智能诊断中心。在此中心中通过检验过的诊断工具和专家经验相结合构成一个推理引擎，其中包括一个维护知识库。现场工程师通过 Internet 能够运行该引擎获得诊断和维护信息，并且通过现场条件和经验自己做出决定。其诊断流程如图 3-18 所示。

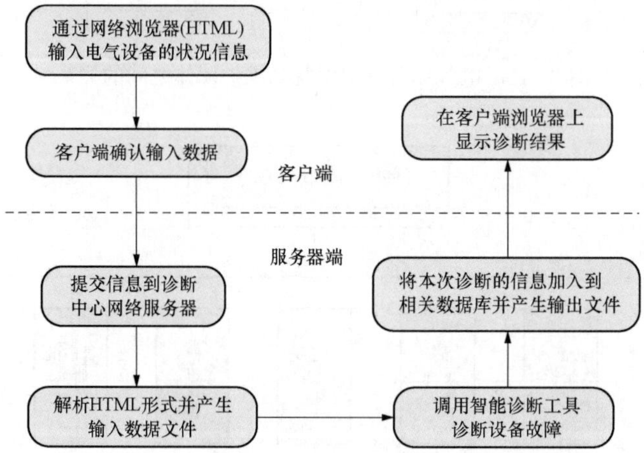

图 3-18 基于 Internet 的电气设备智能诊断流程结构图

在客户端通过网络浏览器输入电气设备的状况信息，确定输入正确后，将信息提交到服务器端的诊断中心网络服务器；然后通过解析信息的 HTML 形式，产生诊断中心诊断工具理解的输入信息，调用诊断工具进行诊断；最后一方面将诊断结果送到客户端网络浏览器，另一方面将此次诊断的信息保存到相关数据库。

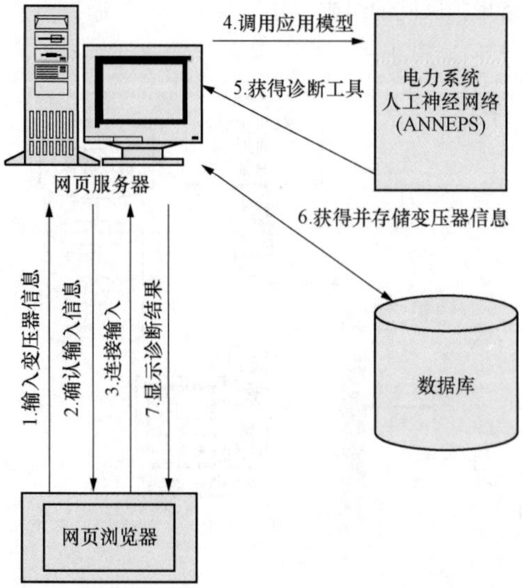

图 3-19 基于 Internet 的电力变压器的故障诊断流程图

图 3-19 为基于 Internet 的电力变压器的故障诊断流程图。本用例采用 DGA (Dissolved Gas-in-oil) 方法，利用电力系统人工神经网络 (ANNEPS) 专家系统工具，通过 Internet 对电力变压器进行远程诊断。在客户侧，电力变压器状况信息在客户端通过网络浏览器输入，信息包括电力变压器的参数和油气浓度，以及气体比率（如 H_2、CH_4、C_2H_2、C_2H_4、C_2H_6、CO，CO_2），然后状态信息被提交给远程诊断中心的网络

服务器。一个特殊的以Java格式写的子程序将从语法上分析格式，并为诊断工具建立输入数据文件。另一VB程序调用ANNEPS（电力系统人工神经网络）诊断工具用以诊断变压器。采样的数据将被加入数据库中，诊断结果将被写入ANNEPS申请表的输出文件中。最后，输出文件被送回，显示在客户网络的浏览器上。诊断结果包括诊断的故障类型、诊断依据、再试验时间间隔和维护工作的介绍。

（2）专家交流中心。在该中心可建有一个全球的专家联系库，其中包括维护服务提供者、研究人员、维护和诊断专家、制造商等。该中心支持视频会议、交谈、信息交换，并为新用户提供远程诊断。诊断通过如下步骤实现：

1）用户发布设备故障事件；

2）与愿提供该诊断服务的专家取得联系，并达成相关协议；

3）用户将专家所需的信息通过测量设备测出后，提交给专家；

4）制造商和操作人员提供详细的设备设计和运行信息；

5）专家对设备进行诊断和给出维护方案；

6）将相关信息存入相关数据库。

（3）数据挖掘中心。数据挖掘是从数据当中发现趋势或模式的过程，也就是数据库中的知识发现。这一过程的目标就是从数据库中获取人们感兴趣的知识，这些知识是隐含的、潜在的。获取的知识表现为概念、规则、规律模式等形式。数据挖掘可以自动发现有用的趋势和模式，用于信息管理、决策支持等。例如，关于电气设备故障位置的信息，对于指导故障调查是非常有帮助的。电气设备的故障，与故障有关的材料、故障类型以及故障位置有内在的联系，因此，通过数据挖掘中的关联分析等策略，可为用户提供相关信息。

电气设备故障诊断数据挖掘系统的结构框架的概念模型可设计成主要由用户查询接口、查询协同接口、数据库管理模块、模型库管理模块、知识库发现预处理模块、知识评价模块、结论解释模块等组成，结构框架流程如图3-20所示。

流程描述如下：

1）通过Web浏览器输入诊断所需的信息。

2）通过HTML语言解释信息并提交结果到诊断处理模块。

3）在诊断处理模块接到诊断请求后，首先系统进行分类和解释工作，然后诊断处理模块将分类及解释后形成的信息同时提交给诊断和维护数据库管理模块、诊断和维护知识库管理模块，两库并行查询。

4）等待结果，有以下几种可能：

a. 当知识库管理模块通过推理机制找到符合的结论，通知诊断处理模块终止数据库的查询任务，并检查是否该知识需要刷新。假如需要刷新，则提交各库的管理模块进行处理；如果该知识无须刷新或在刷新后仍然成立，则不再需要经过知识评价就可以直接提交结论表达模块进行解释。

b. 如果知识库管理模块仅能进行部分推理，无法完成推理链，则推理链上缺少的环节同样可交由诊断处理模块，通过模型库管理模块中提供的数据挖掘工具，对数据库

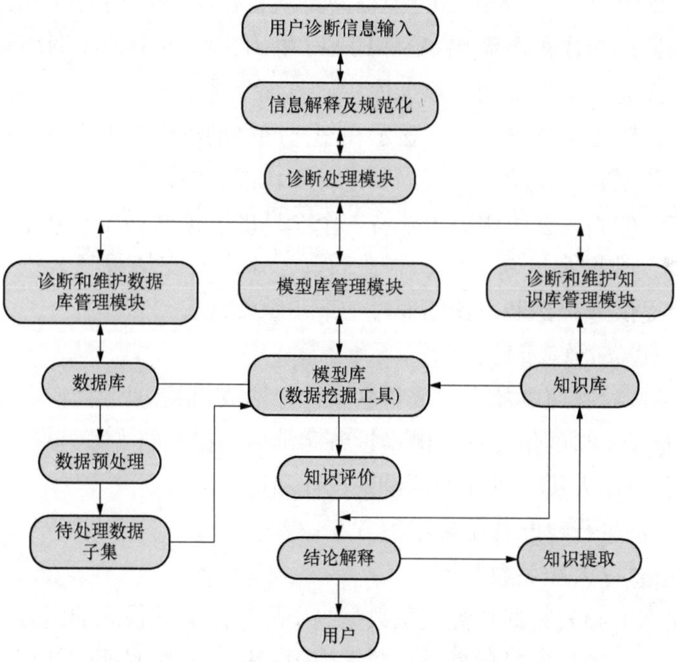

图 3-20　故障诊断数据挖掘系统结构框架流程图

的数据进行挖掘得到。在此过程中，仍然需要对各环节上的知识进行检查，以确定是否需要刷新。

c. 系统不能得出结论，则结果显示不能诊断。

5）进行知识评价并做结论解释。

6）将该诊断作为样例，并把有关信息保存到相应数据库中，产生输出文件。

7）在客户端浏览器中显示诊断结果。

思考题

1. 如何提高阈值诊断的准确性和可靠性？
2. 和阈值诊断相比，模糊诊断的优点是什么？
3. 常见的故障诊断方法有哪些类型？
4. 人工神经网络用于故障诊断具有哪些特点？为什么实用性还不够强？
5. 基于 Internet 的电气设备虚拟医院如何实现全球技术资源共享？

4

电容型设备的在线监测

4.1 电容型设备及其绝缘特性

电容型绝缘的高电压设备，老化和故障大多源于绝缘材料的老化、性能劣化或者损坏。绝缘材料处于交流电场中时，绝缘的损耗反映了交变电场下有功能量损失，损耗包括漏导引起的电导损耗、电介质极化引起的松弛损耗和局部放电引起的损耗三部分。良好的绝缘介质在交变电场作用下，电导损耗和局部放电产生的损耗分量都很小，因电介质极化的滞后现象所导致的极化损耗是介质损耗的主要成分。介质损耗角正切值反映了绝缘材料中的介质损耗，且几乎和绝缘结构的尺寸无关，能够准确表征材料的绝缘特性。

介质温度上升和受潮时损耗会增加，不同的绝缘材料及绝缘结构，介质损耗和温度的关系是不同的。对于绝缘劣化的电容型设备，随着温度升高，介质损耗变化加剧，容易判断是否受潮。而对于变压器，由于高温下变压器油的电导增大，固体绝缘的缺陷可能被掩盖。

绝缘受潮型缺陷占电容型设备缺陷的比例很高，这是由于电容型结构是通过电容分布强制均压的，其绝缘利用系数较高，一旦绝缘受潮往往会引起绝缘介质损耗增加，导致击穿。

通过对介电特性（介质损耗角正切值 $\tan\delta$、电容值 C、电流值 I 等参数）的监测，可以发现电容型绝缘的设备早期发展阶段的缺陷。在缺陷发展的起始阶段，测量电流增加率和测量介质损耗角正切值变化所得结果一致，都具有很高的灵敏度；在缺陷发展的后期阶段，测量电流增加现象和电容变化的情况一致，更容易发现缺陷的发展情况。例如，一个具有70层电容层相串联的电容式套管，如其中一层出现缺陷，介质损耗角正切值（$\tan\delta$）逐渐增大，此时整个套管介质损耗变化 $\Delta\tan\delta$、电容值变化率 $\Delta C/C$、电流增加率 $\Delta I/I$ 情况如图 4-1 所示。所以，通过在线监测电容型设备介质损耗值和电容量值，能够有效地监测设备绝缘的状态，保证设备安全运行。

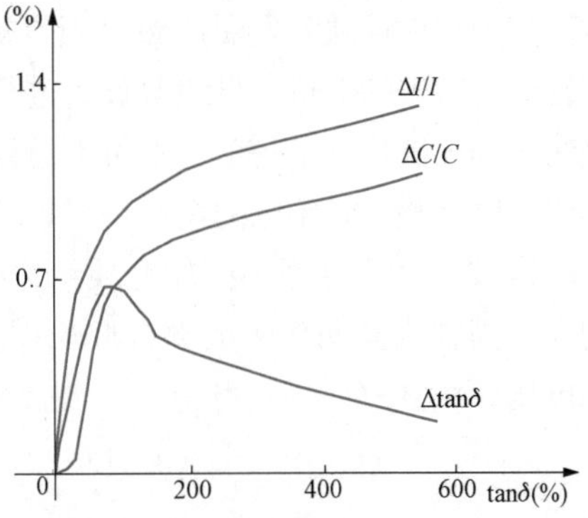

图 4-1 多层绝缘介质损耗、电容和电流的变化率

交流电场作用下，绝缘介质的等效电路及向量图如图 4-2 所示。流过介质的电流由两部分组成：I_{Cx}为电容电流分量，I_{Rx}为有功电流分量，通常 $I_{Cx} \gg I_{Rx}$。介质中的功率损耗 $\tan\delta$ 为介质损耗角的正切值，一般均比较小。介质上消耗的功率为

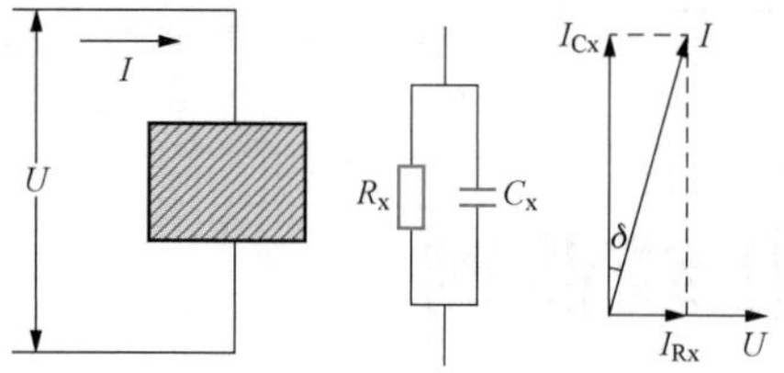

图 4-2　绝缘介质的等效电路和向量图

$$P = UI_{Rx} = UI_{Cx}\tan\delta = U^2\omega C_x\tan\delta \tag{4-1}$$

通过测量 $\tan\delta$，可以反映出绝缘的一系列缺陷，例如绝缘受潮，油或浸渍物脏污或劣化变质，绝缘中有气隙发生放电等。这时，流过绝缘的电流中有功电流分量 I_{Rx}增大了，$\tan\delta$ 也增大。需要指出的是：绝缘中存在气隙这种缺陷，最好通过做 $\tan\delta$ 与外加电压的关系曲线 $\tan\delta=f(U)$ 来发现。例如对于发电机线棒，如果绝缘老化，气隙较多，则 $\tan\delta=f(U)$ 将呈现明显的转折，如图 4-3 所示。U_c 代表气隙开始放电时的外加电压，从 $\tan\delta$ 增加的陡度可反映出老化的程度。但对于变电设备来说，由于电桥电压（2500～10 000V）常远低于设备的工作电压，因此 $\tan\delta$ 测量虽可反映出绝缘受潮、油或浸渍物脏污、劣化变质等缺陷，但难以反映出绝缘内部的工作电压下局部放电性缺陷。

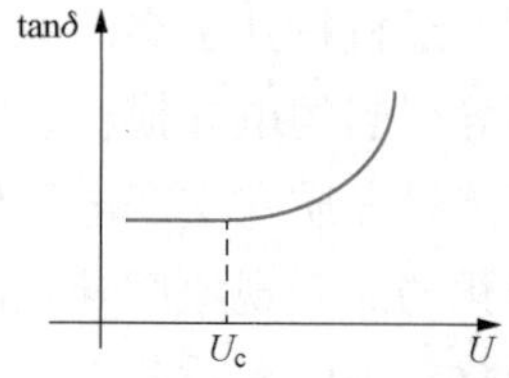

图 4-3　$\tan\delta=f(U)$ 关系曲线

由于 $\tan\delta$ 是一项表示绝缘内功率损耗大小的参数，对于均匀介质，它实际上反映着单位体积介质内的介质损耗，与绝缘的体积大小没有关系。在一定的绝缘工作场强下，可以近似地认为，绝缘上所承受电压 U 正比于绝缘厚度。当绝缘厚度一定时，绝缘面积越大，其容量越大，I_{Cx}也越大，故 I_{Cx}正比于绝缘面积，因此近似地认为绝缘体积正比于 UI_{Cx}，由式（4-1）进一步可知，$\tan\delta$ 反映单位体积中的介质损耗。

如果绝缘的缺陷不是分布性而是集中性的，则 $\tan\delta$ 有时反映就不灵敏。被试绝缘的体积越大，或集中性缺陷所占的体积越小，那么集中性缺陷处的介质损耗占被试绝缘全部介质损耗中的比重就越小，而 I_{Cx}一般几乎是不变的，由式（4-1）可知，$\tan\delta$ 增加的也越少，这样，测 $\tan\delta$ 试验就越不灵敏。对于电机、电缆这类电气设备，由于运行中故障多为集中性缺陷发展所致，而且被试绝缘的体积较大，$\tan\delta$ 试验效果就差了。因此，通常对运行中的电机、电缆等设备进行预防性试验时，便不做这项试验。相反，对于套管绝缘，$\tan\delta$ 试验就是一项必不可少而且是比较有效的试验。因为套管的体积小，$\tan\delta$ 试验不仅可以反映套管绝缘的全面情况，而且有时可以检查出其中的集中性缺陷。

当被试品绝缘由不同的介质组成时，例如由两种不同的绝缘并联组成，则被试品总的介质损耗为其两个组成部分介质损耗之和，而且被试品所受电压即为各组成部分所受的电压，由式（4-1）可得

$$U^2\omega C_x\tan\delta = U^2\omega C_1\tan\delta_1 + U^2\omega C_2\tan\delta_2$$

从而

$$\tan\delta = \frac{C_1\tan\delta_1 + C_2\tan\delta_2}{C_x} = \frac{C_1\tan\delta_1 + C_2\tan\delta_2}{C_1 + C_2} \tag{4-2}$$

由式（4-2）可知，$\frac{C_2}{C_x}$越小，则 C_2 中缺陷（$\tan\delta_2$ 增大）在测整体的 $\tan\delta$ 时越难发现。故对于可以分解为各个绝缘部分的被试品，常用分解进行 $\tan\delta$ 测量的办法，以更有效地发现缺陷。例如测变压器 $\tan\delta$ 时，对套管的 $\tan\delta$ 单独进行测量，可以有效地发现套管的缺陷，不然，由于套管的电容比绕组的电容小得多，在测量变压器绕组连同套管的 $\tan\delta$ 时，就不易反映套管内的绝缘缺陷。

实际测量中，往往同时监测上述三个参数，即电流 I、电容值 C 和介质损耗角正切 $\tan\delta$。为了提高灵敏度，还可监测三相的三个同类型设备的电流之和（或称三相不平衡电流），来发现某相设备的绝缘缺陷，因为所有三相设备的绝缘同时劣化的概率很小。若三相设备在原始状态下的绝缘特性差异很小，监测的三相不平衡电流总和应接近于零。当某相设备绝缘劣化时，该相流过电流增大，三相总电流会有改变，监测它的变化，有助于辨别故障相。

早期普遍采用的带电测量 $\tan\delta$ 和电容的西林电桥法，沿用了传统停电预试中测量 $\tan\delta$ 的 QS-1 型高压西林电桥的测量原理，需要配备更高耐压的高压标准电容器。现在使用较多的是电容型设备绝缘在线监测数字化技术，更多基于硬件测试和软件信号处理分析相结合，可抑制各种对测量不利的影响因素，监测准确度已有所提高。

4.2 三相不平衡电流的在线监测

由三个电容型设备组成星形连接，如果三相电源电压对称，且这三个设备的电容量及介质损耗角正切也分别为同一数值，则中性点处无电流。当有一设备出现缺陷时，即有三相不平衡电流出现于中性点处。但三相电压及三相试品不可能完全对称、平衡，此外还有杂散电流的影响，会影响到测量中性点电流变化规律的灵敏程度。

目前采用较多的是改进的三相不平衡法，采用穿芯式电流互感器取样，使用高速采样、A/D 转换等技术，对采集得到的$\dot{I}_a$、$\dot{I}_b$、$\dot{I}_c$及$\dot{I}_0$的幅值及相位来分析每相试品的 C 及 $\tan\delta$ 值，测量时的原理框图如图 4-4 所示。

当三相电源及试品完全对称时，中性点电流 $\dot{I}_0$为零，设 $\dot{U}_a$为 A 相电源电压，可见仅 A 相试品出现缺陷时，不管是其 C 变化、$\tan\delta$ 变化还是同时变化，$\dot{I}_0$的变化总是出现在该相量图中的 $\dot{U}_a$及其超前 90°的区域之内，因而就有可能按此新出现的 $\dot{I}_0$的幅值及相位来分析 A 相的 C 及 $\tan\delta$ 值的变化情况，在分析诊断软件中加入算法便可判断出实际的中性点电流。

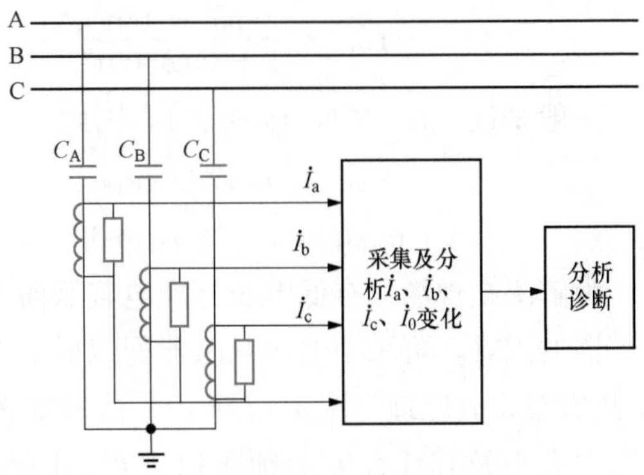

图 4-4 改进的三相不平衡法测量框图

4.3 在线电桥法进行 $\tan\delta$ 监测

在停电试验中用电桥法测量 $\tan\delta$（介质损耗角正切值）是一种比较有效的测量方法，如能在运行的高电压下进行监测，则有效性更高。但首先遇到的问题是：需有耐压等级比运行电压更高的标准电容器；且用反接法测量时，调节 R_3、C_4 的绝缘杆的耐压水平也将远远不够；即使用正接法（见图 4-5），也要注意到由于外施电压的提高，可能出现 U_4 比 U_3 高得多，且难以平衡的情况；也可能因流经 C_x 的电流 I_x 过大而使 R_3 过热等情况，这时常并以另外的标准电阻来解决。

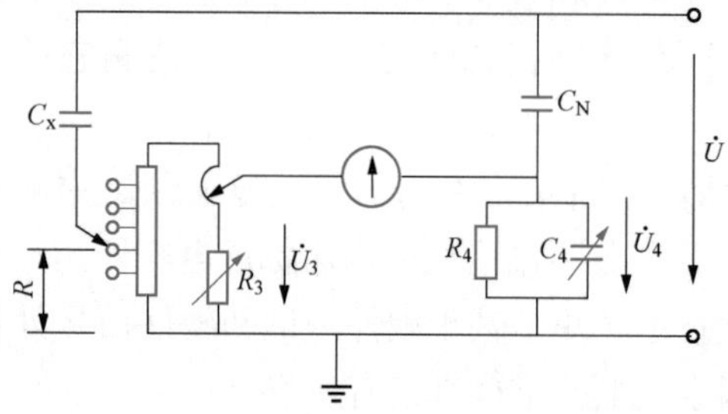

图 4-5 采用高压标准电容器 C_N 以正接法测量 $\tan\delta$

为解决现场没有很高电压的标准电容器的困难，不少单位采用挂在同相线路上各电容型试品相互做对比的方法，测得各电容型试品的 $\tan\delta$ 的差值，如果此差值与过去有显著变化，往往反映某一试品有问题。应用较多的是选定某几台 $\tan\delta$ 较小且随电压、温度变化较稳定的电容型试品相串联而当作标准电容器使用。这时宜事先在试验室里对比标准电容器进行全面试验，观察标准电容器的电容及介质损耗角正切值 $\tan\delta_N$ 值是否随电压、温度的上升有显著变化。如在所使用的环境下其 $\tan\delta_N$ 值无明显改变，则在用它代替标准电容器进行测量后，可将此 $\tan\delta_N$ 补充到所测数据中。

在图 4-5 所示的电桥原理图中，当以有损耗 $\tan\delta_N$ 的标准电容器当作 C_N 时，试品 C_x 的损耗为 $\tan\delta_x$；当调节到电桥平衡后，测值为 $\tan\delta_m$。相量图如图 4-6 所示，则可得

$$\tan\delta_m = \omega C_4 R_4 = \tan(\delta_x - \delta_N)$$

也可表示为

$$\tan\delta_m = \frac{\tan\delta_x - \tan\delta_N}{1 + \tan\delta_x \tan\delta_N} \tag{4-3}$$

一般来说 $\tan\delta_N \ll 1$，$\tan\delta_x \ll 1$，因此

$$\tan\delta_m \approx \tan\delta_x - \tan\delta_N$$

或

$$\tan\delta_x \approx \tan\delta_m + \tan\delta_N \tag{4-4}$$

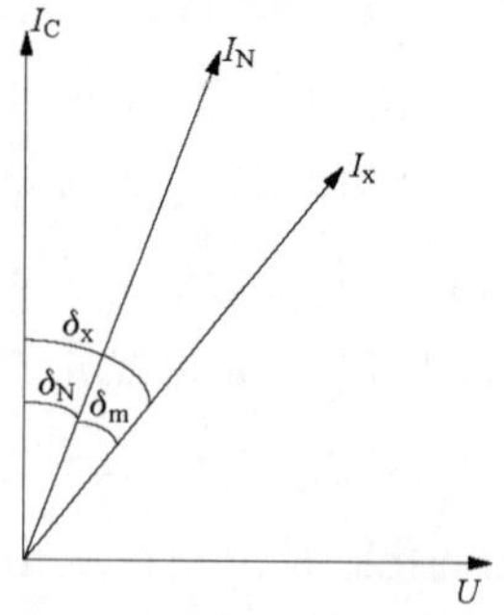

图 4-6 存在 $\tan\delta_N$ 时测量 $\tan\delta$ 的相量图

I_C—真正标准电容器的电流；
I_N—有损耗 $\tan\delta_N$ 的"标准"电容器的电流；
I_x—实际试品的电容电流

为解决在现场只有低电压标准电容器而无高电压标准电容器的困难，可采用电压互感器配以低电压标准电容器 C_N 的方案，其原理如图 4-7 所示。这时对该电压互感器的角差大小及其线性度等须予以重视，因为被测的试品 C_x 的 $\tan\delta$ 常是很小的数值。

假如仍采用 QS-1 型电桥配套的 50pF 标准电容器

C_N，而电压互感器二次侧电压又常取100V，因此流经 C_N 桥臂的电流 I_N 将很小，以致 $\dot{U}_4 \ll \dot{U}_3$，电桥难以平衡。为此，宜增大 C_N 值，好在这时只需耐压 100V 以上的标准电容器。实测时，一般选 C_N 为 1000～3000pF。而试品真实的 $\tan\delta_x$ 与电桥上读数 $\tan\delta_m$ 的关系为

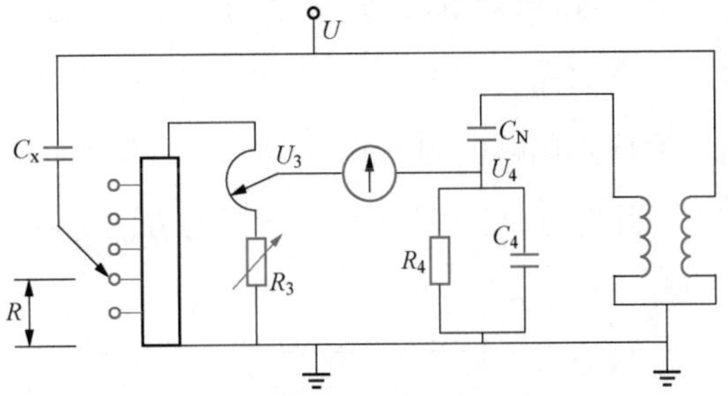

图 4-7　用电压互感器配低压标准电容器 C_N 而组成的电桥法

$$\tan\delta_x = \tan\delta_m + \omega C_N R_4 + \tan\delta_N + \tan\delta_c \tag{4-5}$$

式中：$\tan\delta_N$ 为所采用的标准电容器的介质损耗角正切值；$\tan\delta_c$ 为电压互感器角差的正切值，一般 $|\delta_c| < 10'$，即 $|\tan\delta_c| < 0.3\%$，它对油纸绝缘设备现场的预防性试验一般并不会带来很大误差。

4.4　过零点相位在线监测法

过零点相位监测法就是通过电压互感器和电流互感器获取试品上的电流信号和电压信号，比较反映被试品电流的信号波形和作为标准电压的信号波形之间的过零点相位，将从传感器获得的两信号波形通过过零转换变成幅值相同的两个方波，再将电压信号移相 90°后和电流信号相与，得到的方波宽度便反映了介质损耗角 δ 的大小，继而可以得到 $\tan\delta$。

国内外应用较为广泛的是用传感器、移相器及自动平衡装置来测量 C 及 $\tan\delta$，原理框图如图 4-8 所示。由被试品 C_x 接地侧处的传感器获得 $\dot{U}_i$，它反映了流经试品的电流 $\dot{I}_x$；而由分压器或电压互感器处获得 $\dot{U}_u$，它反映了加在试品上的电压 $\dot{U}_x$。如果先忽略传感器及分压器的角差，则 $\dot{U}_u$应滞后 $\dot{U}_i$一个角度（$90°-\delta$）。再将 $\dot{U}_u$经移相器前移 90°而成 $\dot{U}_u'$，则 $\dot{U}_u'$与 $\dot{U}_i$间的角差即为介质损耗角 δ，其相量图如图 4-9 所示。

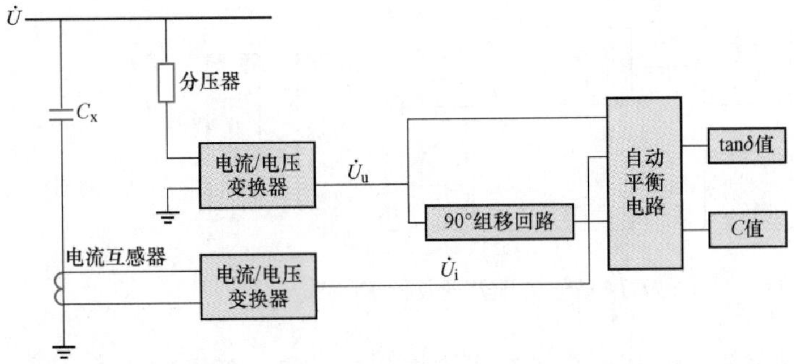

图 4-8　$\tan\delta$ 在线监测仪的原理框图

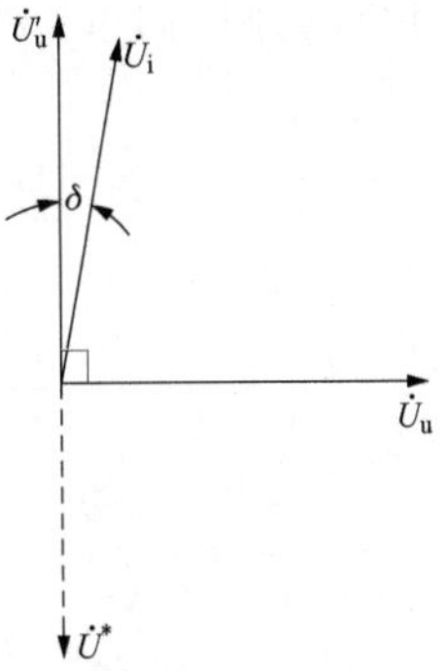

图 4-9　测 $\tan\delta$ 的相量图

为了能准确地读出此很小的角差 δ，可采用单片机或计算机里的时钟脉冲来计数，其示意图如图 4-10 所示。由图 4-8 中从传感器所获得的信号 $\dot{U}_i$ 及 $\dot{U}_u$ 分别经过过零转换，换成相同幅值的方波 $\dot{I}$ 及 $\dot{U}$。为便于相与，将移相 90°后的电压信号再反相而成 $\dot{U}^*$，再将 $\dot{I}$ 与 $\dot{U}^*$ 相与，所得的方波宽度（ΔT）即反映了此 δ 角的大小。

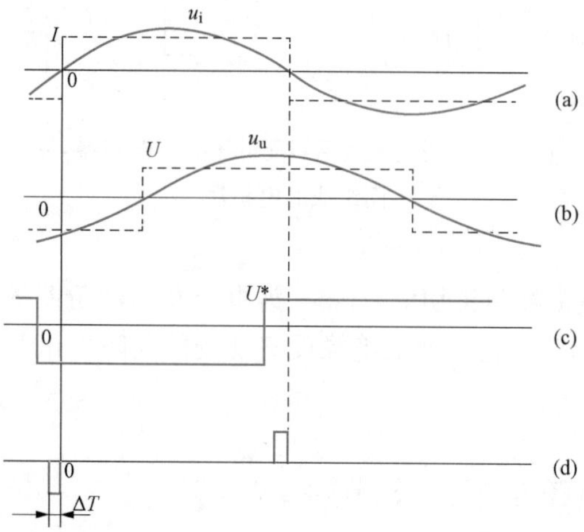

图 4-10　过零时差法的原理示意图

(a) u_i 及其方波 I；(b) u_u 及其方波 U；(c) U 前移 90°再反相成 U^*；(d) U^* 与 I 两方波相加

过零点相位差法计算简单，易于应用，但由于诸多误差因素，最主要的是现场的相间干扰和电压互感器的角差的影响，会影响监测数据的重复性。

在电压或电流信号过零的瞬间，如稍有干扰，将直接影响到过零转换时测得的零点，也即转换后该方波的零点，以致严重影响到介质损耗角的准确测量。被测设备的容性电流往往是主要的，而阻性电流只占很小的部分。虽然由相间的电容耦合形成的干扰电流本身不大，但是它和容性电流不同相，这样干扰电流就会影响到阻性电流的大小，进而影响到介质损耗角的大小。

此外，还有电压和电流互感器的角差的影响，互感器的低压侧和高压侧之间本身存在一个相角误差，再加上这个误差会随着运行电压及二次侧负载等的变化而变化，并且波动范围有可能会超过被测设备介质损耗角本身的大小，导致由低压侧获取的电压信号并不能完全真实地反映高压侧的相位，从而引起介质损耗角的测量偏差。

为提高测量的准确性，可加进图 4-11 所示的预处理电路，这是为了进入比较器以前先设法消除信号中的直流成分和高频信号，仅留下 50Hz 的交流信号。开关 K 的作用是在每次测量前，自动将 K 打到 2 上，以同一信号 $\dot{U}_i$ 经过两个互相平行的回路。如二者输出信号间有相角差，可自行调整；也可记下后，在以后读出 δ 时除去此零读数。然后 K 自动回到 1 上，$\dot{U}_u$、$\dot{U}_i$ 分别由两回路进行处理。

图 4-11　对 $\dot{U}_u$ 及 $\dot{U}_i$ 信号的预处理及校正回路

另外，也可采用相对值测量法，可以有效地减少现场测量误差。在测试现场，同相设备的运行状态和工作环境相似，特别是同类型、同相别的设备（如同为套管、同为电流互感器等），则受到的干扰情况更为相似。因此将同相设备互为基准，两个被测设备的电流中的随机噪声干扰、测试过程中的系统干扰及外界环境因素的影响，还会有一定的相互抵消作用。

对某变电站内同一母线下的两台电流互感器 TA1、TA2 的 $\tan\delta$ 进行线监测，结果如图 4-12 所示。可见，在连续十几天里，每台的 $\tan\delta$ 测值（$\tan\delta_{TA1}$、$\tan\delta_{TA2}$）均有波动，有的达 2.5‰（左侧的纵坐标）；但其相对测值 $\Delta\tan\delta$（最上面的曲线）波动极小，在 0.5‰～0.6‰之间（右侧的纵坐标），而且每 24h 内的波动规律几乎相似，这是由于环境温、湿度的昼夜循环所引起的。因此这时如有缺陷或故障，还可从 $\Delta\tan\delta$ 曲线出现显著变动、原规律性的改变中灵敏地分辨出来，当发现确有缺陷出现时，再用图 4-8 所示的方法在线监测每台的 $\tan\delta$ 值。

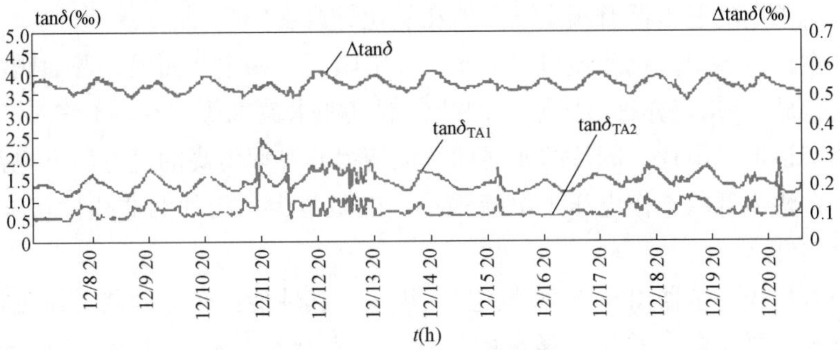

图 4-12　同一母线下两台电流互感器的 $\tan\delta$ 及 $\Delta\tan\delta$ 测值

因此在对电容型试品进行诊断时，不能认为测 $\tan\delta$ 较灵敏，就仅仅依据 $\tan\delta$ 值来进行诊断，还应综合考虑各参数，如 $\tan\delta$ 相对值（同相、同母线下两设备间的比较），相对电容量（同相、同母线下的两相似设备间的比较）等参数。采用 $\tan\delta$ 值的相对比较法，是为了排除从电压互感器抽取基准电压所带来的误差，并可减小由于外界干扰等所引起的误差。

当同一母线上被试的两台设备出现几乎相同的缺陷时，相对值比较法可能监测不到缺陷，现实中该种情况发生的概率较低。

思考题

1. 电容型设备主要有哪些？其绝缘老化的特点是什么？
2. 电容型设备介质损耗的监测方法有哪些？
3. 简述电容型设备相位差法的原理及测试方法。
4. 分析电容型设备相位差法监测介质损耗角时的误差因素及改善途径。

5

氧化锌避雷器的在线监测

5.1 概　　述

电力系统常用的避雷器有阀型避雷器和氧化锌避雷器。

阀型避雷器由多组火化间隙与多组非线性电阻阀片相串联而成。普通阀型避雷器的阀片是由碳化硅（SiC，亦称金刚砂）加结合剂（如水玻璃等）在 300～500℃的低温下烧结而成的圆饼形电阻片。阀片的非线性特征使得其在幅值高的过电压下电流很大，而电阻很小；在幅值低的工作电压下电流很小，电阻很大。阀片的非线性伏安特性较陡，保护特性不够好。

新型的氧化锌避雷器出现于 20 世纪 70 年代，其性能比碳化硅避雷器更好，其阀片是由氧化锌为主要原料，并添加微量的氧化钴、氧化锰、氧化锑等金属氧化物烧结而成，所以也称为金属氧化物避雷器（MOA）。图 5-1 所示为氧化锌阀片的伏安特性，它在 10^{-3}～10^{4} A 的宽广电流范围内呈现出优良的平坦的伏安特性。氧化锌阀片的伏安特性可分为低电场区（Ⅰ）、中电场区（Ⅱ）以及高电场区（Ⅲ）3 个区，在中电场区具有优良的保护特性。

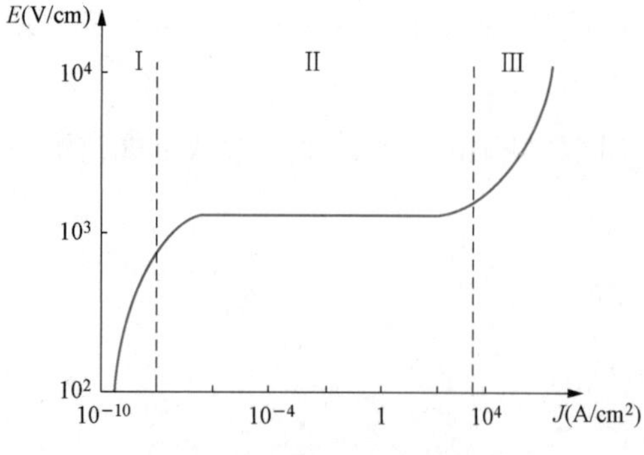

图 5-1　氧化锌阀片的伏安特性

氧化锌避雷器与碳化硅避雷器相比主要优点在于：无串联间隙，无续流，通流容量大。前两条优点主要来源于氧化锌阀片优良的非线性特点，工作电压下流过阀片的电流极小，为微安级，故不需要间隙来隔离，也不存在工频续流；在雷击或操作过电压作用下，只需吸收过电压能量，而不需吸收续流能量。无串联间隙的特点还使氧化锌避雷器省去了间隙的放电时延，具有优越的陡波响应特性。氧化锌电阻片单位面积的通流能力为碳化硅电阻片的 4～5 倍，通流容量大，因此氧化锌避雷器完全可以用来限制操作过电压，也可以耐受一定持续时间的暂时过电压。氧化锌避雷器因其保护特性好、通流容量大、结构简单可靠，在电力系统中基本取代了碳化硅避雷器，已经获得了广泛的应用。

在交流电压作用下，氧化锌避雷器的总泄漏电流（全电流）包含阻性电流（有功分量）和容性电流（无功分量）。在正常运行情况下，流过避雷器的主要电流为容性电流，阻性电流只占很小一部分，为10%～20%。但当阀片老化、避雷器受潮、内部绝缘部件受损以及表面严重污秽时，容性电流变化不多，而阻性电流却大大增加，目前电力系统对氧化锌避雷器主要进行总泄漏电流和阻性电流的在线监测。

因MOA无串联间隙，在持续运行电压作用下，由氧化锌阀片组成的阀片柱就要长期通过工作电流，即总泄漏电流。严格说来，总泄漏电流是指流过MOA内部阀片柱的泄漏电流，但测得的总泄漏电流包括瓷套泄漏电流、绝缘杆泄漏电流及阀片柱泄漏电流三部分。一般而言，阀片柱泄漏电流不会发生突变，而由污秽或内部受潮引起的瓷套泄漏电流或绝缘杆泄漏电流比流过阀片柱的泄漏电流小得多。因此，在天气好的条件下，测得的总泄漏电流一般都视为流过阀片柱的泄漏电流。由于阀片柱是由若干非线性的阀片串联而成的，总泄漏电流是非正弦的，因此不能用线性电路原理来测取总泄漏电流。一般常用阻容并联电路来近似等效模拟MOA非线性阀片元件，如图5-2（a）所示。图中R_n是ZnO晶体本体的固有电阻，电阻率为1～10Ω·cm；R_x是晶体介质层电阻，电阻率为10^{10}～10^{13}Ω·cm，它是非线性的，随外施电压大小而变化；C_x是ZnO晶体介质电容，相对介电系数为1000～2000。由于$R_x \gg R_n$，可略去R_n的影响，故又常将图5-2（a）简化为图5-2（b）所示的等效电路。

流过氧化锌避雷器的总泄漏电流I_x可分为阻性电流I_{Rx}与容性电流I_{Cx}两部分。导致阀片发热的有功损耗是阻性电流分量。因R_x为非线性电阻，流过的阻性电流不但有基波，而且还含有3、5次及更高次谐波。只有阻性电流的基波才产生功率损耗。虽然总泄漏电流以容性电流为主，阻性电流仅占其总泄漏电流的10%～20%，但对MOA泄漏电流的监测还应以阻性电流为主。

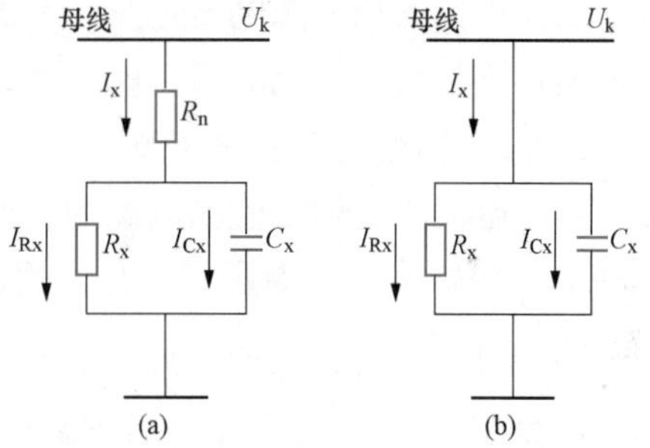

图5-2　氧化锌避雷器阀片柱的等效电路

（a）阻容并联电路；（b）等效电路

5.2　氧化锌避雷器在线监测

5.2.1　总泄漏电流在线监测

总泄漏电流监测（或称全电流监测）是基于MOA（氧化锌避雷器）泄漏电流的容性分量基本不变，可以简单地认为。总泄漏电流的增加能在一定程度上反映阻性分量电流的增长情况。基本方法是在避雷器放电计数器两端并接低电阻的微安表，以此测量总泄漏电流的变化。

目前国内许多运行单位使用MF-20型万用表（或数字式万用表）并接在动作计数器上测量总泄漏电流，这是一种简便可行的方法。目前广泛应用的总泄漏电流监测仪工作原理如图5-3所示。

测量时，可采用交流毫安表PA1，也可用经桥式整流器连接的直流毫安表PA2。

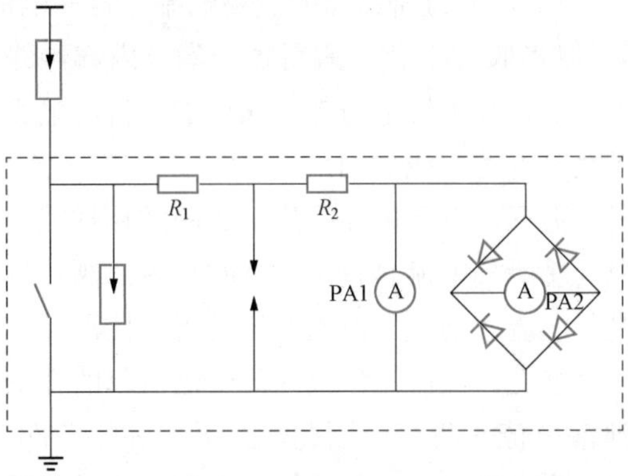

图 5-3　总泄漏电流监测仪工作原理图

当电流增大 2～3 倍时，往往认为已达到危险界限。现场测量经验表明，这一标准可以有效地监测氧化锌避雷器在运行中的劣化。

由于 MOA 的非线性特性，即使外施电压是正弦的，总泄漏电流也非正弦，它包含有高次谐波。使用 MOA 电流测试仪测量 MOA 中的 3 次谐波电流，来推出阻性电流。3 次谐波法就是从避雷器地线上取出总电流，接入 3 次谐波带通滤波器，可测到 3 次谐波电流。使用这种方法测量较为方便，但当电力系统中谐波分量较大时常会遇到困难，难以做出正确的判断。

测量三相氧化锌避雷器的零序电流，是 3 次谐波法的特殊形式。当 3 台避雷器均为同一类型且均正常时，测得的三相基波之相量和接近于零。但避雷器阀片为非线性元件，因而即使三相电源电压正弦且平衡，仍有三相 3 次谐波电流之和可以测出。只要三相避雷器不是同步老化的话，就可以采用此法来发现缺陷。

5.2.2　阻性电流在线监测

阻性电流测量就是监测流经 MOA 的阻性电流分量来发现 MOA 的早期老化现象，其基本原理如图 5-4 所示。它是先用钳形电流互感器（传感器）从 MOA 的引下线处取得电路信号 $\dot{I}_0$，再从分压器或电压互感器侧取得电压信号 $\dot{U}_s$。后者经移相器前移 90°相位后得 $\dot{U}_{s0}$(以便与 $\dot{I}_0$ 中的电容电流分量 $\dot{I}_C$同相)，再经放大后与 $\dot{I}_0$一起送入差分放大器。在放大器中，将 $G\dot{U}_{s0}$与 $\dot{I}_0$相减；并由乘法器等组成的自动反馈跟踪，以控制放大器的增益 G 使同相的（$\dot{I}_C-G\dot{U}_{s0}$）的差值降为零，即 $\dot{I}_0$中的容性分量全部被补偿掉，剩下的仅为阻性分量 $\dot{I}_R$，再根据 $\dot{U}_s$及 $\dot{I}_R$即可获得 MOA 的功率损耗 P 了。

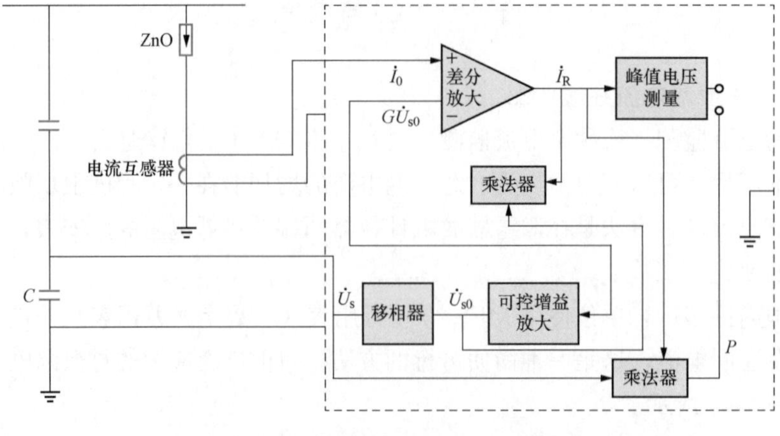

图 5-4　阻性电流监测仪基本原理

采用这种类型的阻性电流监测仪比较方便实用，因为它是以钳形电流互感器取样，不必断开原有接线，而且不需要人工调节，自动补偿到能直接读取$\dot{I}_R$及 P。钳形电流互感器的磁芯质量很重要，要保证不因各次钳合时由于电流互感器铁芯励磁电流变化而引起比差，特别是角差的改变，并需要采用良好的屏蔽结构以尽量减小在变电站里实测时外来干扰的影响。

图 5 - 4 为阻性电流测试仪的原理图示意，图中差动放大器的两个输入端分别输入总电流 $G\dot{U}_{s0}$，亦即 $G\mathrm{d}u/\mathrm{d}t$，当依靠自动调节电路达到平衡条件

$$\int_0^{2\pi} u_{s0}(I_0 - Gu_{s0})\mathrm{d}\omega t = 0$$

即可得到阻性电流。

设电网电压 $u=U\sin\omega t$，则阻性电流

$$i_R = I_R\sin(\omega t + \theta)$$

电容 C 上的容性电流

$$i_C = C\frac{\mathrm{d}u}{\mathrm{d}t} = C\omega U\cos\omega t$$

根据阻性电流测试仪的自动平衡条件

$$\begin{aligned}\int_0^{2\pi}\frac{\mathrm{d}u}{\mathrm{d}t}\left(I_0 - G\frac{\mathrm{d}u}{\mathrm{d}t}\right)\mathrm{d}\omega t &= \int_0^{2\pi} i_C\frac{\mathrm{d}u}{\mathrm{d}t}\mathrm{d}\omega t + \int_0^{2\pi}\frac{\mathrm{d}u}{\mathrm{d}t}i_R\mathrm{d}\omega t - \int_0^{2\pi}G\left(\frac{\mathrm{d}u}{\mathrm{d}t}\right)^2\mathrm{d}\omega t\\ &= \int_0^{2\pi}(C-G)\left(\frac{\mathrm{d}u}{\mathrm{d}t}\right)^2\mathrm{d}\omega t + \int_0^{2\pi}\frac{\mathrm{d}u}{\mathrm{d}t}i_R\mathrm{d}\omega t\\ &= (C-G)\omega^2\pi U^2 + \omega\pi UI_R\sin\theta\\ &= 0\end{aligned}$$

可得到

$$C = G - \frac{I_R\sin\theta}{\omega U}$$

根据阻性电流的定义，$\theta=0$，此时差动放大器输出的电流信号即为阻性电流

$$i_R = I_R\sin\omega t,\quad I_R = I_0 + Gu_{s0}$$

阻性电流测试仪原理严谨，能对各次容性谐波电流进行补偿，可以得到阻性电流波形和峰值，并可以得到各次谐波电压产生的总功率，是功能较齐全的监测仪器。然而，电容电流补偿法在监测 MOA 阻性电流时，会出现一些问题影响监测的正确性。

电网谐波电压加在 MOA 上，会使其总泄漏电流的谐波电流中也会含有容性成分，并且与阻性泄漏电流中的谐波成分混合，给从总泄漏电流中分离阻性电流带来困难。此外，谐波电压还可以从其他方面影响正确监测出 MOA 阻性电流波形。例如，当含有 3 次谐波时，通过自动平衡条件可解出测量出的阻性电流有误差项，误差的大小与阻抗角、谐波幅值与相位有关。

现场试验已多次发现，当三个同类的 MOA 组成三相而呈一字形排列时，如用阻性电流在线监测仪进行试验，读出这三相 MOA 各自的 I_R 及 P 往往相差很大，表 5 - 1 所列为一实例。

表 5-1　　某 500kV 变电站 MOA 阻性电流监测结果

安装地点		相序	U_s（有效值，V）	I_0（有效值，mA）	I_R（峰峰值，μA）	P（平均值，W）
某 500kV 变电站	主变压器侧	A	54.5	1.85	390	65.0
		B	54.9	1.80	250	28.0
		C	54.5	1.85	110	13.0
	电抗器侧	A	56.7	1.70	440	81.4
		B	55.6	1.86	280	36.4
		C	55.4	1.74	100	0.87

即使是同型号、同批生产的三台 MOA，在线监测得的总泄漏电流 i_x 值相差很小，而阻性分量 I_R 及功耗 P 却有显著的差别。往往是中相的数据居中，并与单相加压时相近；而两个边相中有一相偏大、另一相偏小，这些问题就是由在线监测时的相间电容耦合所引起的。当三相 MOA 成一直线排列时，在测量边相 A 相底部的电流时，主要是 A 相外施电压 U_A 经 A 相 MOA 所引起的容性分量 I_{AC}及阻性分量 I_{AR}；另外还有邻相 B 相与 A 相间的杂散电容 C_{AB}所引起的容性干扰电流 I_B（C 相因距离 A 相更远，其影响可忽略）。同理，B 相对 C 相间的电容耦合使 C 相 MOA 下部测得的“视在”阻性分量变小。而 B 相因位置居中，A、C 两边相对其的电容耦合基本对称，影响也就可忽。由此可知，由于 B 相的影响，使 A、C 相的 I_0 的相位将分别移后和移前 3°～5°，其峰值也略有减小，I_R 的读数则分别出现明显增大和减小。而 B 相由于同时受 A、C 相影响，I_0 的相位和 I_R 值基本不变，这就是所谓三相不平衡现象。

降低相间干扰影响的具体的做法如下：先在停电条件下，用外施电压分别测量各相避雷器的 I_0、I_C、I_R；而后在运行条件下再测量，这时应在电压互感器输出的电压信号后再增加一个移相器；然后将电压信号输入阻性电流监测仪；改变移相器的角度，使 I_0、I_C、I_R 测量值与停电条件下的测量值相同；记下移相值和 I_0、I_C、I_R 的值，并以此为基准，以后均在相同的移相条件下进行监测。移相器一般由可变电阻器和电容器串联组成。

5.2.3　谐波电流分析法

谐波电流分析法通过对总泄漏电流信号进行信号分析与处理，得到阻性电流或者阻性电流基波值，并以此进行 MOA 的故障诊断，目前常用的有阻性电流 3 次谐波法、高次谐波法和阻性电流基波法。

阻性电流 3 次谐波法是将总泄漏电流经带通滤波器检出 3 次谐波分量，根据总阻性电流与 3 次谐波阻性分量的一定的比例关系来得到阻性电流峰值。由于各厂生产的阀片以及同一厂生产的不同规格的阀片的特性不尽相同，导致 3 次谐波峰值与阻性电流峰值之间的函数关系不一样，且是随阀片的老化而变化的；MOA 端电压（母线电压）中的谐波含量也对测量结果产生直接影响。因此，3 次谐波法既不具有通用性，也不能比较客观地反映 MOA 的实际运行工况，它只能局限于同一产品在同一试验条件下的纵向比较。其优点是只需取 MOA 总泄漏电流，不需要参考电压，比较方便。但当系统电压中含谐波分量较大时，则电容电流也将含 3 次谐波，使测量存在较大误差，容易造成误判。

高次谐波法是对常规阻性电流测量的改进，其基本思想是：只需从 MOA 取总泄漏电流，经过单片机分析计算得到阻性电流。将取到的总泄漏电流同时送入减法单元和逻辑分析单元，逻辑分析单元对总泄漏电流信号进行分析，计算出容性电流和阻性电流的相位差，由自动信号生成单元生成容性电流信号初值，并送入减法单元与总泄漏电流做差分运算。后面的处理与常规阻性电流测量（常规补偿法）相同，最后可得到阻性电流。这种方法的优点是：测试人员可避开电压互感器的接线操作，使在线监测操作更简便，增强了电力系统在线测试的安全性；采用了单片机系统，智能化程度较高。但其准确性取决于系统电压高次谐波的含量。

阻性电流基波法认为在正弦波电压作用下，MOA 的阻性电流中有基波，也有高次谐波，但只有基波电流能做功产生热量，谐波电流则不做功也不产热。在各种 MOA 阻性电流值相等的情况下，因不同 MOA 的阻性电流基波与谐波的比例往往不同，则其发热、功耗也就不同。同时，测量阻性电流基波还可以排除电网电压中含有谐波对阻性电流测量的影响，而不论其谐波量如何，阻性电流基波值总是一个定值。谐波分析法采用数字化测量和谐波分析技术，从总泄漏电流中分离出阻性电流基波值，整个过程可以通过单片机或微机在软件中得以实现。对于相间杂散电容的影响，可以利用谐波分析法测出两个边相泄漏电流的相移予以纠正。这种方法可信度高，硬件电路简单，便于实现在线监测，采取适当的措施可以减小干扰，提高测量准确度。

通常 MOA 性能下降的因素主要有两个：氧化锌阀片老化和受潮。氧化锌阀片老化使其非线性特性变差，主要表现为在系统正常运行电压下阻性电流高次谐波分量显著增大，而阻性电流的基波分量相对增加较小。受潮的主要表现为在正常运行电压下阻性电流基波分量显著增大，而阻性电流的高次谐波分量增加相对较小。这样，对 MOA 阻性电流的监测，如果只监测其阻性电流基波分量或只监测其阻性电流高次谐波分量，都不能完整、有效地反映其运行状况。因此利用数字采样分析即谐波分析法对 MOA 的电压、电流波形数据进行分析、计算，得出其阻性电流基波值和各次谐波值及变化，在消除相间干扰及外界干扰的基础上，加以纵向比较和综合判断，才能实现对 MOA 的全面监测，确保安全运行。

谐波电流分析法的主要特点是避免了由于硬件性能不良对监测带来的影响，可提高监测系统的可靠性。同时可与介质损耗测量共用一套微机及相应的软件，有利于实现多参数多功能的统一监测系统。谐波电流分析法和常规的阻性电流测量法相比，对监测总泄漏电流、基波阻性电流的测量结果是一致的，但当电压中含有高次谐波时，谐波电流分析法更能准确、灵敏地反映阻性电流中的高次谐波分量。

思考题

1. MOA 的工作原理及其特点是什么？
2. MOA 的阀片老化特性和阻性电流的变化规律是什么？
3. 阻性电流监测仪的工作原理是什么？
4. 阻性电流的谐波分析法原理是什么？

6

高压绝缘子的在线监测

高压绝缘子的基本作用是在电力系统或电气设备中将不同电位的导电体在机械上固定或连接，实现电气隔离和机械连接或支撑。架空线路的导线、变电站的母线和各种电气设备的带电体，都需要用绝缘子的支持，以保证安全可靠地输送电能。

在运行中，绝缘子承受着工作电压和各种过电压，同时也承受着绝缘子自重、导线重量、覆冰重量、风力、振动力以及运行中的电磁力、机械力，其工作条件通常是非常恶劣的。良好的绝缘子应该具有热稳定、耐放电、耐污秽、抗拉、抗弯、抗扭、耐振动、耐电弧、耐泄漏、耐腐蚀等性能。绝缘子在电力系统中使用数量巨大，一条超高压输电线路上所使用的绝缘子可能达到上百万个。高压线路绝缘子包括针式绝缘子、盘形悬式绝缘子、棒形悬式绝缘子、横担绝缘子、电气化铁道用绝缘子、蝴蝶形绝缘子和拉紧绝缘子等。高压线路中广泛应用盘形悬式绝缘子，针式绝缘子常用于35kV以及下电压等级的线路上，瓷横担绝缘子用于110kV及以下电压等级的线路。

传统的用于制造绝缘子的材料是高压电瓷，它具有绝缘性能和化学性能稳定的特点，并具有较高的热稳定和机械强度。后来发展了钢化玻璃、浇注环氧树脂作为绝缘子的绝缘材料。有机合成绝缘子（简称合成绝缘子）近二十年得到了快速发展，已经大量用于高压输电线路中。

6.1 高压绝缘子的运行特性

雷击故障次数与雷电活动次数成正比，主要发生在雷电活动频繁的地区。与瓷绝缘子、玻璃绝缘子相比较，合成绝缘子的耐雷性能较差，特别是在110kV及以下电压等级的输电线路中显得较为突出。根据运行经验，在发生雷电闪络后，有机合成绝缘子两端均配置有均压环的，绝缘子表面仍保持完好，仅有局部伞裙发白；而只在导线端安装了均压环的，有的伞裙烧损严重，塔侧的金具也被烧蚀；而两端均没装均压环的，则两端金具及伞裙均有烧蚀现象。遭雷击闪络但无烧损的绝缘子仍保持较好的憎水性，但有明显烧蚀痕迹绝缘子的憎水性能则大大降低，意味着其耐污闪能力也将大大降低。因此，综合考虑耐雷水平和绝缘子的保护两个方面，不应该仅为不降低耐雷水平而取消均压环，而应该适当增加绝缘子高度，特别是在雷电活动密集区和雷电易击点，所使用的合成绝缘子更应适当加长，使装配均压环后的空气间隙及放电距离不减小。装设均压环的另一个好处是使绝缘子串的电场分布更趋均匀，不仅可减缓在长期工作电压下因局部高场强引发局部放电而造成绝缘子的老化或劣化，而且在同一放电距离下，可因电场均匀使放电电压提高，从而提高雷击闪络电压。

合成绝缘子具有污闪电压高的优点，在同样的爬距及污秽条件下，其污闪电压明显高于瓷绝缘子和玻璃绝缘子。原因是硅橡胶伞裙表面为低能面，它具有良好的憎水性，而且硅橡胶材料的憎水性还具有迁移性。通过迁移，污秽层表面也具有了憎水性，污秽层表面的水分以小水珠的形式出现，难以形成连续的水膜，在持续电压的作用下不会像瓷绝缘子、玻璃绝缘子那样形成集中而强烈的电弧，表面不易形成集中的放电通道，因而具有较高的污闪电压。另外，合成绝缘子杆径小，在同样的污秽条件下，其表面电阻比瓷绝缘子、玻璃绝缘子要大，表面电阻越大，污闪电压也越高。此外，与瓷绝缘子、玻璃绝缘子下表面伞棱式结构不同，合成绝缘子伞裙的结构和形状也不利于污秽的吸附及积累，而且合成绝缘子不需要清扫积污，有利于线路的运行维护。因此，与瓷绝缘子、玻璃绝缘子相比，合成绝缘子由污闪造成的故障次数要明显低得多。

玻璃绝缘子的自爆率不同于瓷绝缘子的劣化率和合成绝缘子的老化率。玻璃绝缘子的自爆率属早期暴露，随着运行时间的延长，自爆率呈逐年下降趋势；瓷绝缘子的劣化率属后期暴露，随着时间延长，在机电联合负荷的作用下，其劣化率会逐渐增加；合成绝缘子由于有机材料本身的老化特性，其老化率及劣化率随着时间会增大。

6.2 绝缘子串电压分布规律

每一个绝缘子就相当于一个电容器，因此一个绝缘子串就相当于由许多电容器组成的链形回路。如果不考虑其他因素影响，由于每个绝缘子的电容量相等，因而在绝缘子串中，每一片绝缘子分担的电压是相同的。但由于每个绝缘子的金属部分与杆塔（地）间、导线间均存在杂散电容（寄生电容），绝缘子串中每个绝缘子实际所分担的电压并不相同。

绝缘子在搬运和施工过程中，可能会因碰撞而留下伤痕；在运行过程中，可能由于雷击而破碎或损伤；由于机械负荷和高电压的长期联合作用而逐渐劣化，这都将使其击穿电压不断下降。当绝缘子击穿电压下降至小于沿面干闪电压时，就称为低值绝缘子。当低值绝缘子的内部击穿电压为零时，就称为零值绝缘子。当绝缘子串存在低值或零值绝缘子时，在污秽环境中，在过电压甚至在工作电压下就易发生闪络事故。因此，及时监测出运行中存在的不良绝缘子，排除隐患，对减少电力系统事故、提高供电可靠性是很重要的。

绝缘子串的等效电路如图 6 - 1 所示。图 6 - 1 (a) 中，C 为绝缘子本身的电容，C_z 为其金属部分对杆塔的电容。当有电位差时，就有一个电流经 C_z 流入接地支路。流经 C_z 的电流都分别要流经电容 C，因此，越靠近导线的电容 C 所流经的电流就越大。由于各绝缘子电容大致相等，则它们的容抗也大致相等；又由于靠近导线的绝缘子的电容电流较大，所以此处每片绝缘子上的电压降也就较大。仅考虑 C_z 的作用时，绝缘子串的电压分布如图 6-2 中的曲线 1 所示。

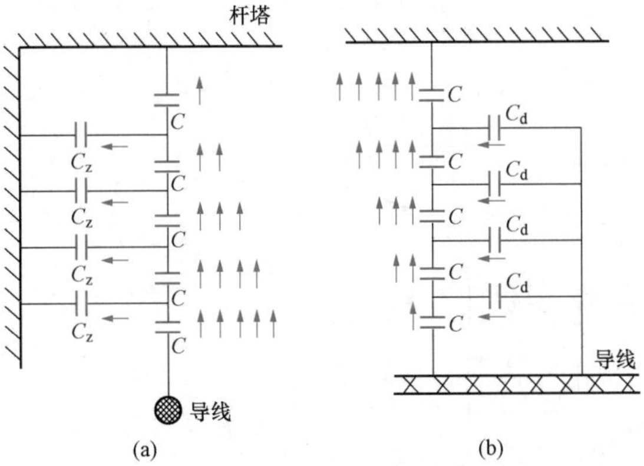

图 6-1 绝缘子串的等效电路

(a) 仅考虑金属部分对杆塔的电容；

(b) 仅考虑金属部分对导线的电容

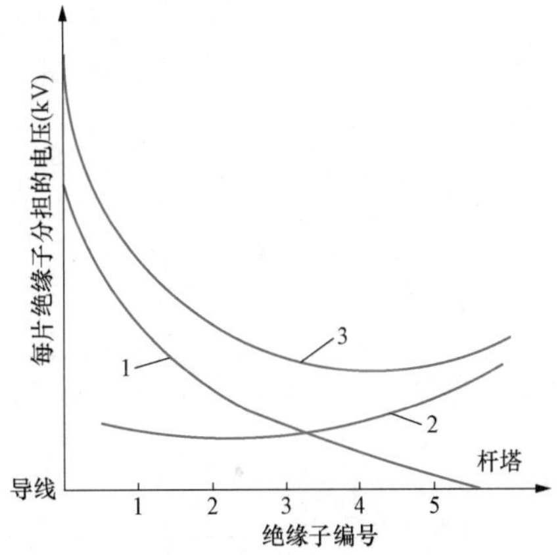

图 6-2 绝缘子串的电压分布曲线

1—仅考虑 C_z 作用；2—仅考虑 C_d 作用；

3—考虑 C_z、C_d 两者同时作用

在图 6-1（b）中，C 为绝缘子本身的电容，C_d 为其金属部分对导线的电容。由于每个电容 C_d 两端均有电位差，因此就有电容电流流过，而且都必须经电容 C 到地构成回路，这样就使离导线越远的绝缘子所流过的电流越多，电压降也越大。仅考虑 C_d 的作用时，绝缘子串的电压分布如图 6-2 的曲线 2 所示。

由于绝缘子金属部分对导线的电容 C_d 比其对地电容 C_z 小，因而流过的电流也小，所以产生的压降就相对地较小。实际的绝缘子串各个绝缘子上的电压分布应考虑两种电容的同时作用，即沿绝缘子串的电压分布应该由分别考虑 C_z 与 C_d 所得到的电压分布相叠加，如图 6-2 中的曲线 3 所示。由图 6-2 可见，沿绝缘子串的电压分布是极不均匀的，靠近导线的绝缘子电压降最大，离导线越远的绝缘子两端压降越小，当绝缘子靠近杆塔横担时，绝缘子电压降又升高。绝缘子串越长，电压分布愈不均匀，越容易导致某些部位的绝缘损坏。

6.3 高压绝缘子的在线监测

6.3.1 劣化绝缘子的光电监测技术

光纤技术的发展使得监测绝缘子电压分布大为简便，如将绝缘子两端的电位差转变为光信号（一般是采用变频的方案），然后由绝缘杆内的光纤传输到低压端，再转换成电信号。由于探头间电容很小，对原有电位分布的影响几可忽略，而且用数字显示，读取方便。图 6-3（a）为取样及变频部分的原理图，利用放电管（NT）将被测电压值转变为闪光频率 f。图 6-3（b）为其显示部分的框图，由光纤传输来的闪光信号 f 经光电转化变为电信号 e，再经放大、整形成方波信号 v，由秒门控制其计数的时间。

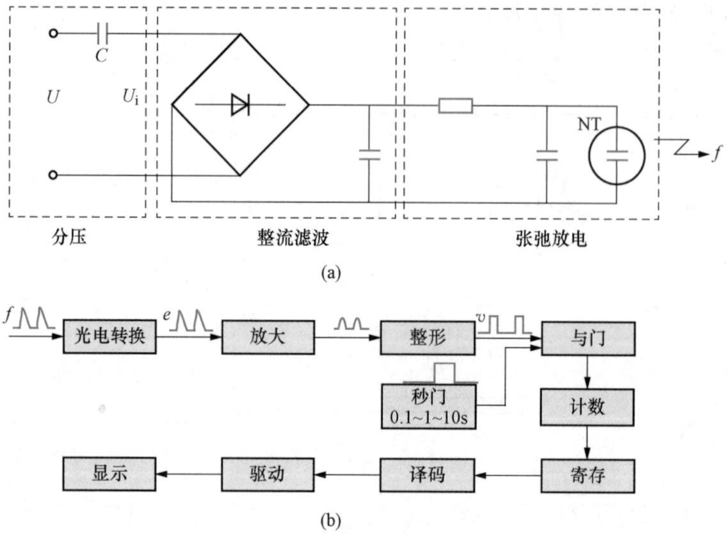

图 6-3　光电监测原理图

(a) 取样及变频部分的原理图；(b) 显示部分的框图

为将测得的电位差直接用语言报出，可采用智能语言式绝缘子监测技术，其原理框图如图 6-4 所示。绝缘子两端的电位差经分压后送到 A/D 转换采样回路，直接将交流信号转换成数字信号，经识别、计算后送入微处理器；而自动编排好的语言信号经放大后将直接报出有多少千伏。

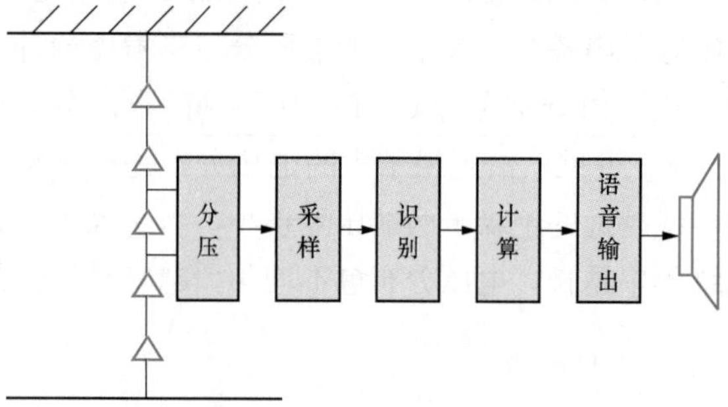

图 6-4　智能语言式绝缘子监测原理框图

如前所述，正常绝缘子串的电压分布呈不完全马鞍形，即在每串绝缘子中靠近导线侧的绝缘子承受电压最高，为靠近接地端绝缘子承受电压的 1.7～3.0 倍，而以中间部分承受电压最低，但两相邻绝缘子之间承受电压之比则在 1.1～1.3 之间。因此，用相邻比较法能较好地判断出劣值绝缘子。一般以相邻绝缘子电压比低于 50%作为劣值绝缘子的判断标准，或采用纵向比较法，即与该绝缘子串上次所测电压分布相比较的方法判别劣值绝缘子。

6.3.2　自爬式不良绝缘子监测技术

自爬式不良绝缘子监测器的监测系统主要由自爬驱动机构和绝缘电阻监测装置组成。监测时用电容器将被测绝缘子的交流电压分量旁路，并在带电状态下监测绝缘子的绝缘电阻，根据直流绝缘电阻的大小判断绝缘子是否良好。当绝缘子的绝缘电阻值低于规定的电阻值时，可通过监听扩音器确定出不良绝缘子，同时还可以从盒式自动记录装置再现的波形图中明显地看出不良绝缘子部位。当监测 V 形串和悬垂串时，可借助于自重沿绝缘子下移，不需特殊的驱动机构。自爬式不良绝缘子监测系统原理框图如图 6-5 所示。

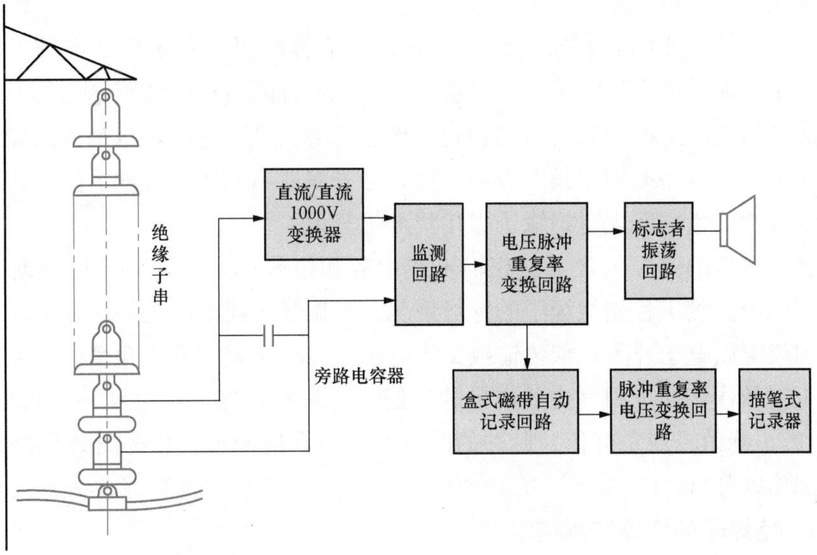

图 6-5　自爬式不良绝缘子监测系统原理框图

6.3.3　电晕脉冲式监测技术

在输电线路运行中，绝缘子串的连接金具处会产生电晕，并形成电晕脉冲电流通过铁塔流入地中。电晕电流与各相电压相对应，只发生在一定的相位范围内。若把正负极性的电流分开，则同极性各相的脉冲电流相位范围的宽度比各相电压间的相位差还小，采用适当的相位选择方法便可以分别观测各相脉冲电流。利用该原理开发出一种专门在地面上使用的电晕脉冲式监测仪，如图 6-6 所示。监测系统由四部分组成：电晕脉冲信号监测回路、同期信号发生回路、各相电晕脉冲计数回路和显示回路、测量控制回路。这种监测仪具有质量轻、体积小、不用登杆、监测效率较高等特点。

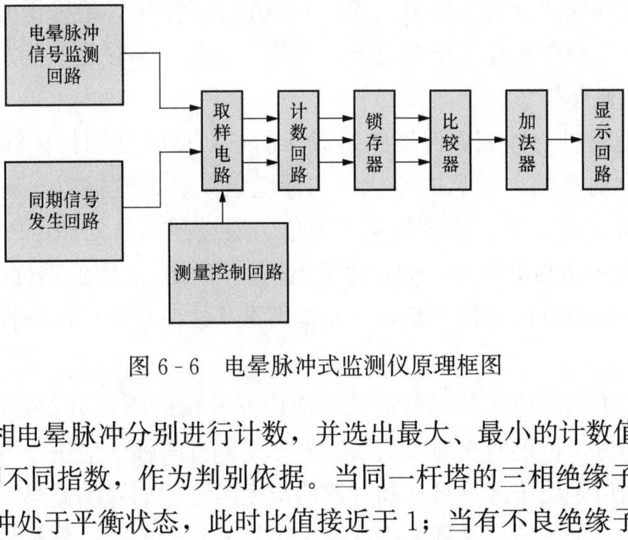

图 6-6　电晕脉冲式监测仪原理框图

测量时对各相电晕脉冲分别进行计数，并选出最大、最小的计数值，取两者的比值(最大/最小)，即不同指数，作为判别依据。当同一杆塔的三相绝缘子串无不良绝缘子时，各相电晕脉冲处于平衡状态，此时比值接近于1；当有不良绝缘子时，则各相电晕脉冲处于不平衡状态，该比值将与1有较大偏差。可以先以铁塔为单元粗测，判定该铁塔有不良绝缘子时，再对逐个绝缘子进行测量。

该技术存在的主要问题在于传感器的选择、信号的提取及辨识、现场干扰的排除等。由于电晕脉冲电流在绝缘子正常时也可能产生，且随着输电线路电压的波动其值也在变化，故如何消除这些因素的影响、建立绝缘子劣化判断标准，也是该法能否成功的关键。可通过滤波电路抑制工频电磁场干扰，再采取适当的数据处理手段（即建立数学模型提取信号特征量）实现对绝缘子劣化状况的辨识。

从传感器获得的信号包含了三相输电线中各相电晕电流的总和，必须对其进行分解，才能准确地监测出各相绝缘子的绝缘情况。根据三相泄漏电流的相差情况，给电晕脉冲式监测仪配以电子开关，依传输线交流电压的三相互差120°电角度的关系，用电子开关每隔120°依次记录下瞬间内的电晕脉冲信号，从而在低压端分别采集到相应于A、B、C三相的正峰值（或负峰值）脉冲的波形及幅值，进而通过信号处理网络对三相绝缘子串分别加以分析。

6.3.4 绝缘子的红外监测技术

正常运行中，不良绝缘子由于电压低于正常绝缘子，导致该不良绝缘子的表面温度低于正常绝缘子，利用红外热像仪可以测量出这种温度的差异。这种技术对于涂有半导体釉的防污绝缘子的遥测比较有效，因为这种绝缘子表面电流较大，温升较高，一出现零值绝缘子，该片的温度将比其他正常绝缘子低几摄氏度，易于用红外热像仪识别；而对于玻璃绝缘子或普通釉的瓷绝缘子，正常时温升就很小，当出现不良绝缘子时，其温度比其他正常者只低1℃左右，可通过红外热像图中绝缘子表面温度分布，来判断不良绝缘子的位置。

红外热成像技术就是对被检物体的温度分布进行成像处理，使其热的二维分布成为二维可视图像，可以根据温度场分布的变化对被检设备性能好坏进行诊断。对输电线路绝缘子串来讲，它的热分布是与电压分布相对应的，而绝缘子串的电压分布在正常情况下与绝缘子串的电容量成反比。各电压等级下的绝缘子串中，绝缘子的发热由三部分组成：一为电介质在工频电压作用下极化效应发热，二为内部穿透性泄漏电流发热，三为表面爬电泄漏电流发热。

红外热成像是通过物体表面温度辐射成像的，在接收被测目标红外辐射的同时还会受到大量非监测对象辐射信息的干扰，如环境温度、大气辐射、灰尘等，因而不可避免地存在图像对比度不高、边缘模糊等现象。通过图像预处理可以抑制噪声，提高图像的对比度，得到清晰的图像；通过边缘监测，可以看出图像温度分布的具体部位，尤其对图像中温度最高点位置的判断，从而提高设备故障诊断的准确性，便于检修人员判断。

传统图像处理中的阈值法是一种最简单而广泛使用的图像分割方法，在医学影像、人脸识别、微型图像定位还有交通控制系统等方面都有实际的应用。选取合适的阈值是阈值法的关键，阈值是用于区分目标和背景的灰度门限。如果图像只有目标和背景两大类，那么只需选取一个阈值，这种方法称为单阈值分割。单阈值分割是将图像中每个像素的灰度值与阈值相比较，灰度值大于阈值的像素为一类，灰度值小于阈值的像素为另一类。如果图像中有多个目标，就需要选取多个阈值将各个目标及背景分开，这种方法称为多阈值分割。

传统阈值处理流程如图 6-7 所示。程序获得故障图片后，需要将其转换成易于计算机处理的灰度图片，然后绘出该图片的直方图。在计算机图像学领域中，常用一种灰度直方图。灰度直方图是灰度级的函数，描述的是图像中具有该灰度级的像素的个数。横坐标是灰度级，纵坐标是该灰度出现的频率（像素个数）。相对于其他的图像分割算法来说，基于直方图的方法是一种效率非常高的方法。因为通常来说，该方法只需要对整幅图片扫描一遍即可，这样就能清晰看出各个像素出现峰值和谷值所在。通过观察可以发现当灰度值到达某一值之后灰度将会减少直至趋于 0 为止，若把灰度值急速下降且趋于零的位置设定为阈值，这时对应图片中表示为此处为故障与图片信息分界点像素。根据算法原理，当灰度大于该处阈值时像素将保留并将此处置为 1，当灰度小于该处阈值时将舍弃此处像素并置为 0，这样就获得一个二值图像，1 在图片上显示为白色，而 0 在图片上显示为黑色。

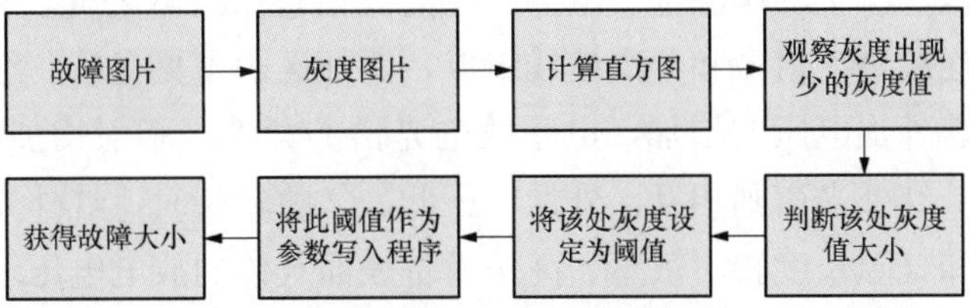

图 6-7　传统阈值处理流程图

阈值法是根据直方图中的灰度分布，选择合适的阈值对图像进行处理。图像经过处理后变成灰度图，图像大小没有变化，但是原来一个位置由三个数值决定的像素 R（red）、G（green）、B（blue）变为由一个数值确定，将这个数值定义为灰度值，且大小为 0～255。其中 0 为白色，从 0 到 255 逐渐从黑到灰，最后变成白。通过直方图统计出 0～255 中各个灰度值出现的次数。通过直方图可以很直观地看到图像中灰度的分布，利用灰度的分布判断故障与背景的区分灰度值，称为阈值。阈值法就是找出这个区分灰度值，当图像的灰度值大于选择的阈值时，图像元素保留或置为 1；当图像的灰度值小于选择的阈值时，图像元素丢失即置为 0。用数学关系表示为

$$H(u,v)=\begin{cases}0, D(u,v)\leqslant D_0\\1, D(u,v)>D_0\end{cases} \tag{6-1}$$

式中：$H(u, v)$ 为处理后二值图像中点 (u, v) 的灰度值；$D(u, v)$ 为处理前 (u, v) 的灰度值；D_0 为选择的阈值。

传统阈值处理方法耗时耗力，现在已发展为无须人工干预的自动阈值算法，通过分析绝缘子故障图片，一般故障具有信息小而背景信息量大的特点，结合阈值法的原理实现由算法自主选择阈值，就能做到不用人工设定阈值也能得出直观且利于存储的故障信息图片。基于图像处理的绝缘子红外监测故障诊断流程如图 6-8 所示。

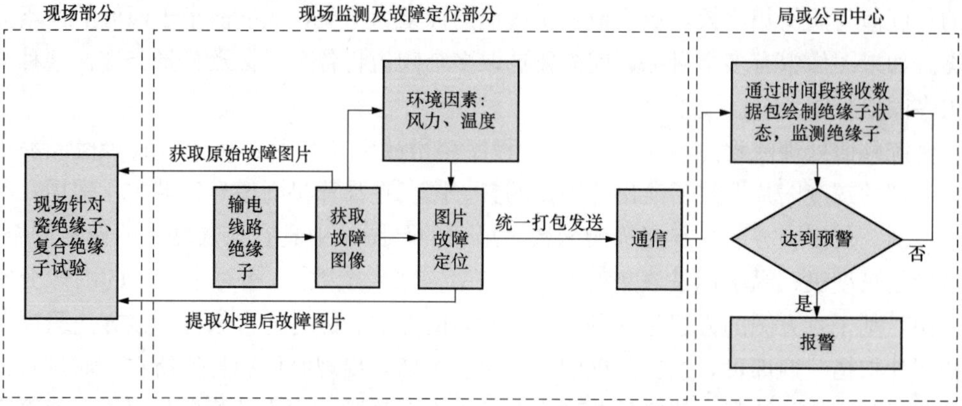

图 6-8　基于图像处理的绝缘子红外监测故障诊断流程

6.3.5　绝缘子的紫外监测技术

高压设备电离放电时，由于电场强度的不同，会产生电晕、电弧或闪络。电离过程中，空气中的电子不断获得和释放能量。当电子释放能量（即放电）时，会辐射出光波和声波，还有臭氧、微量的硝酸等。电晕放电的光谱包括近紫外光、可见光、红外光 3 个谱段，光谱由连续谱、谱带和分离谱线组成，紫外区、可见光区、红外区的辐射具有不同的特征。随着外加电压的增加，电晕放电光谱的紫外区辐射增加，当气隙变长时，紫外光辐射减弱。红外光谱则相反，外加电压低、气隙较长时，红外光谱较强。可见光区域对外加电压和气隙长度较不敏感。高压设备表面气体的放电电压较高，通过比较紫外区、可见光区、红外区的辐射特征可以发现，对于高压绝缘子的在线监测，紫外光作为监测信号比可见光和红外光有其独特优势。

高压设备放电产生的紫外光大部分波长在 280～400nm 区域内，也有小部分波长小于 280nm。太阳光中也含有紫外光，但波长小于 300nm 的紫外光几乎全部被大气层中的臭氧所吸收，通过大气层的只有波长在 300～400nm 的紫外光，波长低于 300nm 的紫外光称为日盲区。因此，利用工作波长为 185～260nm 的紫外传感器，接收绝缘子放电时产生的日盲区紫外脉冲，可去除可见光的干扰，反映绝缘子的真实放电情况。

紫外脉冲污秽监测方法的实质是监测绝缘子表面空气中日盲区紫外放电脉冲的变化。污秽绝缘子在湿润状态下放电强度会明显增加，且放电强度受积污程度、污秽性质和污层湿润情况影响。绝缘子表面污秽的积累是一个渐变的过程，且同一杆塔不同相之间，绝缘子串的污秽情况相似。污秽积累引起的紫外放电强度的增加与环境温度和湿度相关。在大雾和毛毛雨的天气情况下，绝缘子表面污层湿润后，其表面电导率增加，泄漏电流增大，紫外放电强度增强。但天气晴朗时，由于绝缘子表面污层电阻增大，泄漏电流减小，紫外放电强度又回归到较弱的水平。当绝缘子串中存在劣质绝缘子时，绝缘子串的电压分布不均匀，也会出现紫外放电脉冲，但此时的紫外放电强度将始终保持在较高的水平。通过分析紫外放电脉冲与气象条件的关系，比较不同相绝缘子串之间紫外放电脉冲的差异，可辨别污秽绝缘子和劣质绝缘子。

基于紫外脉冲的绝缘子污秽状态评估，是通过采集规定时间内的日盲区紫外脉冲数、温度、湿度，结合环境条件、污区类型等反映绝缘子污秽发展状态的参数，利用综合评判或者模糊诊断方法建立评估模型，通过计算获得绝缘子的污秽状态。图 6-9 描述了紫外监测仪工作原理，利用电气设备电晕放电时产生紫外光，通过紫外成像仪选取日光盲区的紫外光信号，经过处理后成像并与物体的可见光图像合成。从而能够直观、方便地在架空线上及导体外露式变电站内监测到电晕及火花。该装置有一组日盲滤光片，它完全阻止所有盲区（240～280nm）波段，这样就排除在此波段以外的紫外光、可见光及到达地球的近红外光带来的影响，在此波段内监测到的信号必定是来自“非阳光”的紫外光源，如火焰及放电火花等。

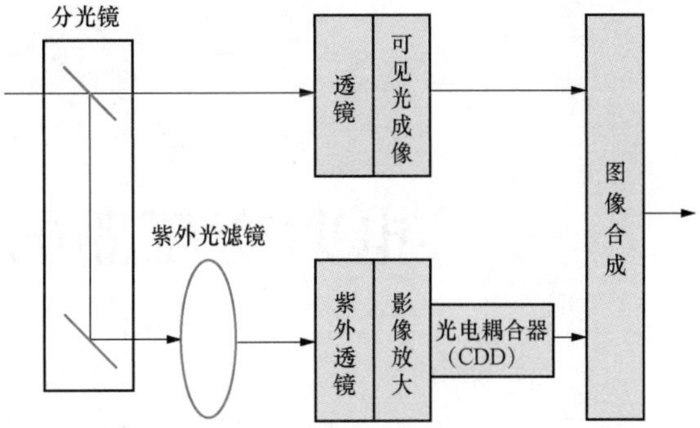

图 6-9　紫外监测仪原理示意图

6.3.6　绝缘子的激光振动监测技术

近十几年来，国外已开始将激光技术用于对已开裂绝缘子的遥测，如英国 CERL 研究过用激光多普勒振动仪的方法来监测绝缘子表面的微小振动。日本研制出一种用超声源引起绝缘子的振动，然后再用激光来监测的方法。

因为从振动的频谱来看，已开裂的绝缘子的中心频率与正常时不同。如将超声波发生器所产生的超声波用抛物形反射镜对准被测绝缘子激起绝缘子的微小振动，然后将激光对准此被测绝缘子，根据反射回来的信号的频谱分析，即可判定该绝缘子是否已开裂。图 6-10 为反射回的信号的频谱分析，已开裂绝缘子的频谱已产生了明显变化。目前已有可能在现场用此法对 50m 以内的绝缘子实现遥测。

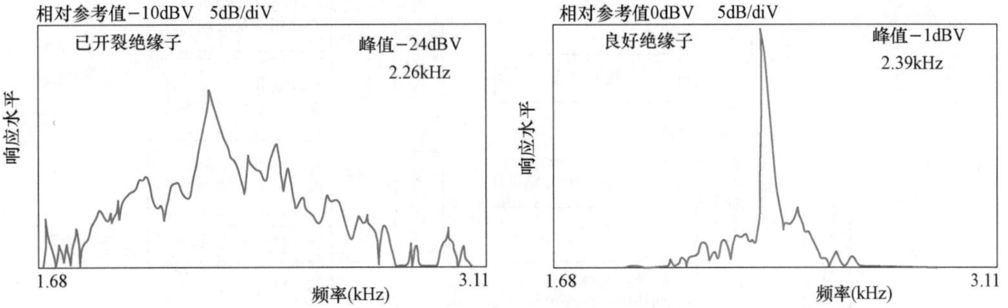

图 6-10　已开裂和良好绝缘子的频谱图

思考题

1. 试述绝缘子串的等效电路和电压分布规律。
2. 绝缘子污秽度和污闪监测的基本原理是什么？
3. 绝缘子红外和紫外监测的原理是什么？

7

电力变压器的在线监测

7.1 概　　述

电力变压器分为升压变压器、降压变压器、配电变压器、联络变压器（联络几个不同电压等级电网用）和厂用电变压器（供发电厂自用）等。它们还可以按绕组数、相数、冷却方式、绕组结构、铁芯结构、防潮方式以及调压方式等分类。

中国现在采用的额定容量登记基本上是按$\sqrt[10]{10}=1.259$的倍数增加的，即所谓R_{10}容量系列，具体容量等级为10、20、30、…、630、800、…、6300、8000kAV…通常将容量630kVA及以下的变压器统称为小型变压器，800～6300kVA的变压器统称为中型变压器，8000～63 000kVA的变压器统称为大型变压器，90 000kVA及以上的变压器统称为特大型变压器。

变压器的冷却方式有空气冷却、油冷和水冷等，包括自然冷却和强迫冷却。目前广泛采用的油浸变压器，其中绝缘油起着绝缘和散热的双重作用，每台油浸变压器都要使用大量油、纸等绝缘材料。

变压器的绝缘结构分为内绝缘、外绝缘，如图7-1所示。

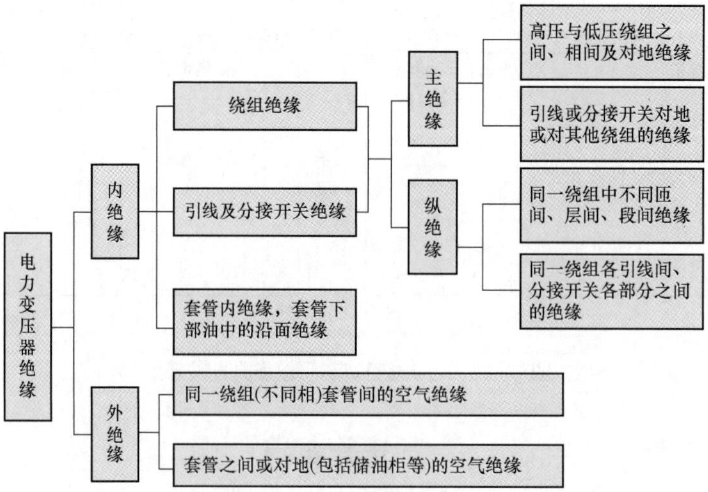

图7-1　变压器绝缘分类

内绝缘是处于油箱中的各部分绝缘，包括绕组绝缘、引线及分接开关绝缘，这些绝缘是油、固体绝缘材料以及二者的组合。外绝缘是空气绝缘，是指套管上部对地以及彼此之间的绝缘间隙。

内绝缘又可分为主绝缘和纵绝缘两种。主绝缘是指绕组（或引线）对地、对异相或同相其他绕组（或引线）之间的绝缘；纵绝缘是指同一绕组上各点之间或其相应引线之间的绝缘。主绝缘由变压器的 1min 工频耐压和冲击耐压所决定，纵绝缘由变压器的冲击耐压所决定。

当变压器绕组有电流流过时，电流与漏磁通的相互作用产生电磁力。正常情况下，这些电磁力不大。当发生短路时，由于变压器短路电流可能达到额定电流的 20～30 倍，因而绕组短路电磁力有可能达到正常时的几百到近千倍。如果绕组固定不结实或者绝缘材料已经老化，就有可能导致绕组变形、松散等，造成事故。

变压器油浸或纸板等都属于 A 级绝缘材料（最高允许工作温度为 105℃）。在额定负载下运行时，其油面允许的温升不得超过 55℃，绕组的平均温升不超过 65℃，这样变压器经常会工作在 80～100℃，长期在较高的温度作用下其将逐渐老化变脆，在 80～140℃范围内，每升高 8℃其绝缘寿命缩短约一半。

变压器油的老化、受潮以及含有杂质、气泡等将影响到电气性能，特别是在高温下，会加速绝缘油的老化；高温时绝缘纸老化变脆，当遇到短路等故障时，就可能因承受不了机械应力而使纸层断裂，导致绝缘击穿。

7.2 电力变压器的预防性试验

由于电力变压器内部绝缘结构复杂，电场、热场分布不均匀，因而事故率相对较高。因此要认真对变压器定期进行绝缘预防性试验，一般每 1～3 年进行一次停电试验。不同电压等级、不同容量、不同结构的变压器，试验项目略有不同。变压器在线监测技术主要是根据变压器的电气特性、机械特性，以及变压器绝缘老化后或劣化后的理化特性，采用局部放电、油中溶解气体分析等方法监测其运行状态。变压器油中溶解气体在线监测技术目前最为成熟，局部放电监测技术也在推广之中。鉴于变压器在电力传输中的重要性及其资产成本，近年来变压器的寿命评估技术也逐渐引起了电力系统的重视。

变压器绝缘预防性试验项目见表 7 - 1。

表 7 - 1　　变压器绝缘预防性试验项目

试验项目	运行中	大修后	必要时
油中溶解气体色谱分析	☆	△	○
绝缘油耐压试验	☆	△	○
油中含水量*	☆	△	○
油中含气量*	☆	△	○
绕组直流电阻	☆	△	○
绕组绝缘电阻、吸收比和极化指数	☆	△	○

续表

试验项目	运行中	大修后	必要时
绕组 tanδ**	☆	△	○
绕组泄漏电流	☆		○
电容型套管的 tanδ 和电容值**	☆	△	○
交流耐压试验	☆	△	○
铁芯（有外引接地线的）绝缘电阻	☆	△	○
金属固定件、铁芯、绕组压环、屏蔽等的绝缘电阻	☆	△	○
绕组所有分接的电压比		△	○
空载电流和空载损耗		△	○
短路阻抗和负载损耗		△	○
局部放电监测		△	○
套管中的电流互感器绝缘试验		△	○
阻抗监测			○
油箱表面温度分布			○

注 “☆”表示运行中试验项目；“△”表示大修后进行；“○”表示必要时进行。

* 适用于 1.6MVA 以上的 330kV 以上的油浸变压器。

** 适用于 1.6MVA 以下的 35kV 以上的变电站用变压器。

7.3 变压器油中溶解气体的在线监测

变压器油中溶解气体离线色谱分析的基本做法是在现场从变压器中提取试油样，将试油样送到化学分析实验室，用色谱仪进行分析和检测，试验环节较多，操作手续较繁，检测周期较长，而且难以发现类似匝间绝缘缺陷等故障。因而国内外都致力于在线监测装置的研制，以实现连续监测，及时发现故障。在线监测中目前推广使用较多的是可以同时监测多种气体［4 种烃类气体、一氧化碳（CO）、二氧化碳（CO_2）、氢气（H_2）、微水］的装置，也有单独监测 H_2 和微水含量的在线监测装置。

实现变压器油中溶解气体在线监测的关键是在现场如何简便地从油中脱出气体，以及如何方便地监测出各气体含量。依据测试原理的不同，目前油中溶解气体在线监测的主要方法有气相色谱法和光声光谱法两类。

7.3.1 现场油气分离技术

1. 高分子膜脱气法

用于在线监测的高分子油气分离膜有如下性能要求：能渗透氢气（H_2）、一氧化碳（CO）、二氧化碳（CO_2）、甲烷（CH_4）、乙烷（C_2H_6）、乙炔（C_2H_2）、乙烯（C_2H_4）7 种气体，而且渗透速度快；有良好的化学稳定性，耐油、耐一定程度的高温（80℃）；具有一定的机械强度，在运行中不发生蠕动变形和破损，使用寿命长。

聚四氟乙烯耐磨、耐油，甚至在－100℃的低温下聚四氟乙烯膜仍有柔韧性，素有

“塑料王”之称。这种膜连续耐热温度可达260℃，拉伸强度达140～250kg/cm²，压缩强度达120kg/cm²，可用于在线监测。但常规的聚四氟乙烯膜仅对H_2渗透性较好，为了提高膜对其他气体的渗透能力，在加工过程中，在膜上形成了许多微孔，孔径大小适合油中气体分子通过而油分子不能通过，膜的渗透性能得到改善。

高分子膜透气的速率如图7-2所示，图中未标注CO_2的透气曲线，P_r为透气饱和度，t为透气时间。从图7-2中可知，常规的聚四氟乙烯膜需要约72h才能达到气体平衡，而带微孔的聚四氟乙烯膜仅需24h即可保证气体达到平衡。

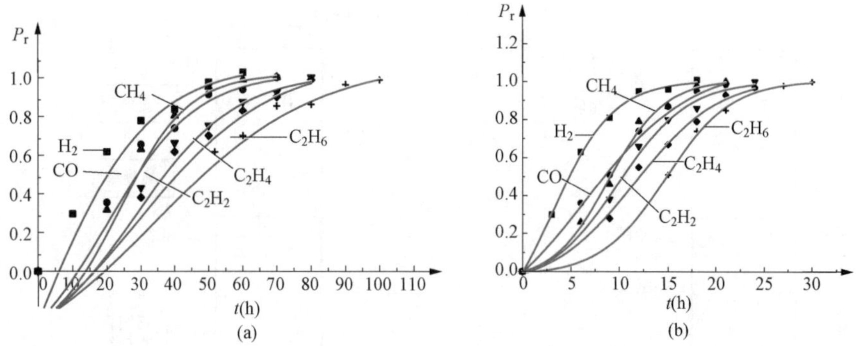

图7-2 高分子膜透气速率曲线

(a) 常规聚四氟乙烯膜（厚主0.18mm）；(b) 带微孔聚四氟乙烯膜（厚度0.18mm）

在试验中发现，微孔孔径越大，膜强度越低，但当孔径小于10μm时，带微孔聚四氟乙烯膜的强度与常规聚四氟乙烯膜基本相同。此外，孔径的大小影响了膜对气体的渗透性能，孔径越大，气体的渗透速度越快。在一定范围（孔径小于10μm）内，渗透时间随孔径增大而减少，而超过此范围就趋于饱和。

综合考虑，膜微孔的最佳孔径为8～10μm（空隙率约为20%），可以同时满足渗透时间和强度的要求。

2. 真空脱气法

根据产生真空的方式不同，真空脱气法又可以分为波纹管法、真空泵脱气法和油中吹气法等。

波纹管法是利用小型电动机带动波纹管反复压缩，多次抽真空，将油中溶解气体抽出来，废油仍回到变压器中。由于积存在波纹管空隙里的残油很难完全排出，将污染下一次检测时的油样，不能真实地测出油中溶解气体组分含量及其变化趋势，特别是对含量低、在油中溶解度大的C_2H_2，残油中C_2H_2的影响就更显著。

真空泵脱气法是利用常规离线色谱分析中的抽真空脱气原理，用真空泵抽空气来抽取油中溶解气体，废油仍回到变压器油箱，也可以实现变压器油中溶解气体的在线监测。

油中吹气法是采用不同的吹气方式，将溶于油中的气体替换出来，使油面上某种气体的浓度与油中该气体的浓度逐渐达到平衡状态，即

$$v = \frac{C}{K}$$

式中：υ 为油中该气体成分的浓度，μL/L；C 为达平衡后油面上该气体的浓度，μL/L；K 为脱气装置的脱气率。

当吹气结束后，再将油面上的气体送入检测单元，如图 7-3 所示。

3. 动态顶空脱气法

类似于油中吹气脱气法，动态顶空脱气是用流动的气体将样品中的挥发性成分“吹扫”出来，再用一个捕集器将吹出来的物质吸附下来，然后送入检测单元进行分析，通常称为吹扫-捕集脱气，如图 7-4 所示。

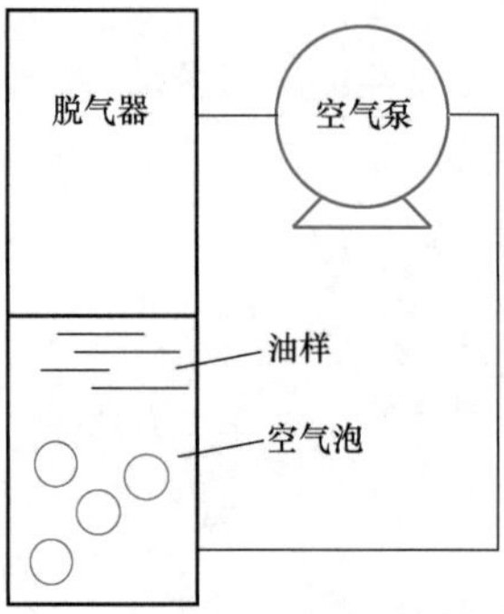

图 7-3　油中吹气法脱气示意图

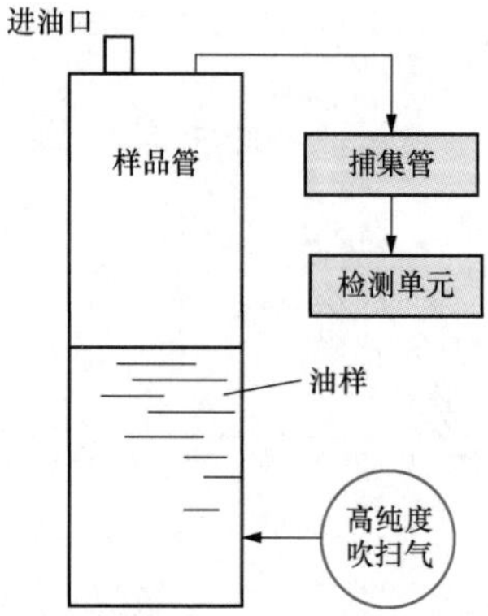

图 7-4　吹扫—捕集法脱气示意图

吹扫一捕集脱气装置都必须采用高纯度惰性气体作为吹扫气，将其通入样品溶液鼓泡。在持续的气流吹扫下，样品中的挥发性组分随吹扫气逸出，并通过一个装有吸附剂的捕集装置进行浓缩。在一定的吹扫时间之后，待测组分全部或定量地进入捕集器。此时，关闭吹扫气，由切换阀将捕集器接入气体检测单元的开气气路，同时快速加热捕集的样品组分随载气进入色谱柱分离并由检测单元分析。

4. 振荡脱气法

振荡脱气法或超声波脱气法，是通过机械振荡方法实现油气分离。振荡脱气就是在一个容器里，加入一定量的含有气体油样，在一定的温度下，经过充分振荡，油中溶解的各种气体必然会在气、油两相间建立动态平衡，分析气相组分的含量，根据道尔顿-亨利定律就可计算出油中原来气体的浓度。

振荡温度为 50℃时，油中原来气体浓度计算公式为

$$C_{iL}=0.929C_{ig}\left(K_i+\frac{V_g}{V_L}\right) \tag{7-1}$$

式中：C_{iL}为油中 i 组分的浓度，10^{-6}；C_{ig}为振荡平衡时，气相 i 组分的浓度，10^{-6}；V_g 为振荡平衡时气相体积，mL；V_L 为振荡平衡时液相体积，mL；K_i 为 i 组分溶解度系数。

油、气建立动态平衡后，根据道尔顿-亨利定律，其组分气体在油中浓度 C'_{iL}与该组分在油面的气体分压 P_i 成正比，即

$$C'_{iL}=K_iP_i \tag{7-2}$$

气体分压 P_i 与油面气体总压 P、气体浓度 C_{ig} 关系是

$$P_i = PC_{ig} \tag{7-3}$$

因此

$$C'_{iL} = K_i PC_{ig} \tag{7-4}$$

当 $P=1$ 时

$$C'_{iL} = K_i C_i \tag{7-5}$$

同时，原来油中 i 组分气体的含量，等于振荡平衡后该气体尚留在油中的含量，加上振荡后气相中该气体的含量，即

$$C''_{iL} V_L = C'_{iL} V_L + C_{ig} V_g \tag{7-6}$$

式中：C''_{iL} 为原来油中 i 组分气体的浓度。

将式（7-5）代入式（7-6）整理后得

$$C''_{iL} = C_{ig}\left(K_i + \frac{V_g}{V_L}\right) \tag{7-7}$$

考虑到油温对油样体积的影响，应乘以一修正系数。在 50℃油温时，修正系数约为 0.929，即式（7-1）。

超声波脱气法是采用超声波装置，使气液两相迅速达到平衡。一般超声波的产生方法采用压电法，即利用电声换能器，对压电晶体的逆压电效应，通过施加交变电压，使之发生交替的压缩和拉伸而引起振动，当振动的频率与所加交变电压相同时，使所加频率在超声波的频率范围内（即大于 20kHz），则产生超声频的振动，因而波长很短，可定向直线传播。超声波在介质中所引起的介质微粒振动，即使振幅极小，也足可使介质微粒间产生很大的相互作用力。

绝缘油在正常状态下，均会存在些微小气泡，称为绝缘油的空穴现象。在超声波的作用下，气体空穴出现了空化作用，有空气或其他溶解气体存在时，实际上是除气过程。试验证明，液体在超声波作用下的空化现象与液体的沸腾现象相似，空化阈值（使液体空化的最低声强或最低声压幅值）和液体的沸点又有一定的关系。油内微气泡越小，产生内压越大；液体中含气越少，空化阈值越高；频率越高，空化阈值也就越高。这就是超声波脱气法的理论基础。

超声波脱气法是在一密闭容器内，加入一定量含有气体的油样，在常温常压下，置放于超声波换能器上方金属容器内。通电后加压，产生一定功率的超声振动频率，在超声波的作用下，油中溶解的各种气体微小气泡经超声波振动的空化作用，即迅速增大并向上浮升，在油、气两相间重新分配并达到新的平衡。由于油中溶解的各种气体，在一定温度下符合亨利定律，即油中溶解的各种气体的溶解度与该组分在油面上的分压成正比。又根据道尔顿分压定律：油面上的气体的分压力等于其总压力乘以该气体的摩尔数。

超声波脱气法操作时，频率选择 35kHz。因为只能在极低功率下操作，一般选功率 5W、电压 30V 以下，这也为超声波脱气仪器向小型化发展并与在线色谱仪配套创造了条件。脱气时间 5～10min 基本可以满足脱气要求。

几种现场油气分离技术的优缺点对比见表 7-2。

表 7-2　　几种现场油气分离技术优缺点对比

脱气技术	优点	缺点
高分子膜脱气法	结构简单	脱气率低，监测周期产长
真空脱气法	脱气率高，监测周期短	需取油样，有循环管道，结构复杂
动态顶空脱气法	脱气率高，监测周期短	需取油样，有循环管道，结构复杂
振荡脱气法	脱气率高，监测周期短	需取油样和循环管道

7.3.2　变压器油中气体的色谱监测技术

当气体从油中分离出来后，在现场对其定量监测的方法有两大类：一类仍用色谱柱将不同气体分离开；另一类不用色谱柱，而改用仅对某种气体敏感的传感器进行监测。后者易于制成可携带型设备。实际使用中，比较成熟的是监测 H_2 含量或可燃气体总量（TCG）的仪器，不仅可直接安装在变压器上做连续监测，也可制成轻便的可携带型设备。因为无论是过热型或放电型故障，油中 H_2 含量或 TCG 都将增长，监测油中溶解气体里的 H_2 含量或 TCG，有助于更灵敏地发现故障。

1. 变压器油中 H_2 的在线监测

不论是放电性故障还是过热性故障都会产生 H_2，由于输出 H_2 需克服的键能最低，所以最容易生成。换句话说，H_2 既是各种形式故障中最先产生的气体，也是电力变压器内部气体各组成中最早发生变化的气体，所以若能找到一种对 H_2 有一定的灵敏度、又有较好稳定性的敏感元件，在电力变压器运行中监测油中 H_2 含量的变化，及时预报，便能捕捉到早期故障。

一种早期的方法是将监测装置的气室安装在热虹吸器与本体连接的管路上，在这段管路上增加一段过渡管，并与监测单元相连接。如图 7-5 所示，是一种微机控制的利用气体敏感半导体元件来监测油中 H_2 含量。

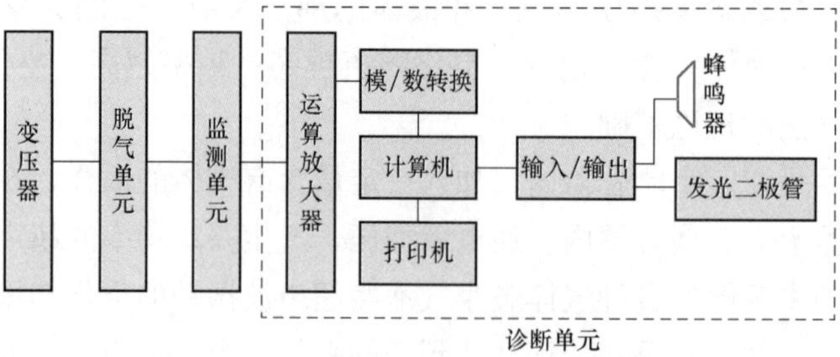

图 7-5　油中 H_2 含量监测仪原理框图

脱气单元主要采用聚四氟乙烯透膜，安装在变压器侧面；监测单元包括气室和氢敏元件；诊断单元包括信号处理、报警和打印等功能。

目前常用的氢敏元件有燃料电池或半导体氢敏元件。燃料电池是由电解液隔开的两个电极所组成，由于电化学反应，H_2 在一个电极上被氧化，而 O_2 则在另一个电极上形成。电化学反应所产生的电流正比于 H_2 的体积浓度（μL/L）。半导体氢敏元件也有多种，例如采用开路电压随含量而变化的钯栅极场效应管，或用电导随氢含量变化的以 SnO_2 为主体的烧结型半导体。半导体氢敏元件造价较低，但准确度往往还不够理想。

不仅油中气体的溶解度与温度有关，在用薄膜作为渗透材料时，渗透过来的气体也与温度有关。因此进行在线监测时，宜取相近温度下的读数来做相对比较，或在系统考虑到温度补偿。测得的 H_2 浓度，一般在每天凌晨时测值处于谷底，而在中午时接近高峰。

2. 变压器油中多种气体的色谱在线监测

监测油中的 H_2 可以诊断变压器故障，但不能判断故障的类型。诊断变压器故障及故障性质，可对油中气体进行色谱在线监测，系统结构如图 7-6 所示。

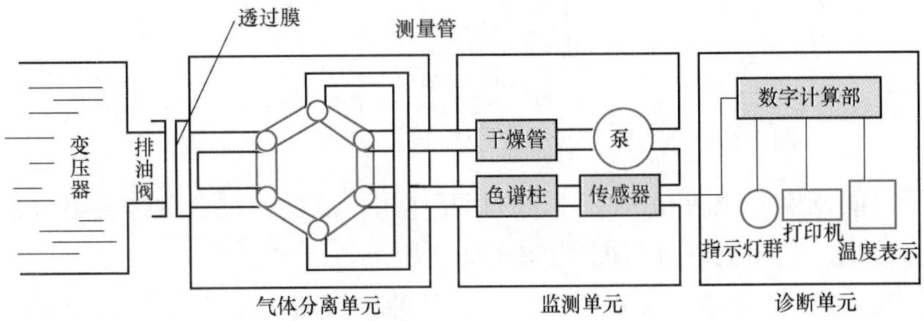

图 7-6　变压器油中气体色谱在线监测系统结构图

气体分离单元包括不渗透油而只渗透气体成分的高分子聚合物膜（也可以采用其他的几种油气分离技术）、集存渗透气体的测量管、装在变压器本体排油阀上改变气流通过的六通控制阀，排油阀通常在打开位置。当渗透时间相当长时，则渗透气体浓度与油中气体浓度成正比。监测单元通过一直通管与气体分离单元相连，油中渗透出来的混合气体经色谱柱分离后，依次经过传感器，则得到各种气体的含量。诊断单元包括信号处理、浓度分析和结果输出等功能。

电力变压器油中气体色谱在线监测系统原理框图如图 7-7 所示。油气分离单元中的透气膜将绝缘油中溶解的特征气体分离出来，经过混合气体分离单元（色谱柱）后，成为各个单个组分的气体，再进入气敏监测单元（内有传感器），传感器输出分别代表各种气体浓度的电信号，经模/数转换后送入终端计算机，终端计算机将数据通过远距离数字通信，传至主控计算机。主控计算机的功能包括定时开机、人机交互、数据接收及处理、故障诊断、设备数据库等。

（1）色谱柱分离技术。色谱监测主要原理：被分析物质在不同的两相之间具有不同的分配系数，当两相做相对运动时，被分析物质在两相做反复多次的分配，以使那些分配系数只有微小差异的组分产生相当大的分离效率，从而使不同组分得到完全分离。实际中的一个相固定不动，称为固定相；另一个则均匀移动，称为移动相。

分离的功能由色谱柱完成，它常以玻璃管、不锈钢管或铜管组成，内部填充固定相。固定相常是一些固体填充剂，它对气体有“吸附”和“解吸”作用。待测气体在载气的推动下注入色谱柱。载气的气体可为氩、氮等，又称为移动相。移动相为气体的色谱分析称为气相色谱分析。当待测的混合气体被流动相携带通过色谱柱时，气体分子和

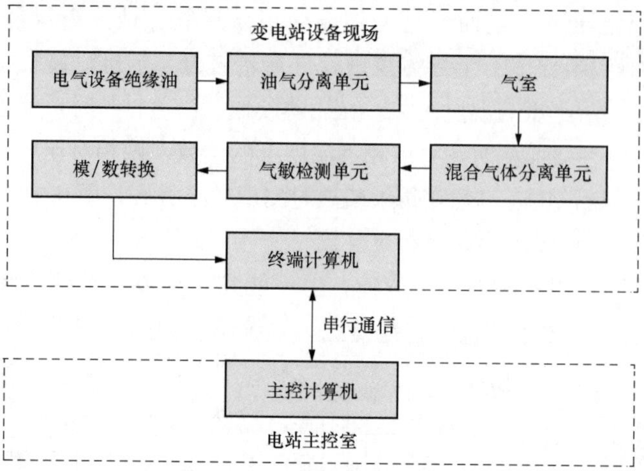

图 7-7　电力变压器油中气体色谱在线监测系统原理框图

固定相分子之间发生“吸附和解吸”等的相互作用，从而使混合气体各组分的分子在两相之间进行分配。气相色谱分析原理如图 7-8 所示。

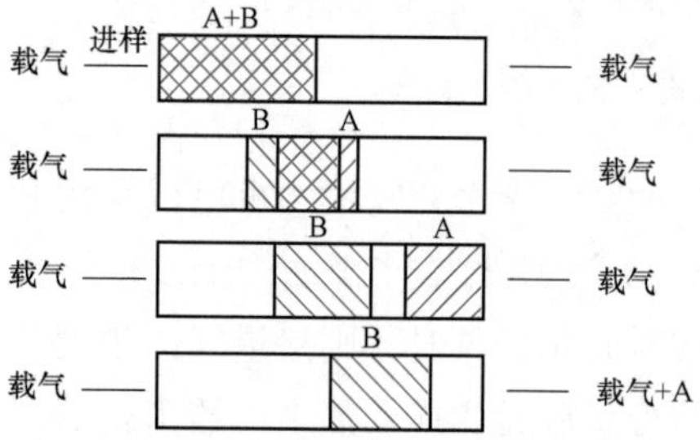

图 7-8　气相色谱分析原理

从油中渗透的是 7 种特征气体的混合气体，必须把它们分离出来。常规用于监测分离混合气体的色谱柱一般由两根色谱柱组成，每根色谱柱分别负责分离 2～3 种气体，这种色谱柱受温度影响很大，不适合在线监测系统。采用一种适合油色谱在线监测的复合色谱柱可满足要求。这种复合色谱柱采用氧化铝和一种化学填料（Propark N）复合充填，柱长 6m，能够在 14min 内对从变压器油中分离出来的混合气体进行稳定、高效的分离，而且基本不受温度变化的影响。温度对试验结果的影响见表 7-3 和表 7-4。

表 7-3　温度对气体出峰时间的影响　（单位：min）

温度（℃）	H_2	CO	CH_4	C_2H_6	C_2H_4	C_2H_2
−10	1.05	1.44	1.95	11.21	6.98	8.73
40	0.92	1.10	1.48	10.94	6.41	8.31

表 7-4　温度对气体浓度的影响　（单位：μL/L）

温度（℃）	H_2	CO	CH_4	C_2H_6	C_2H_4	C_2H_2
−10	287	449	52.3	49.3	53.3	50.9
40	298	456	51.9	51.3	54.1	48.6

当柱前压力为 0.2MPa 时，色谱柱分离效果如图 7-9 所示，总分离时间约 14min。

（2）气敏传感器技术。由于监测的气体是先用透气膜分析出变压器油中的 7 种气体，然后用色谱柱对 6 种气体再分离，所以要求传感器对 6 种特征的气体灵敏度都较高，而对选择性的要求就相对较低。采用热线型半导体传感器的结构，是将加催化剂的 SnO_2 覆盖在铂丝上，烧结成半导体敏感膜，铂丝用作加热，又与半导体敏感膜连在一起，这两个电阻并联作为测量元件。气敏半导体的特点是体积小、功耗低、敏感材料活性高，可满足在线色谱监测的要求。但是气敏半导体传感器的稳定性和耐久性较差，要定期校验或更换。由于 CO_2 是非可燃性气体，采用半导体传感器不能监测，另外要单独用 CO_2 传感器，故也无需色谱柱分离，因此图 7-9 没有 CO_2 的分离谱图。近年来，一些厂家研究出了类似气相色谱仪的热导监测器（TCD），称为微型热导监测器，比半导体传感器具有更好的灵敏度和稳定度。

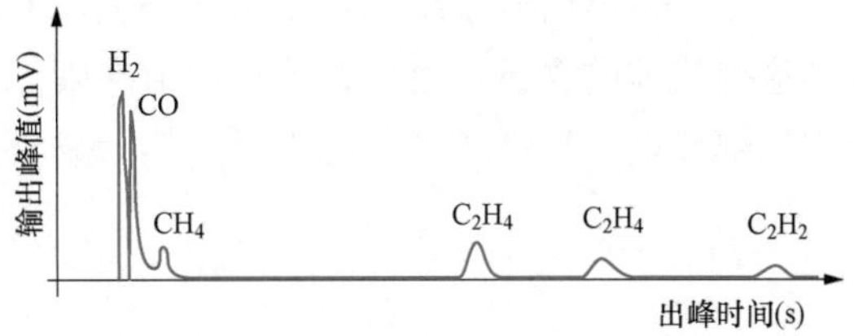

图 7-9　色谱柱分离效果图

（3）控制系统。图 7-10 为基于单片机控制的在线色谱监测终端机控制流程图。终端机以 89C51 单片机为 CPU，整个电路采用串行数据总线，以减小电路板面积。为避免通信线路数据拥挤，减少通信时间，每次监测中模/数转换得到约 8000 个数据暂存在串行快擦写 128kbit 存储器 X25F128 中，掉电后数据不丢失。终端机监测完毕后，与主机联络各终端机依次将数据上传给主机。

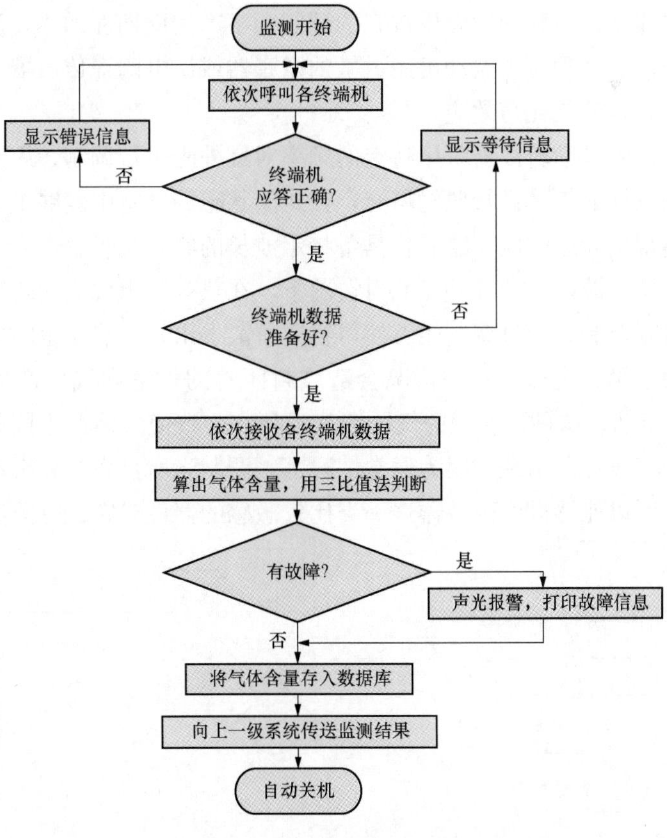

图 7-10　在线色谱监测终端机控制流程图

由在线色谱监测系统输出的 6 种气体（CO_2另外监测）色谱图例如图 7 - 11 所示。得到这些气体的含量，就可根据三比值准则，利用计算机进行故障分析，可以诊断变压器中局部放电、局部过热、绝缘纸过热等故障。

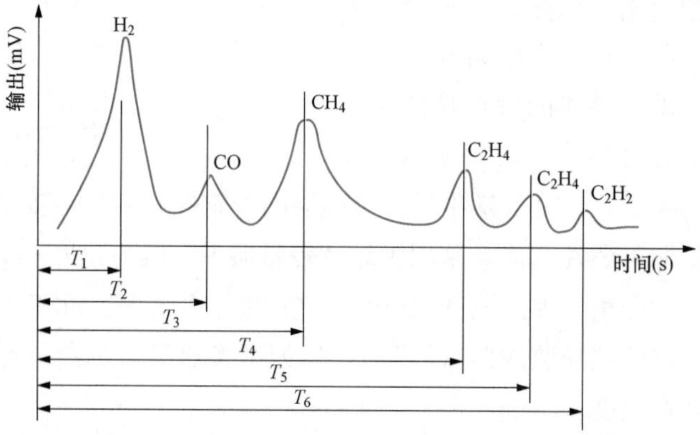

图 7 - 11　6 种气体色谱图例

7.3.3　变压器油中多种气体的光声光谱在线监测

光声光谱监测技术是以光声效应为基础的一种新型光谱分析监测技术。用一束强度可调制的单色光照射到密封于光声池中的样品上，样品吸收光能，并以释放热能的方式退激，释放的热能使样品和周围介质按光的调制频率产生周期性加热，从而导致光声产生周期性压力波动，这种压力波动可用灵敏的微音器或压电陶瓷传声器监测，并通过放大得到光声信号，这就是光声效应。

光声光谱的监测借助斩波器采用特定的频率对红外光进行调制，用调制之后的红外光对密封容器内试样的气体进行照射填充，在封闭状态的气室中能够生成和斩波器频率一样的声波，体现出光声效应。物质将具备特定波长的红外光吸收进来，进而使得热效应情况产生，在这一波段内的红外光照射情况下，在热效应出现周期化变化过程中，根据相应的频率实施调制，通过调制能够使得物质所散发出来的热量也随之产生周期化的变化，按照热力学第一定律，这一情况会造成封闭着的气室内气压产生周期化的涨与落，如图 7 - 12 所示。这种规律化的气压涨落现象，会致使气体产生同频率振动，进而使得与之相应的声波信号出现。因为通常情况下，调制光所具备的频率都被控制在一个声频范围之中，所以能够借助微音器这一类比较敏感的器件对它进行监测。

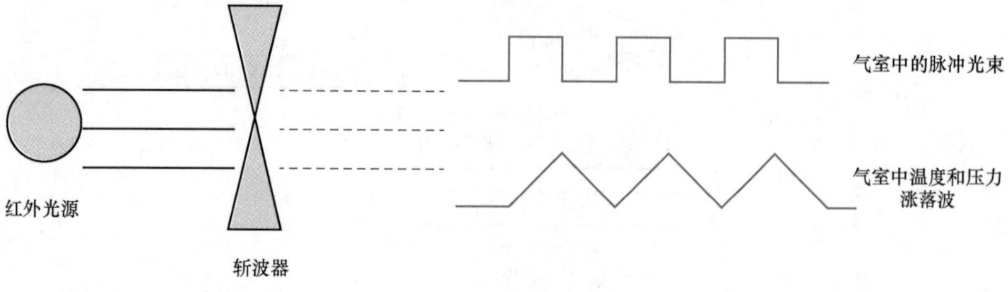

图 7 - 12　光声激发示意图

通常光声光谱的监测模块内，包含了以下几个关键构成部件：红外光源、斩波器、滤光片、微音器、光声腔、激光功率计和锁相放大器。它的工作原理为：由宽谱带红外光源将红外光发射出来，受斩波器影响红外光被转化为具备斩光调制频率、不断重复着的断续脉冲光，再经由滤光片将与被监测气体波长一样的红外光波段选择出来，向光声腔内部透射，进一步使得光声信号出现，微音器监测到这一光声信号后借助锁相放大器将噪声部分的信号过滤除去，这样就能够得到需要的信号。假如再加上数据采集卡和存储数据、输出数据的设备，就能够组成一整套完善的光声光谱监测系统，如图 7 - 13 所示。

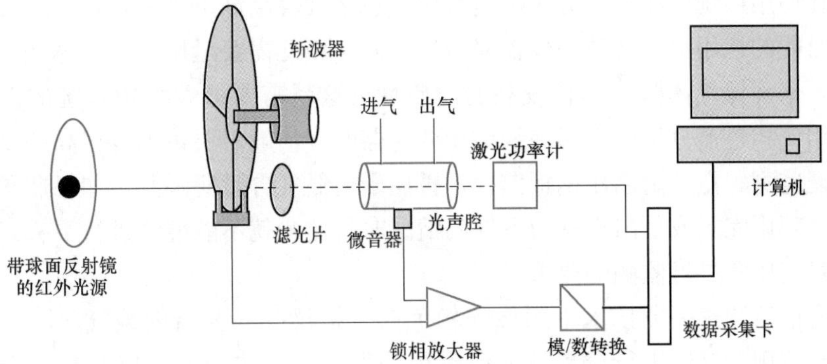

图 7 - 13　光声光谱监测原理图

在气体样品受到一个具备较宽覆盖频率的红外光源照射时，其中有部分频率红外光束会被吸收，剩下的部分光束会完全透射过样品。被吸收的光束的频率恰巧与部分气体分子的振动谐振频率相同。另外，有较多组分的气体内，红外光可以吸收多少量是由特定气体的浓度所决定的，二者之间存在正比关系。光声腔体内密封着的气体将红外光吸收，把吸收到的能量转变成为热能，然后被加热的气体就能够产生与入射红外光调制频率相同的压力波，也就是声波。这一声波信号是能够借助具备较高灵敏度的微音器监测到的。对谐振方式的光声光谱而言，它所具备的气体光源一般都有着圆柱体样的外形，并且被设计为一个声振谐管。光声腔谐振频率对红外光源产生调制，致使声信号得到更进一步的放大和增强。

光声信号与受到监测气体组成浓度间存在的关系式，在光源调制频率较高的情况下意义更大。这是因为在调制频率十分低的情况下，光信号的强度和气体的浓度间出现了非线性关系，此时比较低的调制频率会导致低频噪声产生，并造成很大影响，导致监测误差变大。同时，光源以及光声信号间的强度存在着正比关系，这并不表示能够一直提升光源强度，在这一强度被提升至一定数值以后，气体吸收光会出现饱和情况，之后如果光源强度进一步上升，信号幅度也不会再跟着它一起提升，反而会出现下降。

每一个组分的气体都有与它相对应的吸收特征波长和红外吸收谱图，混合气体每一个组成气体的浓度都不同，与这些气体浓度相应的光声信号强度也会不一样，因为不一样的气体具备不一样的吸收截面。就算气体是同一种，受到不一样谱线的影响，吸收截面也会产生差异，而且这一截面还和环境温度、压强系列因素有关系。

在采用光声光谱对某个特定气体进行监测时，先要分析这一气体，判断它在什么条件下能被激发确定下来，确定与之相应的红外辐射的频谱范围。因为于分子内原子间存在不一样的化学键，每一类化学键都有与它相对应的唯一光谱，在分子结构不同的情况下，与之相应的光谱波长也存在区别。运用光声光谱实施监测，借助相应的仪器能够监测变压器油中包含的气体，其优点是具有较快的监测速度，较高的测量准确度，较好的重复性，并且不用耗费载气。

一般在使用传统气相色谱分析的过程中，色谱柱会渐渐出现变化，并且会出现老化情况，长时间的运用势必会致使仪器稳定性下降。因此需要运用标准气体按一定的周期校准仪器，来确保气体监测具备较高的准确性，这就需要加大维护系统的次数与工作量。在运用气相色谱分析的方法在线监测变压器时，一般需要将纯度很高的氮气当成载体气源实现监测，氮气由高压钢板储存，被瓶子内氮气含量所限制，如果瓶子中纯度较高的氮气全部用完了或是出现压力不够的情况时，监测就不能继续进行下去，这就很难满足连续对变压器进行监测的要求。

光声光谱监测这一类技术不用像气相色谱分析仪一样要借助载气，不需要消耗气体，而且也不用对气体进行分离就能够直接获得混合气体的成分以及每一个成分的含量。光声光谱监测的仪器具备较高的稳定性，可以长时间使用，在实施监测前不用实施标定和校准。与其他的传感器相比，这一类监测仪器稳定性很高，这就提升了在线监测的可维护性。而且光声池都没有较大的体积，监测的过程中不用收集很多气体样本，这也使得油气分离效率得到很大提升。

7.3.4 变压器油中溶解气体的故障诊断

1. 变压器内气体产生及故障判断

变压器在发生故障前，在电、热效应的作用下，其内部会析出多种气体。气相色谱分析法通过定性、定量分析溶于变压器油中的气体，分析变压器的潜伏性故障。导致变压器内部析出气体的主要原因为局部过热、局部放电和电弧等。变压器运行中的这些异常现象都会引起变压器油和固体绝缘的裂解，从而产生气体，主要有氢气、烃类气体(甲烷、乙烷、乙烯、乙炔、丙烷、丙烯等)、一氧化碳、二氧化碳等，见表 7-5。

表 7-5　各种故障下油和绝缘材料产生的主要气体成分

气体成分	油			油和绝缘材料		
	强烈过热	电弧放电	局部放电	强烈过热	电弧放电	局部放电
氢气 H_2	☆	☆	☆	☆	☆	☆
甲烷 CH_4	☆	△	☆	☆	△	☆
乙烷 C_2H_6	△			△		
乙烯 C_2H_4	☆	△		☆	△	
乙炔 C_2H_2		☆			☆	

续表

气体成分	油			油和绝缘材料		
	强烈过热	电弧放电	局部放电	强烈过热	电弧放电	局部放电
丙烷 C_3H_8	△			△		
丙烯 C_3H_6	☆			☆		
一氧化碳 CO				☆	☆	△
二氧化碳 CO_2				☆	△	△

注 “☆”表示产生的主要气体，“△”表示产生的次要气体。

DL/T 596—1996《电气设备预防性试验规程》对变压器油中溶解的气体含量进行了规定，只要其中任何一项超过标准规定，则应引起注意，应查明气体产生的原因，或进行连续监测，对其内部是否存在故障或故障的严重性及其发展趋势做出评估。变压器中溶解气体含量标准见表 7 - 6。

表 7 - 6　　变压器油中溶解气体含量标准

气体成分	总烃（CH_4、C_2H_6、C_2H_4、C_2H_2）	C_2H_2	H_2
气体含量（10^{-6}）	150	5	150

注 500kV 变压器 C_2H_2 含量的注意值为 1×10^{-6}。

评价变压器油中气体含量变化情况的简单方法是用绝对产气速率和相对产气速率，若 C_1 和 C_2 分别表示第一次取样和第二次取样测得的油中某气体的含量（10^{-6}），Δt 表示取样间隔中的实际运行时间，G 为变压器总油量（t），d 表示油的密度（t/m^3），则绝对产气速率为

$$v_a = \frac{C_2 - C_1}{\Delta t} \times \frac{G}{d} \tag{7 - 8}$$

相对产气速率为

$$v_r = \frac{C_2 - C_1}{C_1} \times \frac{1}{\Delta t} \times 100\% \tag{7 - 9}$$

DL/T 596—1996 规定，烃类气体总的产气速率大于 0.25mL/h（开放式）和 0.5mL/h（密封式）时，或相对产气速率大于 10%/min 时，可判断为变压器内部存在异常。

变压器纤维绝缘材料在高温下分解产生的气体主要是 CO、CO_2，而碳氢化合物很少。当油纸绝缘遇电弧作用时，还会分解出更多的 C_2H_2 气体。由于 CO、CO_2 气体的测量结果分散性很大，目前还没有规定相应的标准。国产变压器油中的 CO 可参考 250×10^{-6} 为上限。

DL/T 596—1996 规定了变压器油中气体含量的劣化判定标准，可利用该标准去判定变压器油是否劣化，但不能确定故障性质和状态。

2. 三比值法及其改进方法

通过变压器油的气体含量来鉴别变压器故障，目前国际通用的方法是三比值法。所谓三比值法是用 5 种特征气体的三对比值，用不同的编码表示不同的三对比值和不同的比值范围，来判断变压器的故障性质。目前已出现四比值法和三角形法，原则上属于三

比值法的改进形式。

电气设备内油、纸绝缘故障下裂解产生气体成分的相对浓度与温度有着相互的依赖关系，选用两种溶解度和扩散系数相近的气体成分的比值作为判断故障性质的依据，可得出对故障状态较可靠的判断。三比值法的编码规则见表7-7。

表7-7　　三比值法的编码规则

特征气体的比值	按比值范围编码			说明
	$\frac{C_2H_2}{C_2H_4}$	$\frac{CH_4}{H_2}$	$\frac{C_2H_4}{C_2H_6}$	
<0.1	0	1	0	$\frac{C_2H_2}{C_2H_4}$=1～3，编码为1 $\frac{CH_4}{H_2}$=1～3，编码为2 $\frac{C_2H_4}{C_2H_6}$=1～3，编码为1
0.1～1	0	0	1	
1～3	1	2	1	
>3	2	2	2	

表7-8中给出了一个三比值法判断故障典型示例。在实际应用中，常出现不包括在范围内的编码组合，应结合必要的电气试验做出综合分析。

表7-8　　三比值法判断故障典型示例

序号	故障性质		比值范围编码			典型事例
			$\frac{C_2H_2}{C_2H_4}$	$\frac{CH_4}{H_2}$	$\frac{C_2H_4}{C_2H_6}$	
0	无故障		0	0	0	正常老化
1	局部放电	低能量密度	0	1	0	空隙中放电
2		高能量密度	1	1	0	空隙中放电并已导致固体放电
3	放电	低能量	1→2	1	1→2	油隙放电、火花放电
4		高能量	1	0	2	有续流的放电、电弧
5	过热故障	<150℃	0	0	1	绝缘导线过热
6		150～300℃	0	2	0	铁芯过热：从小热点、接触不良到形成环流，温度逐渐升高
7		300～700℃	0	2	1	
8		>700℃	0	2	2	

3. TD图判断法

当变压器内部存在高温过热和放电性故障时，绝大部分情况下$C_2H_4/C_2H_6>3$，于是可选择三比值中的其余两项构成直角坐标，CH_4/H_2作纵坐标，C_2H_2/C_2H_4作横坐标，形成T（过热）D（放电）分析判断图，如图7-14所示。

用TD图判断法可以区分变压器是过热故障还是放电故障，按其比值划分局部过热、电晕放电和电弧放电区域。该方法能迅速、正确地判断故障性质，起到监控作用。通常变压器的内部故障，除悬浮电位的放电性故障外，大多以过热状态开始，向过热Ⅱ

区或放电Ⅱ区发展，如图 7-14 中的箭头所示，而以产生过热故障或放电故障引起直接损坏而告终。放电Ⅱ区属于要严格监控并及早处理的重大隐患。当然，这并不是说在过热Ⅱ区运行就无问题，例如当 CH_4/H_2 比值趋近于 3 时，就可能出现变压器轻瓦斯保护动作，发出信号。

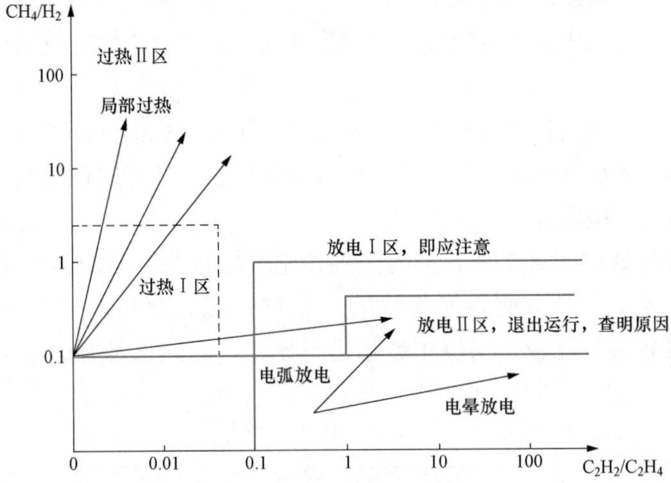

图 7-14　TD 分析判断图

基于三比值法的变压器故障诊断流程如图 7-15 所示。

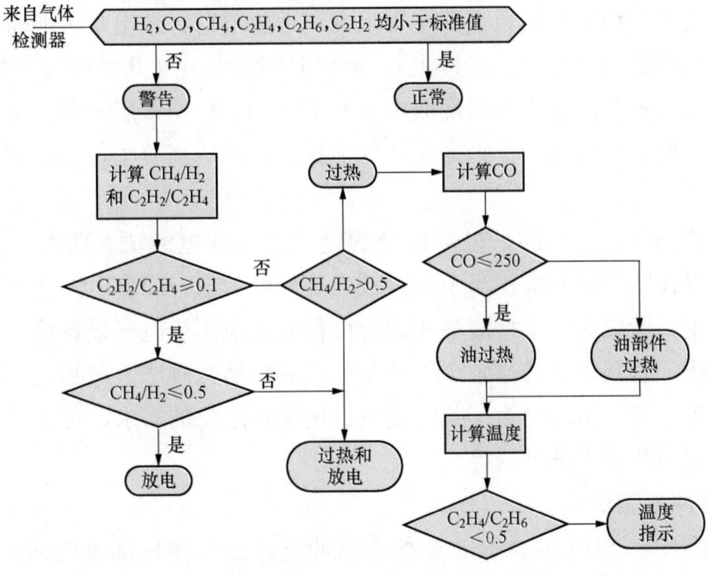

图 7-15　基于三比值法的变压器故障诊断流程图

近年来，神经网络技术、模糊诊断、小波分析和专家系统也逐渐应用于电力变压器油色谱诊断中。电力变压器油色谱神经网络诊断的建模一般采用反向传播（BP）网络的三层或多层向前的网络，使用部分或全部特征气体的含量值。但是网络自身存在收敛速度、隐层神经元选择、局部收敛和输入样本无法随意增长等缺点，人为干预多，算法局限性大，因此对各类典型故障数据不准确，算法可能陷入局部最优。

电力变压器中溶解气体分析对于电力变压器的故障诊断只给出了注意值，对故障类型进行一个粗略的判断，无法将故障和各种特征气体含量之间的客观规律表征出来。故障原因和机理难以用确定的模型来描述，且没有确定性的判据，边界取值问题存在有一定的发散性和模糊性。国内外有大量的科学家和研究者对这个问题使用模糊理论进行了研究和探讨。

小波分析法常常与人工神经网络联合进行电变压器油色谱分析诊断。小波分析可以进行人工神经网络的前置处理，为其提供输入特征向量；还可以作为基本单元的激励函数与人工神经网络直接融合。

由于变压器的缺陷多种多样，能检测到的绝缘参数与其对应函数不明确，因此需要把巡视、停电检测、带电检测等获得的信息进行综合分析，同时还要进行纵横比较，与同类型设备进行比较，与历年数据进行比较，因此也可考虑采用专家系统故障诊断。

7.4 变压器局部放电的在线监测

变压器油、纸绝缘中如含有气隙，由于气体介质的介电常数小，而击穿场强比油、纸都低，因而在外施交流高压下气隙将是最薄弱环节。但刚放电时，一般放电量较小，如不超过几百皮库；当外施高压下油中也出现局部放电时，放电量可能有几千到几十万皮库。强烈的局部放电（如 10^6pC 以上），即使时间很短（如几秒钟），也会引起纸层损坏。而持续时间较短强度不大的局部放电，并不会马上损伤纸层；但如果局部放电在工作电压下不断发展，会加速油、纸老化，气泡扩大，形成高分子量的蜡状物等，加剧局部放电。

局部放电检测的方法总的来说可以分为电测法与非电测法。两类检测法各有优缺点，电测法可以在实际检测应用当中获得较为准确的数值，而非电测法可以很好地定位于故障发生位置，所以这两类检测法相结合可很好地应用于电气设备检测当中。电测法包括脉冲电流法、射频法和特高频法等。非电测法包括光测法、声测法、色谱分析法和红外热成像法等。实际检测时为了兼顾定性、定量和定位的需求，可能采用以上方法的组合，如电一超声联合测试方法等。

7.4.1 脉冲电流法

国际电工委员会（IEC）推荐的 3 种用脉冲电流法监测局部放电的原理如图 7 - 16 所示。图 7 - 16（a）为并联法，适用于试品接地时的监测；图 7 - 16（b）为串联法，适用于试品对地绝缘时；图 7 - 16（c）属于电桥法。并联法和串联法都属于直接法。图中的 C_x 及 C_k 分别为试品电容及耦合电容，Z_m、Z'_m为监测阻抗，Z 为低通滤波器，A 及 M 分别为放大器及监测仪器（如示波器、局部放电测试仪等）。当试品 C_x 发生局部放电时，在 C_x 两端有一瞬时的电压变化，在此监测回路中形成了脉冲电流。通过监测在

Z_m 上的电压变化［图 7-16（a）及图 7-16（b）中］，或 Z_m 及 Z'_m 上电位差的变化［图 7-16（c）中］，从而可获得视在放电量 Q、放电次数 N、放电电流 I 等多种有价值的参数。

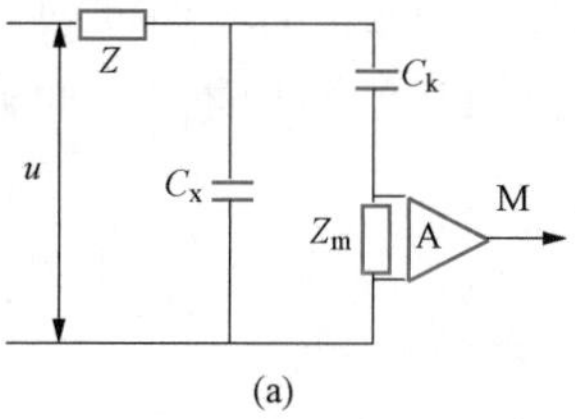

图 7-16　脉冲电流法监测局部放电的原理图

（a）并联法；（b）串联法；（c）电桥法

耦合电容 C_k 为试品 C_x 及监测阻抗 Z_m 之间提供了一条低阻抗的通道，因此 C_k 必须在试验电压下自身无局部放电，且 C_k 的电容量宜大于 C_x。采用低通滤波器 Z 是为了减小来自电源侧的高频干扰，故从阻值看 Z 宜大于 Z_m，这样在试品 C_x 出现局部放电时，电荷载 C_x 及 C_k 间很快转换，而从电源侧的充电过程则相对较慢些。

当变压器内部发生局部放电时，在变压器中性点或外壳接地电缆处加装罗戈夫斯基（Rogowski）线圈就能监测到电流脉冲；或用一个与变压器高压套管抽头连接的监测器来监测。图 7-17 所示为一种典型的变压器局部放电脉冲电流法监测原理图。

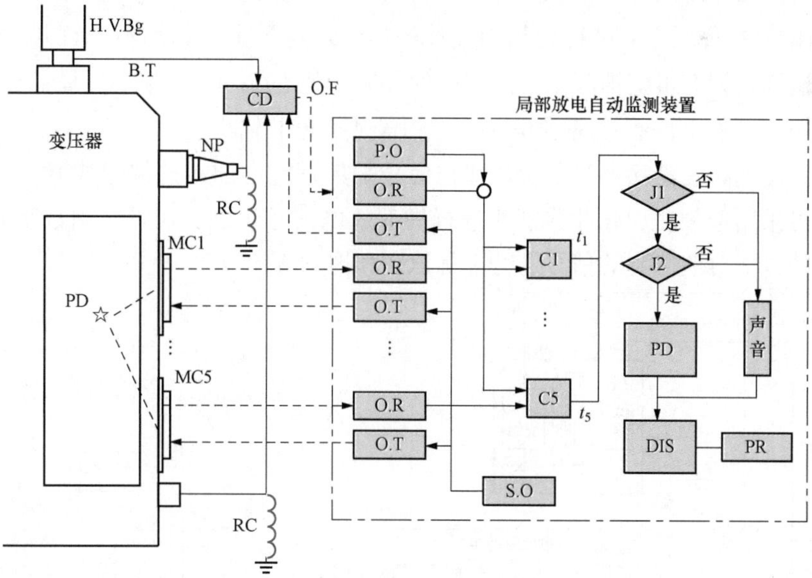

图 7-17　变压器局部放电脉冲电流法监测原理图

H. V. Bg—高压套管；B. T—高压抽头；NP—中性点；MC—微音器；RC—Rogowski 线圈；CD—电流脉冲监测器；O. F—光缆；P. O—脉冲振荡器；O. R—光接收器；O. T—光发送器；C—计数器；S. O—模拟脉冲振荡器；J—传播时间的判断；DIS—显示装置；PR—打印机

进行变压器局部放电在线监测关键是抑制现场干扰。比较常见的是脉冲鉴别法，其原理是利用脉冲鉴别电路，使出现局部放电时高频脉冲电流在不同的监测阻抗上产生相反的极性，而外来的干扰信号则在其上产生相同的极性，从而鉴别出不同类型的信号。如图 7 - 18 所示，当试品 C_x 上出现局部放电时，高频脉冲电流 i_x 在监测阻抗 Z_{m1}、Z_{m2} 上的极性正好相反。正脉冲经放大后由 D_+ 极性门加到与门Ⅱ上，而同时负脉冲经放大后由 C_- 极性也加到与门Ⅱ上，与门Ⅱ打开，有信号自通道Ⅱ输出；而通道Ⅰ没有输出。

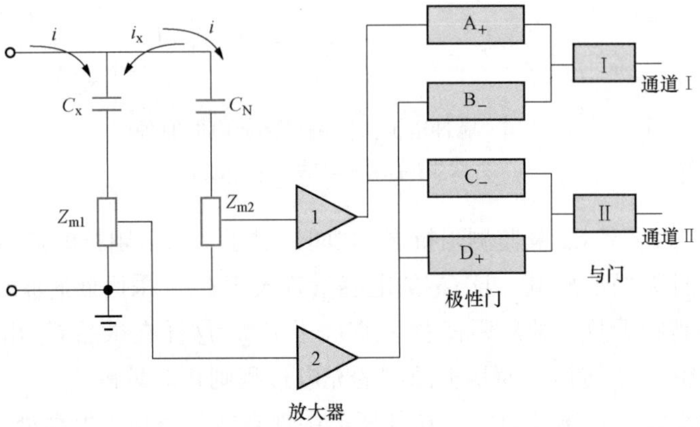

图 7 - 18　脉冲鉴别法原理图

如果有高压侧来的外来干扰 i，则分别经过 C_x- Z_{m1} 及 C_N- Z_{m2} 两条并联支路，于是在两监测阻抗 Z_{m1}、Z_{m2} 上可得到相同极性的信号，与门Ⅰ、Ⅱ都不会打开，因而无信号输出。这样，就有可能消除来自高压侧的外来干扰。C_N先于 C_x 发生局部放电时，将有信号从通道Ⅰ输出；而 C_x先放电时，有信号从通道Ⅱ输出。

也可采用选频法消除外界干扰，即在信号采集系统中加入选频滤波器。如图 7 - 19 所示，也可采用选频法加脉冲鉴别法进行局部放电信号识别。还可采用数字滤波技术，通过软件的方法对监测到的信号进行干扰识别和抑制。

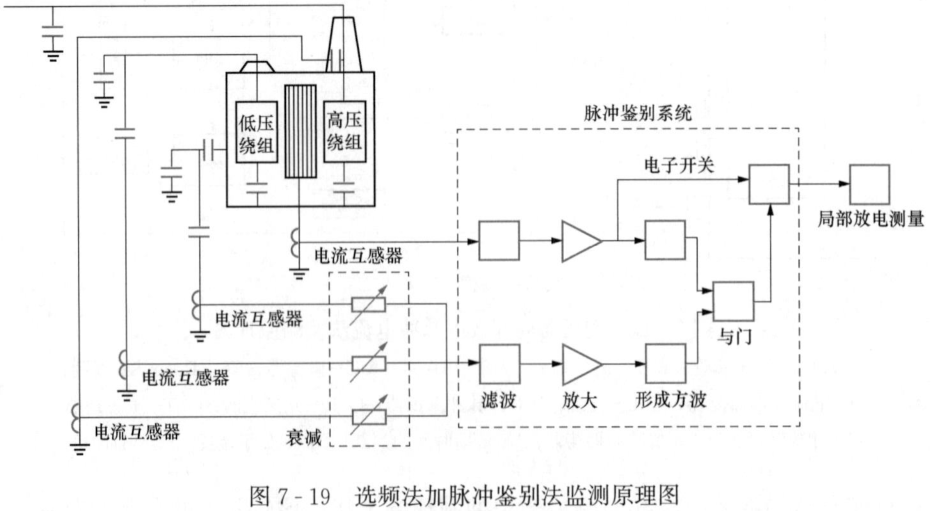

图 7 - 19　选频法加脉冲鉴别法监测原理图

采用脉冲电流法可以安装高准确度电流传感器对局部放电特性参数进行采集和分析，以实现对局部放电故障的准确监测和定位。脉冲电流传感器按照频带范围可分为窄带、宽带两种类型。其中窄带传感器的频宽通常在 10kHz 左右，且中心频率基本可以达到 20～30kHz 甚至更高，对脉冲电流监测具有较高的灵敏度和抗干扰能力，但因其频带范围较窄，输出性能较差，输出波形容易出现严重畸变问题。宽带传感器的频宽通常为 100kHz 甚至更宽，且中心频率也能达 200～400kHz，具有脉冲分辨能力较强、输出性能较高等优点，但其在使用过程中信噪比却较低。脉冲电流法具有监测原理简单、逻辑组成简洁、安装调试便捷等优点，在工程中应用范围较广。

7.4.2 电—超声联合测试法

因变压器内发生局部放电时，不仅有电信号，也有超声信号发生，而超声脉冲的分布范围从几千赫到几十万赫。当在油箱里放进间隙做模拟试验时，箱壁外测到的超声信号的幅值与局部放电量大致上成正比，但分散性相当大。由于变压器结构复杂，且超声波在油箱内传播时不但随距离而衰减，且遇箱壁又有折、反射，这样要靠超声传感器测到的信号来确定放电量是很困难的。但多个超声传感器的联合应用，对于局部放电的定位却是很有其特色的。

图 7-20 为电气法及超声法结合起来的电—超声联合测试法。表 7-9 中，超声波在油及箱壁中的传播速度分别为 1400m/s 及 5500m/s，远低于电信号的传播速度，因此可利用装在外壳地线或小套管上的高频传感器所接收到的电气信号来触发示波器或记录仪。然后根据记录下来的各个超声传感器所接收到超声信号的时差大小（Δt_1、Δt_2 等）来推测变压器内部局部放电的位置。但事先要整定好接收到超声信号的最大、最小传播时间（$t_{\max}$、$t_{\min}$），这是根据超声波传播速度及油箱尺寸所决定的。只有在 $t_{\min}<t<t_{\max}$ 时所接收到的超声信号才有可能判断为内部的局部放电。

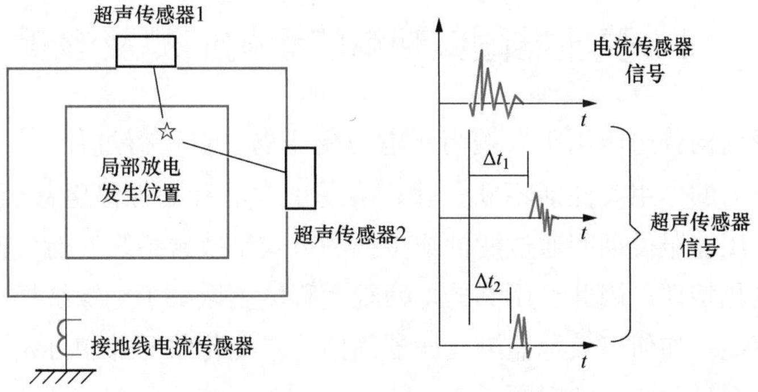

图 7-20 电—超声联合测试法原理图

在选择超声传感器的频率范围时应尽量避开铁芯噪声、雨滴或沙粒等对箱壳的撞击声。各研究单位所取的频带有差异：有的采用 180～230kHz、60dB 的放大器配以中心频率为 200kHz 的超声传感器；有的采用 10～120kHz 频段，且认为局部放电超声信号的大部分集中在 10～30kHz，而变压器箱壳及风扇振动噪声也大多在这个频率范围里，这时宜加进平衡阻抗器来抑制噪声。

表 7-9　　　　超声波在变压器里的传播速度

媒质	传播速度（m/s）	相对衰减率（dB/cm）	媒质	传播速度（m/s）	相对衰减率（dB/cm）
变压器油	1400	约为 0	铜	3680	9
油浸纸	1420	0.6	钢	5500	13
油浸纸板	2300	4.5			

目前，对于变压器局部放电故障的确定，用得较多的就是电—超声联合测试法。随着近年来传感器技术、计算机技术和数字信号处理技术的迅速发展，这项技术监测技术灵敏度及准确性得到了极大提高，监测迅速、使用方便、功能强大。

近年来国内应用的超声波定位方法，基本原理也大体相似。通常在高压电气设备局部放电超声波测试及定位中，需在箱壁上布置多个传感器同时采集放电产生的超声波信号（见图 7-21）。将各传感器的坐标及得到的与电气信号的时间差值构成一个三维非线性方程组，通过计算机求解方程就能得到放电源的位置坐标。

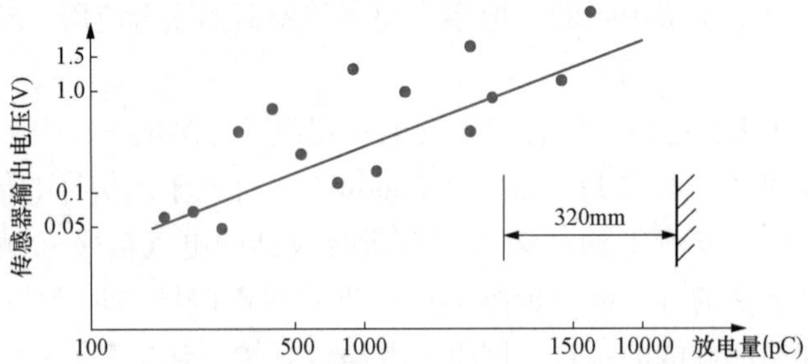

图 7-21　箱外测得超声信号与箱内局部放电信号的关系

7.5　变压器固体绝缘的老化监测及诊断

油、纸绝缘结构普遍应用于大型高压电力变压器，在运行过程中一直受到电、热、机械及化学等应力的作用，性能不断劣化，容易引发非计划性停电甚至灾难性的事故。绝缘油可以在变压器服役期间通过滤油或更换的方式来改善绝缘性能，而变压器纸板具有不可逆转的老化特性，因此变压器的寿命很大程度上取决于绝缘纸板等固体绝缘材料的电气和机械性能。如何有效地监测变压器固体绝缘老化状况并制订相应的运行维护策略，已经成为一个日益突出的问题。

7.5.1　变压器固体绝缘的老化诊断方法

1. 绝缘纸抗张强度测试

抗张强度测试作为最直接的诊断方法，在固体绝缘诊断的初期得到了一定的应用。当绝缘纸的抗张强度下降到初始值的 50%甚至更低时，可认为变压器的寿命终止。其测试结果受取样的影响较大，一方面性能相对较差的绝缘纸一般位于比较靠近绕组内部的热点处，取样时不易获取；另一方面测试需要的纸样较多，从而对原有的绝缘系统造成一定程度的损伤。因此，在现场运行的变压器中很少应用。

2. 油中溶解气体分析

当变压器内部故障涉及固体绝缘材料时会产生一定的 CO 和 CO_2，其含量在一定程度上反映了变压器固体绝缘的状况。当怀疑固体绝缘材料老化时，一般 CO_2 与 CO 的比值大于 7。但是对于运行中的变压器，CO 和 CO_2 也可以由绝缘油氧化分解产生，而且其含量还受到保护方式的影响，分散性较大。因此从现场应用的角度来看，单纯依靠 CO 和 CO_2 含量、产气速率或 CO_2 和 CO 的比值来判断固体绝缘的性能存在很大的不确定性。

3. 聚合度分析

纸板纤维素的化学式为（$C_6H_{10}O_6$）$_n$，其中 n 为聚合度。一般新纸板的聚合度为 1000～1200，聚合度下降到 250 以下时绝缘纸的机械强度将急剧降低，下降至 150 时绝缘纸的机械强度将完全丧失而不能再承受机械力。与抗张强度试验相比，聚合度分析需要的纸样少且测试的重复性好，是目前评估绝缘纸板老化状况最为直接、有效的方法。但是聚合度分析同样面临变压器停运及典型纸样获取的困难，限制了聚合度分析法在现场的推广应用。

4. 介质损耗角正切值分析

介质损耗角正切值 $\tan\delta$ 对于绝缘受潮、老化等分布性缺陷方面的分析比较灵敏有效，变压器绕组 $\tan\delta$ 的测量灵敏度较高，可以作为固体绝缘诊断的有效手段。但 $\tan\delta$ 与老化程度不具备对应关系，所以在分析数据时，一方面需与该变压器历年的 $\tan\delta$ 值做比较，另一方面还要与处于同样运行条件的同类设备做比较。

5. 油中糠醛分析

理论分析和实验室研究均已表明，变压器油中糠醛的产生，仅仅来自绝缘纸或纸板等纤维素材料的老化分解，而且糠醛的稳定性很好、不易挥发，因此监测油中糠醛的含量及其变化，可以作为诊断变压器固体绝缘老化状况的有效方法。此方法不需要停电，油样的获取非常方便，高效液相色谱仪的使用保证了测量的重复性和准确度。一般认为油中糠醛含量达到 0.5mg/L 时，变压器整体绝缘水平处于寿命中期；达到 1～2mg/L 时，绝缘劣化严重；达到 4mg/L 时，变压器绝缘寿命终止。糠醛含量会随油的更换或处理而发生变化，但固体绝缘的性能不随油的更换而改变，因此应用此方法时，需要结合历次测量的数据、换油、滤油等情况，综合分析绝缘实际老化的程度。糠醛含量测试和介质响应测试相对便利，且具有明确的固体绝缘老化意义，可发展为相应寿命评估方法。

7.5.2 基于介质响应分析的诊断方法

电介质在电场作用下，一方面内部的载流子不断移动形成电导电流，另一方面电介质内部沿电场方向出现宏观偶极矩形成极化现象。其中电子式极化和离子式极化瞬间完成极化过程（不超过 10^{-11}～10^{-13}s），不消耗能量，属于弹性极化；而转向极化、界面极化需要经过相当长的时间（10^{-10}s 或更长）才能到达稳态，属于松弛极化。在电路模型上可以用串联的电阻、电容网络来等效此类极化现象的时滞特性。单一电介质的等效电路如图 7-22 所示。R_g、C_g 分别表示电介质的绝缘电阻和几何电容，R_{pn}和C_{pn}等效具有不同极化时间常数的极化过程。

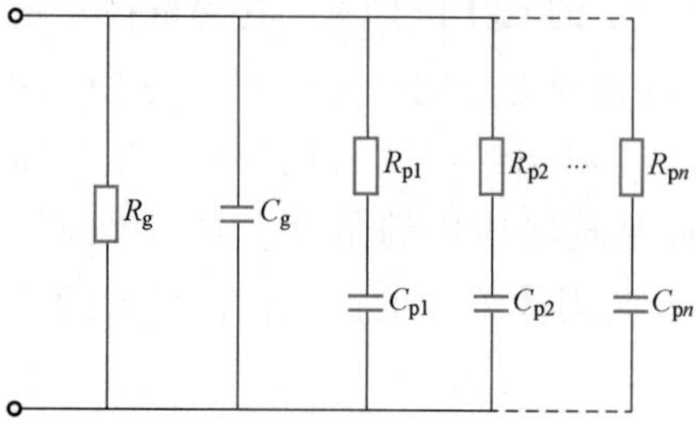

图 7-22　单一电介质等效电路

绝缘介质的老化降解或水分含量的变化会改变材料的微观结构，影响电介质的电导和极化现象，改变电路模型中的相关参数，其介质响应特性也会有相应的变化。

1. 去极化电流法

去极化电流法的电路原理如图 7-23 所示，电流曲线如图 7-24 所示。合上开关 S1，在高压绕组和低压绕组之间施加直流电压 U_c，在变压器的绝缘中有极化电流 i_{pol}产生，其表达式为

$$i_{pol}(t)=U_cC_x\left[\frac{\gamma}{\varepsilon}+f(t)\right] \tag{7-10}$$

式中：$f(t)$ 为绝缘介质的响应函数；C_x、γ、ε 分别为绝缘介质的几何电容、直流电导率、相对介电常数。

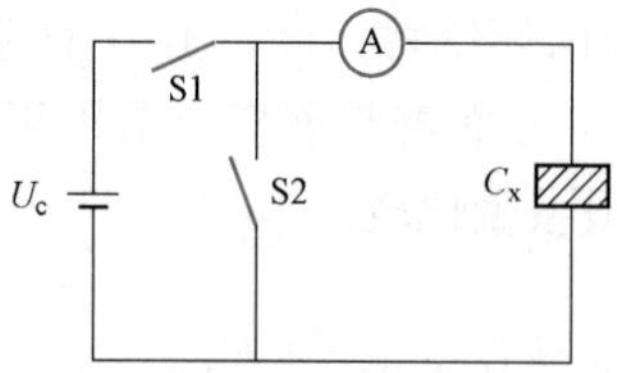

图 7-23　去极化电流法电路原理图

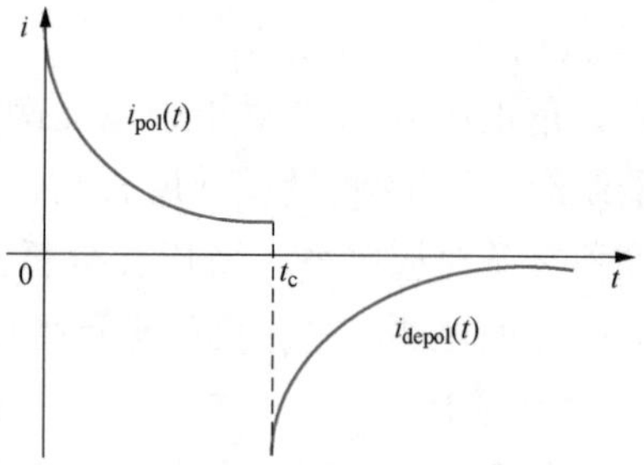

图 7-24　去极化电流曲线

绝缘介质的响应函数 $f(t)$ 为单调减函数，当施加直流电压的充电时间 t_c足够长时，式（7-10）中第二项可忽略，即极化电流达到稳定值。其大小取决于绝缘介质的直流电导率。在 $t<100$s 范围内，对极化电流影响的主要因素是油的电导率，油的电导率越高，电流越大。固体绝缘中的水分对极化特性的影响主要在 $t>100$s 之后，固体绝缘水分含量越高，电流越大。

极化过程结束后，断开开关 S1，合上开关 S2，绝缘介质经电流表被短接，并以此时刻为计时点，产生负向的反极化电流 i_{depol}，其表达式为

$$i_{depol}(t)=-U_cC[f(t)-f(t+t_c)] \tag{7-11}$$

当绝缘介质被充分极化时，式（7-11）中的第二项可以忽略，去极化电流与介质响应函数成正比关系，在一定程度上可以对绝缘介质的受潮及老化进行判断。

2. 恢复电压法

恢复电压法电路原理如图 7-25 所示，闭合开关 S1，直流电压 U_c 作用在绝缘系统上，经充电时间 t_c 后，打开 S1、闭合 S2，经较短时间 t_d（$t_d<t_c$）进行短路放电；打开 S1 后，剩余的被极化电荷会逐渐返回其自由状态，引起绝缘系统两端电压先升高，达到峰值，

然后下降，直至零值，这种电压就被称为恢复电压。恢复电压法的波形如图 7－26 所示，由图可见绝缘系统 C_x 两端的波形及相关参数。目前常以恢复电压峰值（U_{rmax}）、恢复电压峰值时间（t_{max}）、起始斜率（S）作为判断油纸绝缘系统老化与受潮的依据。

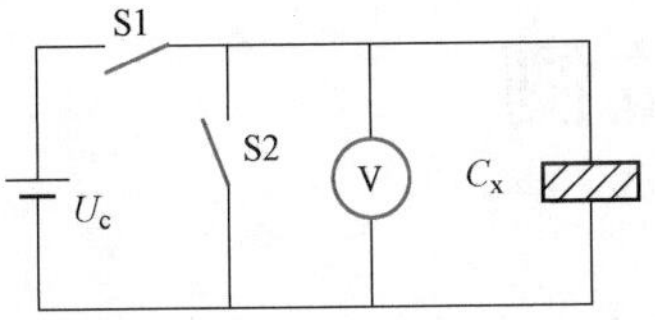

图 7－25　恢复电压法电路原理图

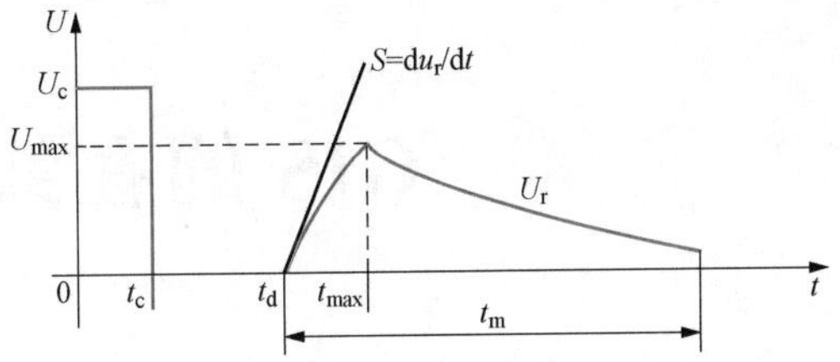

图 7－26　恢复电压法波形图

恢复电压峰值与电介质的极化率成正比，恢复电压起始斜率正比于电介质电导率。随着变压器纸中的含水量的升高，在油纸界面中将会出现更多的束缚电荷，极化程度将更显著，油纸系统电导率增加，起始斜率变大，恢复电压峰值升高，峰值时间缩短。

介质响应分析法利用绝缘介质的电导和极化特性，不仅可以对服役长久的变压器的固体绝缘性能做出老化评估，还可以对新投产的变压器和大小修后的变压器进行监测，对其安装和检修工艺做出评价。介质响应分析法作为一种非破坏性试验方法，其测试接线简单，便于现场实施，可作为现有固体绝缘老化诊断的技术支持。

思考题

1. 简述变压器主要的绝缘材料的类型及作用。
2. 变压器不同故障情况下产生的主要气体组分是什么？
3. 变压器油色谱在线监测的关键环节是什么？有哪些基本要求？
4. 变压器油色谱油气分离有哪些主要方法？各自原理和技术特点是什么？
5. 变压器油色谱光声光谱法监测的基本原理是什么？
6. 变压器局部放电在线监测的基本原理是什么？
7. 变压器电—超声联合测试法进行局部放电定位的基本原理和方法是什么？
8. 变压器局部放电在线监测时存在的主要干扰类型有哪些？如何抑制干扰？

8

GIS 的在线监测

8.1 概　　述

气体绝缘的全封闭组合电器或气体绝缘变电站（GIS）是把变电站内除变压器以外各种电气设备全部组装在一个封闭的金属外壳里，充以 SF_6 气体或 SF_6 混合气体，以实现导体对外壳、相间以及断口间的可靠绝缘。GIS 诞生于 20 世纪 70 年代初，它使高压变电站的结构和运行发生了巨大的变化，其显著特点是集成化、小型化、美观和安装方便。GIS 的故障率比传统的敞开式设备低一个数量级，而且设备检修周期大大延长，因此 GIS 近年来在许多大型重要电站得到普遍应用。

GIS 大大缩小了电气设备的占地面积与空间体积。由于 SF_6 及其混合气体具有很好的绝缘性能，因此绝缘距离大为减小，通常电气设备的占地面积与绝缘距离成二次方关系，而占有的空间体积与绝缘距离成三次方关系。随着电压等级的提高，减小绝缘距离对减小占地面积和空间的意义就更大，不仅为大城市、人口稠密地区的变电站建设以及城市电网的改造提供了便利，也为建设地下变电站创造了有利条件。GIS 还适宜用在严重污秽、盐雾地区及高海拔地区，某些水电站的变电站如果空间受到限制，也可采用 GIS。

GIS 内部包括母线、断路器、隔离开关、电流互感器、电压互感器、避雷器、各种开关及套管等。GIS 采用 SF_6 气体或 SF_6 混合气体作为主绝缘，GIS 内输电母线用环氧树脂盆式绝缘子作为支撑绝缘，从而取代了以前的变电站内以裸导线连接各种电气设备、用空气作为绝缘的方法。220kV 级 GIS 一个间隔的内部结构及主接线如图 8 - 1 所示。GIS 有单相封闭式和三相封闭式两种不同结构，三相封闭式比单相封闭式的总体尺寸小、部件少、安装周期短，但额定电压高时制造比较困难。所以通常只对 110kV 及以下电压等级采用全三相封闭式结构，对 220kV 级除断路器以外的其他元件采用三相封闭式结构，对 330kV 及以上等级则一般采用单相封闭式结构。

GIS 中的绝缘气体通常采用 SF_6 气体或 SF_6 混合气体（SF_6/N_2、SF_6/CO_2 等）。SF_6 气体本身无毒，与电气设备中的金属和绝缘材料有很好的相容性，但 SF_6 的分解物有毒，对材料有腐蚀作用，因此必须采取措施，以保证人身安全和设备工作的可靠性。使 SF_6 分解的途径有三种，即电子碰撞引起的分解、热分解和光辐射分解，在高压电气设备中主要是前两种。GIS 中常见的三种放电形式均会引起 SF_6 气体分解，分别是大功率电弧放电、火花放电和电晕或局部放电。SF_6 主要放电生成物有 SF_4、SOF_2、SO_2F_2、

SO_2、S_2F_{10}和粉末状固体生成物，这些分解物均是有毒的，有的如S_2F_{10}则是剧毒。大部分气体分解物具有很高的耐电强度，对气体间隙的耐电强度没有什么影响，即使气体分解物浓度达到30%时耐电强度也没有什么变化。气态分解物的主要破坏作用在于对固体材料的腐蚀，而固体生成物落在绝缘支撑表面，且又吸收了气体中的水分时，会使闪络电压下降。

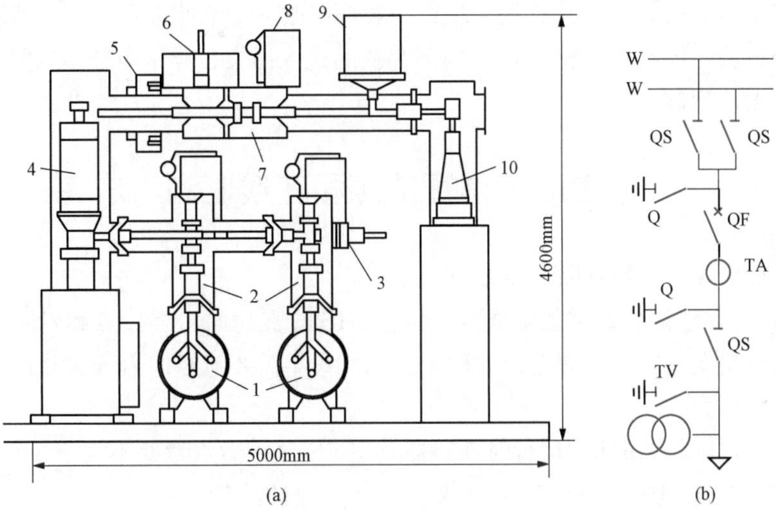

图8-1　220kV级GIS一个间隔的内部结构及主接线

(a) 结构布置图；(b) 主接线

1—母线W；2、7—隔离开关QS；3、6、8—接地开关Q；4—断路器QF；5—电流互感器TA；9—电压互感器TV；10—电缆终端

用SF_6气体作绝缘的电气设备的耐压值，除了与气体及极间距离有关外，还明显地受到电极材料、电极表面粗糙度、电极面积和导电微粒污染等因素的影响。另外，固体支撑绝缘子也会引起气体中局部电场的畸变，使SF_6气体的放电特性发生变化。

由于GIS是全封闭组合电气设备，一旦出现事故，造成的后果比分离式敞开设备严重得多，故障修复极为复杂，有时需要两星期甚至更长的时间才能修复。所以GIS的运行监测十分重要，不仅需要认真进行常规预防性试验，而且应该发展GIS的在线监测技术，监测GIS运行中的绝缘状态，及时发现各种可能的异常或故障预兆，及时进行处理。

GIS和气体绝缘电缆（GIC）在工厂中制造、试验之后，以运输单元的方式运往现场安装工地。因此设备在现场组装后必须进行现场耐压试验，这是GIS、GIC和其他电气设备所不同的特点。现场耐压试验的目的是检查总体装配的绝缘性能是否完好。

设备在运输过程中的机械振动、撞击等可能导致GIS元件或组装件内部紧固件松动或相对位移；安装过程中，在联结、密封等工艺处理方面可能失误，导致电极表面刮伤或安装错位引起电极表面缺陷；空气中悬浮的尘埃、导电微粒杂质和毛刺等在安装现场又难以彻底清理；还曾出现将安装工具遗忘在GIS内的情况。这些缺陷如未在投运前检查出来，将引发绝缘事故。因此现场耐压试验是必不可少的，但它不能代替设备在制造厂的型式试验和出厂试验。

现场耐压试验的方法与常规的高压试验方法有所不同。试验电压值不低于工厂试验电压的 80%。

GIS 的现场耐压可采用交流电压、振荡操作冲击电压和振荡雷电冲击电压等试验装置进行。交流耐压试验是 GIS 现场耐压试验最常见的方法，它能够有效地检查内部导电微粒的存在、绝缘子表面污染、电场严重畸变等故障。雷电冲击耐压试验对检查异常的电场结构（如电极损坏）非常有效。现场一般采用振荡雷电冲击电压试验装置进行。操作冲击电压试验能够有效地检查 GIS 内部存在的绝缘污染、异常电场结构等故障，现场一般也采用振荡型试验装置。

8.2　GIS 的常见故障和在线监测方法

GIS 的常见故障主要有以下几方面：

（1）SF_6气体泄漏。这类故障通常发生在 GIS 的密封面、焊接点和管路接头处。主要原因是密封垫老化，或者焊缝出现砂眼。因此每年需要对 GIS 补充大量的 SF_6 气体来保证正常工作压力。

（2）SF_6气体微水超标。运行时断路器气室 SF_6气体微水量要不大于 300×10^{-6}，其他气室不大于 500×10^{-6}。SF_6气体含水量太高引起的故障，易造成绝缘子或其他绝缘件闪络。微水超标的主要原因是通过密封件泄漏渗入的水分进入到 SF_6气体中。

（3）开关故障。断路器、负荷开关、隔离开关或接地开关等元件的气体击穿，因动、静触头在合闸时偏移而引起的接触不良。

（4）GIS 内部放电。由于制造工艺等原因，在 GIS 内部某些部件处于悬浮电位，导致电场强度局部升高，进而产生电晕放电。GIS 中金属杂质和绝缘子中气泡的存在，都会导致电晕放电或局部放电的产生。

从 GIS 运行事故的统计来看，约 60%的故障发生在盆式支撑绝缘子处，即 GIS 中电场极不均匀处。而事故原因 70%左右是雷电过电压，并导致对地闪络。所以加强 GIS 在线监测，对及时发现隐患十分重要。近年来，国内外已经采用的 GIS 在线监测与停电监测项目见表 8-1。

表 8-1　　国内外已经采用的 GIS 在线监测与停电监测项目

试验项目	监测内容	试验内容	监测仪器或方法
绝缘性能	局部放电监测	☆	局部放电监测仪、超高频局部放电法
	异常放电声监测	☆	声波传感器、超声波监测
	气体压力监测	☆/△	气体密度开关、检漏仪
	气中水分含量监测	☆/△	水分计
	气体分解监测	○	气体分解物监测仪
	绝缘电阻监测	△	绝缘电阻监测仪
	避雷器泄漏电流监测	☆	泄漏电流监测仪

续表

试验项目	监测内容	试验内容	监测仪器或方法
导电性能	主回路电阻监测	△	微欧仪
	接触不良监测	☆	局部放电监测
	温度监测	☆	温度传感器
机械性能	合闸时间监测	△	合闸时间测定仪
	动作次数过多	☆/△	计数器
	结构变形监测	※	X线监测仪

注 “☆”表示在线监测；“△”表示停电试验；“○”表示取样试验；“※”表示现场监测。

目前GIS绝缘在线监测最有效的方法为局部放电监测。局部放电监测可以弥补耐压试验的不足，监测GIS制造和安装的清洁度，发现绝缘制造工艺和安装过程中的缺陷、差错，并能确定放电位置，从而进行有效处理，确保设备投运后安全运行。由于对早期诊断相对灵敏，局部放电测试已列入GIS型式试验、例行试验和现场试验项目之中。在线监测GIS局部放电可发现多种绝缘缺陷，局部放电对GIS绝缘的破坏作用如图8-2所示。

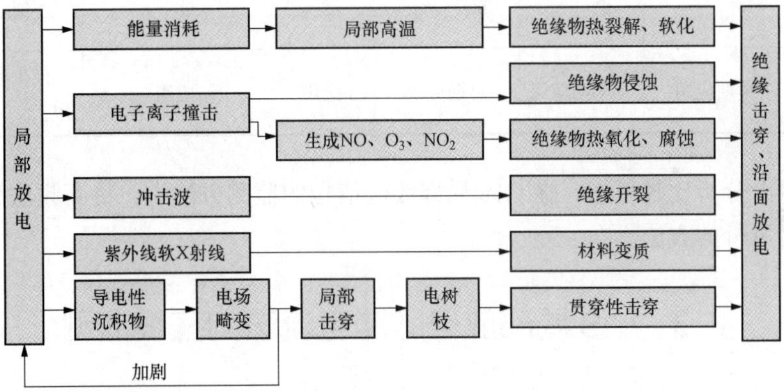

图8-2 局部放电对GIS绝缘的破坏作用

GIS局部放电监测方法归纳起来可分为两大类：一类为电测法，按被监测信号的频段，又可分为脉冲电流法、耦合电容法、高频法、甚高频法和特高频法等；另一类为非电测法，如超声波法、化学法、光学法等。

GIS局部放电监测方法的性能对比见表8-2。

表8-2　　GIS局部放电监测方法性能对比

监测方法	脉冲电流法	高频法	甚高频法	特高频法	超声波法	化学法	光学法
优点	简单，灵敏度较高，可对放电量进行校准	易于实现，灵敏度较高	灵敏度较高	灵敏度高，可用于运行中设备	灵敏度高，抗电磁干扰能力强	不受电磁干扰	不受电磁干扰

续表

监测方法	脉冲电流法	高频法	甚高频法	特高频法	超声波法	化学法	光学法
缺点	运行设备不能使用，信噪比低	信噪比低，如用内电极需事先埋设	造价较高，如用外电极则灵敏度低	造价高	结构复杂，要求经验丰富的人操作	灵敏度差，不能长期监测	灵敏度差，需多个传感器
可达准确度	很高	很高	很高	很高	较高	很差	差
适用监测的放电源	固定微粒，悬浮物，气隙和裂纹	各种缺陷类型都适用	各种缺陷类型都适用	各种缺陷类型都适用	自由移动的微粒，悬浮物	放电情况严重时的缺陷	固定微粒，针状突出物
能否故障定位	不能	不能	能	准确度较高：±0.1m	适用，但条件苛刻，需多个传感器	仅能判断哪个气室发生放电	不能
能否判别故障类型	能	能	能	能	能	不能	不能
是否已应用	早期应用	早期应用	早期应用	应用	应用	极少应用	极少应用

通过以上分析比较可知，在GIS局部放电信号的监测方法中，特高频法和超声波法是比较实用可行的方法。

8.3 GIS局部放电脉冲电流法的在线监测

目前较普遍采用的基于脉冲电流法的GIS在线监测，根据其采集的局部放电在外围电路中引起的脉冲电流或脉冲电压的不同，有以下几种方法。

8.3.1 外部电极法

在GIS外壳上放置一外部测量电极，外电极与外壳之间用薄膜绝缘，形成一耦合电容。使用绝缘薄膜的主要目的是防止外壳电流流入监测装置。外部电极法监测局部放电的原理如图8-3所示。

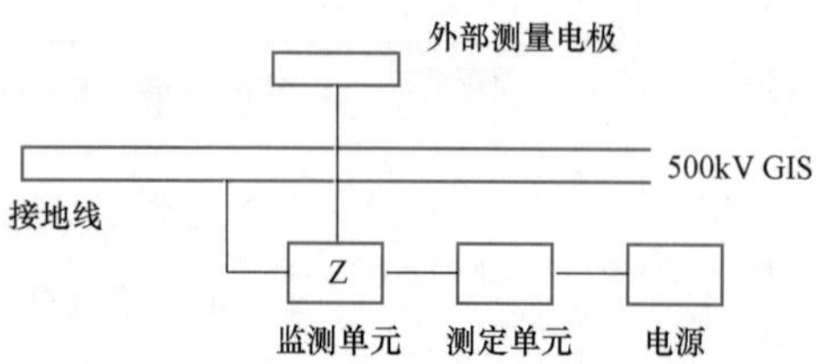

图8-3　外部电极法监测局部放电原理框图

考虑到GIS各室之间有绝缘垫，因而对于局部放电的高频电流而言，将在同一绝缘垫两侧的两个外部电极间形成电位差，将20～40MHz的衰减波进行放大、滤波、模/数转换后，即可得到测量结果。该系统可采用脉冲鉴别法以区分外来干扰及内部局部放电。由于采用了一对外部电极，因而可以将脉冲的相位关系等信息显示出来，在此基础上有可能分出哪个气室发生了局部放电。

8.3.2 接地线电磁耦合法

当GIS内部发生局部放电时，GIS外壳接地线中流过的电流除工频分量外，还有高频脉冲，可通过电磁线圈耦合进行监测。图8-4给出了一种接地线电磁耦合法的监测原理图。

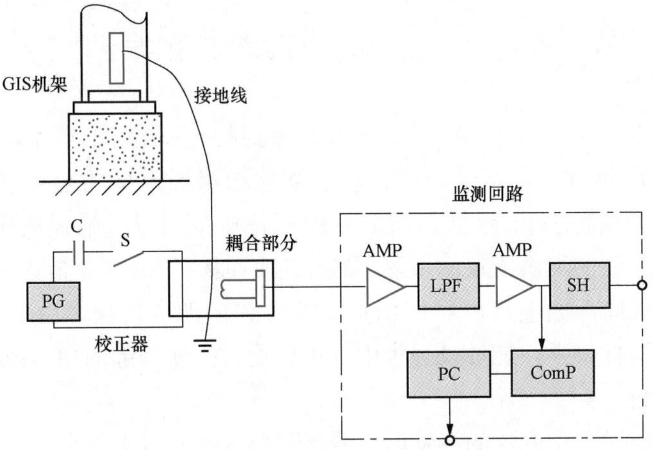

图8-4 接地线电磁耦合法监测原理框图

PG—脉冲发生器；LPF—低通滤波；SH—门槛电路；PC—脉冲计数器；ComP—计算机；AMP—放大器

现场用的监测仪器一般比较简单，例如可用宽频放大器（10～1000kHz）和示波器配合，或用带通滤波器（如400kHz）与峰值电压表配合，也有的监测频率为几兆赫的局部放电信号。现场监测关键是提高抗干扰能力，进而考虑根据局部放电信号波形区分故障性质。例如，自由微粒引起的局部放电出现的相位不规则，放电量大小与气压几乎无关；而固定突出物引起的局部放电出现在峰值附近，放电与气压有关。

8.3.3 绝缘子中预埋电极法

利用事先埋在绝缘子中的电极作为探测传感器进行内部局部放电的监测（见图8-5），可测量处于400kHz左右频率的衰减波的振幅。

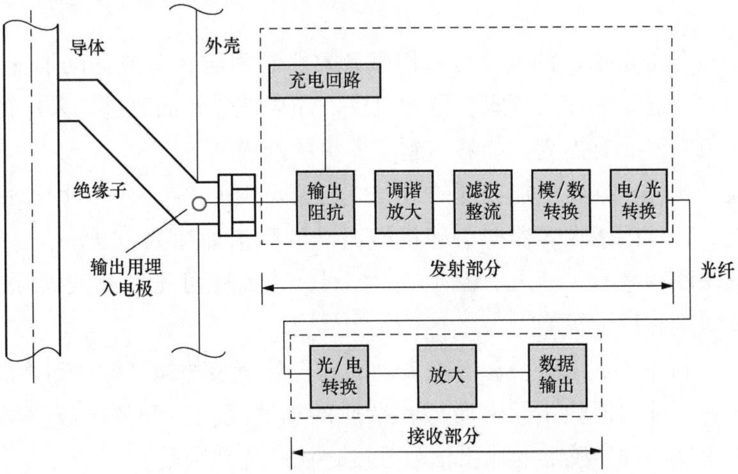

图8-5 绝缘子中预埋电极法监测原理框图

因为预先埋入的电极处于金属容器以内，所以抗干扰性能好、灵敏度高，可测出几皮库的放电量。但传感器探头必须事先安装在支撑绝缘子里，为此需要妥善解决处于壳内的前置放大器电源问题。对于分相外壳的GIS，已有可能采用电源侧的感应电压作为此放大器的电源；而对于三相同一外壳者，需定期更换电池。

8.4 GIS局部放电的超声波和振动监测

超声波法局部放电监测是一种对GIS非常重要的非破坏性监测手段，GIS内部发生局部放电时会发出超声波，不同结构、环境和绝缘状况产生的超声波频谱差异很大。GIS中沿SF_6气体传播的只有纵波，而沿GIS壳体则既可以传播横波也可以传播纵波，并且衰减很快，监测的灵敏度较低，局部放电超声波信号的主频带集中在20～500kHz范围内。GIS中的局部放电可以看作以点源的方式向四周传播，由于超声波的波长较短，因此它的方向性较强，能量较为集中，可以通过壳体外部的超声波传感器采集超声放电信号进行分析。

利用局部放电过程中产生的声发射信号进行监测具有以下优点：可以对运行中的设备进行实时监测；可以免受电磁干扰的影响；利用超声波在介质中的传播特性可以对局部放电源进行定位。超声波定位是通过监测声波传播的时延来确定局部放电源的位置，在实验室条件下，运用超声波监测法可以对10pC的局部放电做出准确的检测和定位，而在现场应用时，却远不能达到如此高的准确度。

超声波在传播过程中遇到障碍会产生一系列的反射和折射，易受现场周围环境的影响。在GIS内SF_6的超声波吸收率相对很强（其值为26dB/m，类似条件下空气仅为0.98dB/m），并且随频率增大而增加。放电所产生的超声波传播到GIS壳体上时，会发生反射和折射，而且通过绝缘子时衰减也非常严重，所以常常无法监测出某些缺陷（如绝缘子中的气隙引起的局部放电）。而且由于超声波传感器监测有效范围较小，在局部放电监测时，需对GIS进行逐点探查，监测的工作量很大，因此目前主要用于GIS的带电监测。

对GIS中局部放电引起的振动可采用微音器、超声波探头或振动加速计进行监测。随着监测技术的改进，如探头压紧装置的改进、超声波导管的改进、采用微机采集和处理信号等，灵敏度已大有提高，能够达到皮库级的准确度。

从振动表达式可以推导出加速度的最大值与振幅成正比，因此采用加速度计监测有较高的灵敏度。各种因素在容器壁引起机械振动的频谱如图8-6所示。由图可见，局部放电引起的振动频率较高（几千赫到几十千赫），因此可先经滤波器除去低频部分，提高监测的灵敏度和抗干扰能力。

由于GIS运行中不同的杂质微粒在振动时对壳外所装的加速度及超声波传感器的反映有所差别，在壳外测得的不同性质微粒杂质的加速度信号和超声波信号之比明显不同，因此还可用这两种传感器的输出信号强度之比来鉴别杂质。

监测机械振动波的最大优点是易于定位。双探头超声波监测原理如图8-7所示，

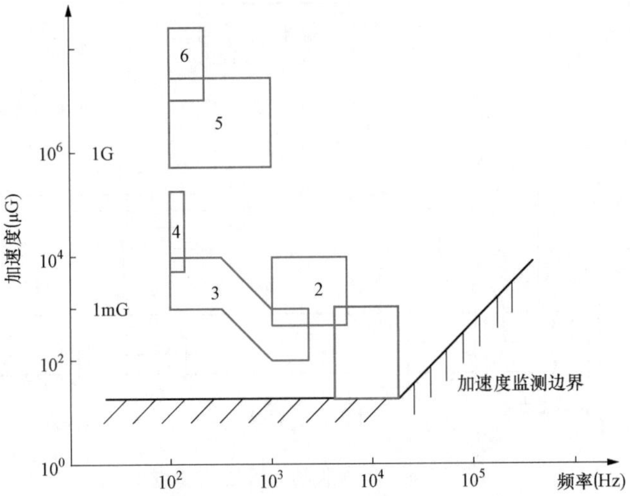

图 8-6　各种因素在容器壁引起机械振动的频谱

1—局部放电引起的振动；2—异物振动；3—电磁力、磁致伸缩引起的振动；4—静电力引起的振动；5—操作引起的振动；6—对地短路引起的振动

A、B两个探头测到的信号经放大后送入信号鉴别回路，根据左右两个探头测得信号的先后次序（先测得信号那边的发光二极管发光），可以确定波的传播方向。按顺序移动仪器的探头，可准确地找出故障点。

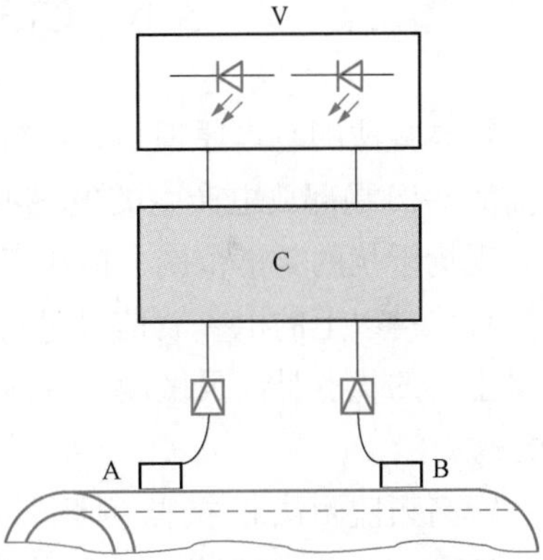

图 8-7　双探头超声波监测原理图

A、B—电压探头；C—信号鉴别回路；V—发光二极管

用这种方法对GIS进行局部放电监测模拟试验研究时，壳外所测得的超声波振动的振幅与GIS内部的放电量或放电能量大体上成正比关系，但与GIS内部放电的性质有关，即使是同一类型的放电，当放电发生在中心导体处时，在壳外测得的振动幅值要比放电发生在壳体内测时低。在进行局部放电监测时，要注意到这一差别。

随着技术发展，多探头技术也逐渐用于GIS局部放电监测和定位。放电点监测定位装置由 n 个超声波探头、光纤、监测系统等部分组成，如图 8-8 所示。根据GIS中放电产生的超声波特性，超声波探头将声信号变换成光信号，经监测系统处理，最后显示或打印出结果。

GIS一旦发生放电，将产生与电压相应的超声波脉冲，各超声波传感器将因距放点远近不同而陆续收到放电的超声波信号，此超声波信号主要是自GIS壳体传播的横波小信号，则放电点距声传感器的距离 S 为

$$S = t_n c_t$$

式中：t_n 为超声波从放电点传到 n 号传感器的时间；c_t 横波在GIS外壳中的传播速度。

为了监视GIS耐压过程中的放电情况和确定放电位置，通常在GIS外壳上要设置8～

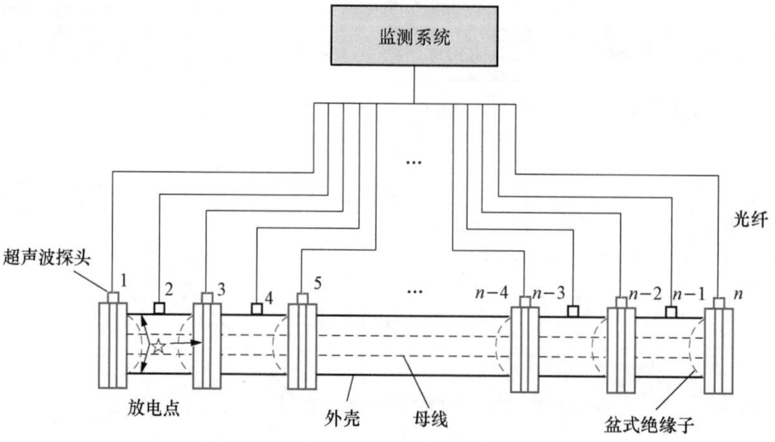

图 8-8　多探头超声波监测原理

10个超声波传感器，同步记录信号时差和幅值，进行综合分析判断。通过几个测点求出 S_1，S_2，…，S_n，便可初步确定放电点的位置。

8.5　GIS局部放电的特高频监测

特高频法的基本原理是使用特高频（UHF）天线，而不是脉冲电流法的耦合电容，来监测GIS局部放电产生的电磁波，从而获得局部放电的信息。在GIS局部放电监测时，现场干扰的频谱范围一般小于300MHz，传播过程中衰减很大，若对局部放电产生的数百兆赫以上的电磁波信号进行监测，则可有效避开电晕等干扰，大大提高信噪比，它最主要的优点是高灵敏度，并能够通过放电源到不同传感器的时间差对放电源进行准确定位。

特高频监测法根据监测频带的不同可分为窄带法和宽带法。宽带法通常监测300MHz～1GHz频率范围内的信号，并加装前置高通滤波器；窄带法则多是利用频谱分析仪对所研究频段进行筛选，选择合适的中心频率作为系统监测工作频率。

用特高频法监测GIS中局部放电产生的特高频信号，最早由英国Strathclyde大学在20世纪80年代初提出并且开始研究。1986年，特高频法被最先引进用于英国的Torness变电站420kV的GIS设备上，通过现场试验，认为在一个大的变电站中，安装25～30组三相传感器就可监测整个变电站的局部放电情况。瑞士ABB高电压技术公司对550kV的GIS试验装置中特高频的适用性与灵敏度进行了研究，并与常规的脉冲电流法做了对比；德国Stuttgart大学的研究人员对550kV的GIS模型局部放电进行监测研究，认为特高频法和超声波灵敏度接近，而特高频法抗干扰能力强于超声波法。

8.5.1　特高频监测的基本原理

局部放电是电气绝缘中局部区域的电击穿，伴随有正负电荷的中和，从而产生宽频带的电磁暂态和电磁波。局部放电特高频测量，即在特高频（0.3～3GHz频段）接收局部放电所产生的电磁脉冲信号，实现局部放电监测。

运行中的 GIS 内部充有高压 SF_6 气体，其绝缘强度和击穿场强都很高。当局部放电在很小的范围内发生时，气体击穿过程很快，将产生很陡的脉冲电流。对信号进行频谱分析之后，发现其中频率可达数吉赫，并且脉冲向四周辐射出的特高频电磁波。研究认为，GIS 设备中的放电脉冲波不仅以横向电磁波（TEM 波）的形式传播，而且还会以横向电场波（TE 波）和横向磁场波（TM 波）的形式传播。TEM 波为非色散波，任何频率的 TEM 波都能在 GIS 同轴波导中传播。但 GIS 同轴波导存在导体损耗和介质损耗，随着频率的提高，信号的衰减逐渐增大。研究表明，TEM 波在 100MHz 左右达到最大值，然后大小会随着频率的增高而衰减。TE 波和 TM 波存在一个下限截止频率，一般为几百兆赫。当信号频率小于截止频率时，其衰减很大；而信号频率大于截止频率时，信号在传播时的损失很小。由于 GIS 设备的金属同轴结构是一个良好的同轴波导，因此可用同轴波导的概念分析特高频信号在 GIS 中的传播。

由于 GIS 波导壁为非理想导体，电磁波在 GIS 内部传播过程中就会有功率损耗，因此，电磁波的振幅将沿传播方向逐渐衰减，并且 GIS 中的 SF_6 气体将会引起波导体积中的介质损耗，也会造成波的衰减。这种衰减具有 1μs 左右的衰减时间常数，它的衰减量要比信号在绝缘子处由于反射造成的能量损耗低得多。研究表明，1GHz 的电磁波在直径为 0.5m 的 GIS 内传播所产生的衰减只有 3～5dBm/km。因此在用波导理论进行局部放电仿真和监测时可以不考虑这种衰减。

GIS 有许多法兰连接的盆式绝缘子、拐弯结构和 T 形接头、隔离开关及断路器等不连续点，特高频信号在 GIS 内传播过程中经过这些结构时，必然会造成衰减。信号在绝缘子和 T 形接头处的反射是造成信号能量损失的主要原因，通过计算，初步确定绝缘子处的能量衰减为 3dB，T 形接头处的能量衰减为 10dB。根据 GIS 中电磁波传播特点，可以利用特高频传感器接收其 500～3000MHz 的特高频信号进行监测，可避免常规电磁脉冲干扰。这是因为空气中的电晕放电等电磁干扰频率一般在 500MHz 以下，利用一个加有 500MHz 的高通滤波器的特高频放大器就可解决干扰问题，从而提高局部放电监测的信噪比。

特高频信号虽抗干扰性能好，但该频段信号较弱，故需要较精密的仪器来监测和显示。该频段信号的监测既可使用只有几兆赫带宽的窄频法，也可使用达几吉赫带宽的宽频法。窄频法一般除了需要频谱分析仪外，还需要低噪声、高增益的特高频放大器来收集局部放电信号，在有特高频干扰的情况下比较适用，且要求仪器较精密。宽频法在一般的场合使用更广泛，它需要可达纳秒级采样的示波器和截止频率为 250～300MHz 的高通滤波器。特高频法的灵敏度依赖于传感器等监测装置的可靠性。

采用特高频监测能够提高局部放电现场测试的抗干扰性能，主要原因如下：电气设备内部的局部放电信号能够达到特高频段，而电力系统中的电磁干扰信号，如空气中的电晕放电，一般低于特高频段，所以特高频传感可以避开干扰频段；即使电气设备相邻区域存在特高频干扰，由于特高频信号传播时衰减较快，其影响范围较小，不会产生远距离的干扰。

特高频测量能够实现局部放电源的空间定位，特高频信号传播过程中衰减比较快，距离电源远，探测到的放电信号的幅值将显著下降，因此，通过比较特高频信号的幅值可以进行放电的大致定位。局部放电的特高频电磁脉冲具有纳秒时间量级的上升沿，采用多个特高频传感器同时监测，能够得到纳秒量级准确度的脉冲时差，基于此时差监测，可实现对放电源的准确定位。

8.5.2 特高频监测系统组成

特高频传感器主要由天线、特高频放大器、高通滤波器、检波器、耦合器和屏蔽外壳组成。整个传感器采用金属材料屏蔽，以防止外部信号干扰。

特高频传感器根据安装方式可分为内置式和外置式两种。内置传感器可获得较高的灵敏度（目前英国新制造的 GIS 均要求加装内置传感器），但对制造安装的要求较高，特别是对已投运的 GIS 安装内置传感器通常是不可行的，这时只能选择外置传感器。相对于内置传感器，外置传感器的灵敏度要差一些，但安装灵活，不影响系统的运行，安全性较高，因而也得到了较为广泛的应用。

GIS 局部放电特高频在线监测系统一般由传感单元、采集单元、通信单元和诊断分析单元等五部分构成，如图 8 - 9 所示。

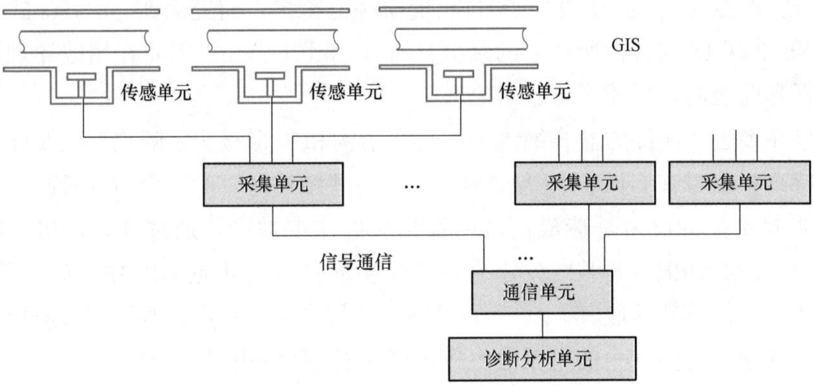

图 8 - 9　GIS 局部放电特高频在线监测系统组成框图

如图 8 - 10 所示，内置传感器宜由 GIS 生产厂在制造时置入，在设备制造前应与 GIS 进行一体化设计，在出厂时应同 GIS 一起完成出厂试验。外置传感器应置于未包裹金属屏蔽的 GIS 盆式绝缘子外侧或 GIS 壳体上存在的介质窗处，当 GIS 盆式绝缘子外包金属屏蔽时，需要对金属屏蔽开窗。

传感器安装不应影响设备美观。传感器布置应保证 GIS 内部发生在任何位置的局部放电都能够被有效传感，在此前提下，传感器应尽量安装在 GIS 关键设备附近，包括断路器、隔离开关、电压互感器等。对于长直母线段测点间隔宜为 5～10m。

8.5.3 特高频在线监测方法

特高频在线监测系统利用预先安装在 GIS 上的内置或外置传感器探测 GIS 内部发生的局部放电特高频信号；信号处理单元进行滤波、放大和检波，数据采集单元将传感器捕获的放电信号转换为数字量，完成特征量检出，进行波形、频谱和统计分析，实现缺陷预警；处理结果经通信接口传送至诊断服务单元进行数据分析、显示、报警管理、诊断和存储，远程用户可以通过网络对 GIS 的运行状态进行实时监测。

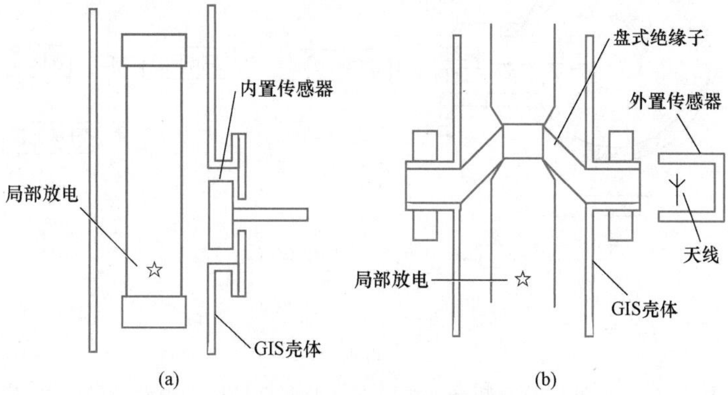

图 8-10 特高频传感器的布置

(a) 内置传感器；(b) 外置传感器

特高频监测分为宽带监测和检波监测两种方式。宽带监测可观察到局部放电信号在 300MHz～3GHz 频域上的信号能量分布，信息量大，因此具有较好的监测和识别效果；而检波监测则无法得到不同缺陷信号的频谱特征，但具有较高的信噪比，抗干扰能力强，监测灵敏度高。由于特高频局部放电监测至少需要监测一个工频周期以上的百兆赫到千兆赫的放电信号，常用的模/数转换系统在采样率和存储深度等方面很难满足要求，且数据处理难度大。通常局部放电监测只关心信号的幅值、出现的相位以及放电重复率，因此在线监测系统普遍采用检波监测方式，仅对放电信号的主要信息进行监测、分析和存储。

在线监测特征信息包括最大放电量、放电相位、放电频次和放电谱图，放电谱图应由不少于 50 个连续工频周期的监测数据形成。监测周期应可根据监测需要进行设置和调节，最小监测周期不应小于 10min。在线监测系统中应能保存设备的所有历史特征信息和 24h 的实时数据，应采用掉电非易失存储技术，应能通过外部接口调用历史数据和报警信息。

检波法特高频在线监测系统中，内置传感器或者耦合器是在 GIS 壳内预置的一种薄膜电容器，电容量为数千皮法，在 GIS 壳外通过阻抗匹配器采集信号，监测仪器全部置于壳外。其监测原理和等效电路如图 8-11 所示，C_1 为中心导体与外壳间的电容，为几皮法。

现在已开发出中心频率 250、750、800、1400、3000MHz 等不同特高频局部放电监测装置，并得到实际应用。

特高频传感器基本可以分为耦合式和天线式两类。图 8-12 所示为英国 Strathclyde 大学研制的几种传感器，其中图 8-12（a）为内置型，图 8-12（b）、（c）为外置型。

我国科研单位对内置和外置特高频传感器都做了相应的研究，图 8-13 所示为我国研制的几种超宽带外置传感器。

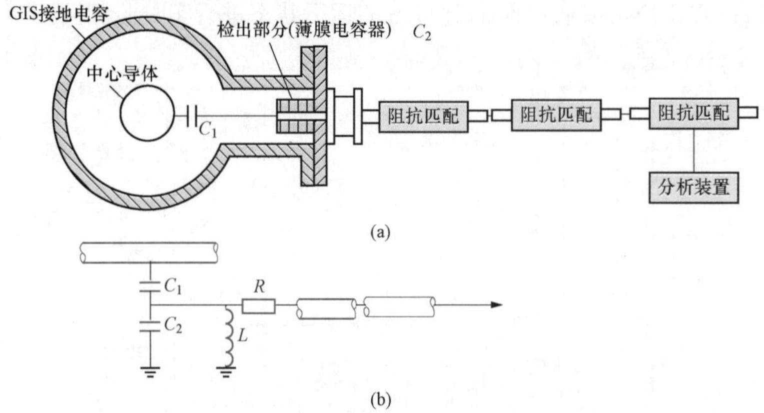

图 8-11 检波法特高频局部放电在线监测系统原理电路和等效电路

（a）原理电路；（b）等效电路

图 8-12 英国 Strathclyde 大学研制的特高频传感器

（a）盘型；（b）集成型；（c）窗口型

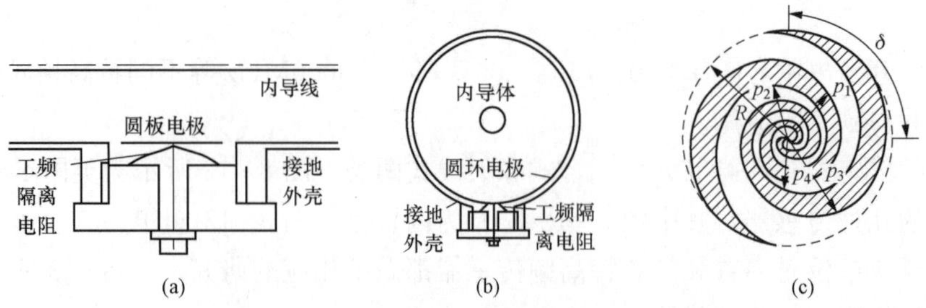

图 8-13 我国研制的几种超带宽外置传感器

（a）圆板型传感器；（b）圆环型传感器；（c）双臂平面等角螺旋传感器

特高频局部放电信号比较微弱，因此需要采用低噪声/高增益的特高频放大器来放大原始特高频信号。同时，为了避开空气中频率范围在200MHz以下的电晕干扰信号，在特高频放大器前需加装高通滤波器，因此放大器工作频带一般在200～3000MHz范围内，但在很多情况下为了避免手机通信干扰的影响，监测频带根据噪声环境相应缩减。

特高频局部放电在线监测系统结构如图8-14所示。在局部放电在线监测中，如果监测到放电信号，并确定为GIS内部的局部放电，则可以将所测波形和典型模式样本进行比较，确定局部放电的类型。局部放电类型识别的准确程度取决于经验和数据的不断积累，目前尚未达到完善的程度。在实际监测中，以往主要采用目测比较的方式，对使用者的专业水平和现场经验要求很高，判断结果具有很强的主观性。随着人工智能技术的发展，基于统计识别、线性分类器、人工神经网络等技术的自动诊断系统得到广泛的应用，大大提高了放电缺陷识别的准确性和客观性。

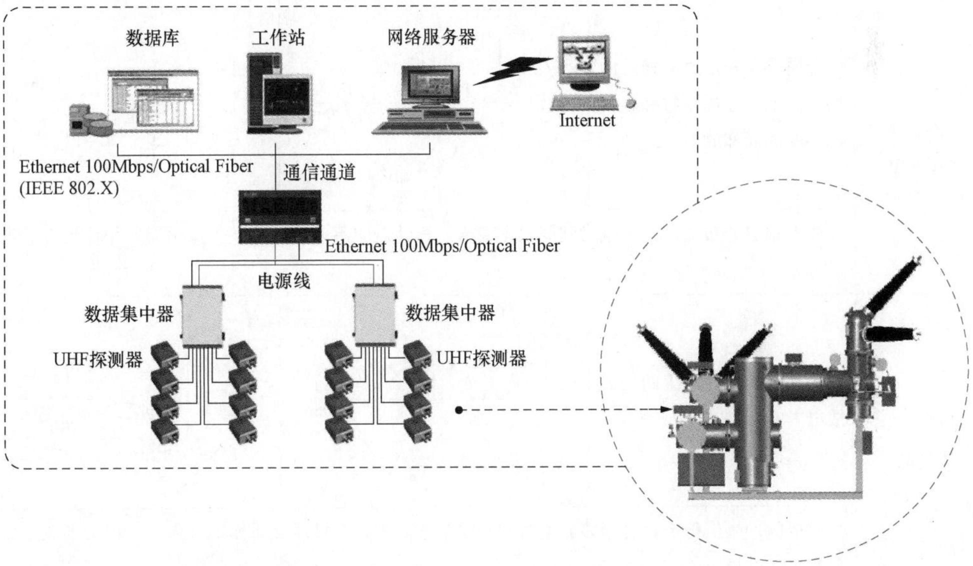

图8-14 特高频局部放电在线监测系统结构

对于由特高频传感器捕获的局部放电信号，通常的信号处理方式按照使用仪器可分为频域法和时域法。在早期的特高频监测中，一般采用扫频式的频谱分析仪，通过考察信号频谱分布和最高幅值（阈值）来判断试品或设备的绝缘状况和产生原因。随着数字技术的发展，高采样率的宽带数字采集系统越来越普及，利用快速傅里叶分析功能也可以研究局部放电信号频谱。与此同时，对多个工频周期的特高频信号进行统计分析，将更有利于进行放电缺陷的严重程度判断和模式识别，但这要求系统具有强大的数据采集、存储和处理能力。

根据典型局部放电信号的波形特征或统计特性提取局部放电指纹，建立模式库，通过局部放电监测结果和模式库的对比，可进行局部放电类型识别。局部放电的类型识别可采用人工神经网络、统计分类器等自动识别算法实现。局部放电典型放电特征及图谱见表8-3，该表以国际电工委员会（IEC）推荐的关于局部放电的典型放电图谱为依据。

局部放电类型识别主要依据放电信号的波形特征，通常特高频监测装置的生产厂商会提供典型类型局部放电的信号波形图，这些波形来自实验室模拟试验和已被验证了的现场监测结果，构成典型模式样本库。

另外，在局部放电模式识别中，由于放电信号波形、频谱和统计特性的数据量较大，如果直接对放电模式进行识别，是非常困难的。为了有效地实现分类识别，就需要选择和提取能够反映不同放电缺陷的本质特征。特征量的提取过程是对放电脉冲信号在数据量上的简化和压缩，以实现利用简单的特征量来表征放电特性。目前局部放电模式特征提取常用的方法主要有统计特征参数法、分形特征参数法、数字图像矩特征参数法、波形特征参数法、小波特征参数法等。

表 8-3　　局部放电典型放电特征及图谱

类型	放电模式	典型放电波形	典型放电谱图
自由金属颗粒放电	金属颗粒和金属颗粒间的局部放电，金属颗粒和金属部件间的局部放电	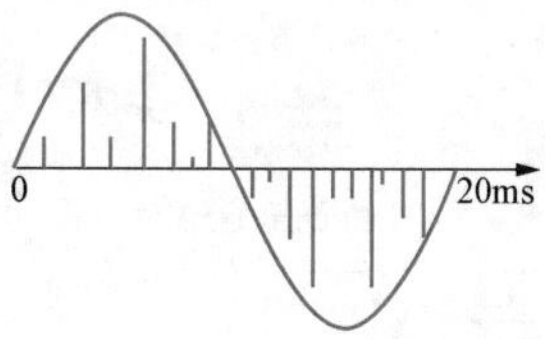	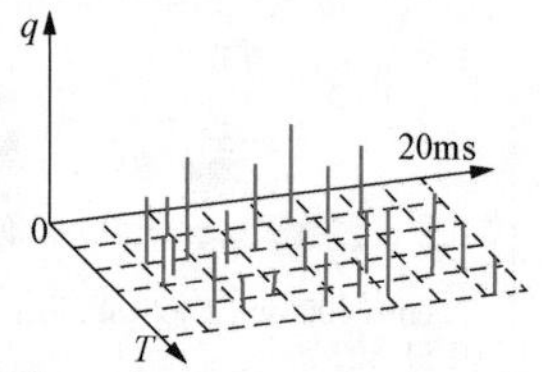
	放电幅值分布较广，放电时间间隔不稳定，极性效应不明显，在整个工频周期相位均有放电信号分布		
悬浮电位体放电	松动金属部件产生的局部放电	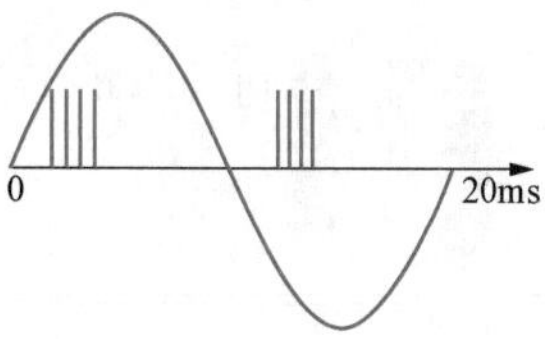	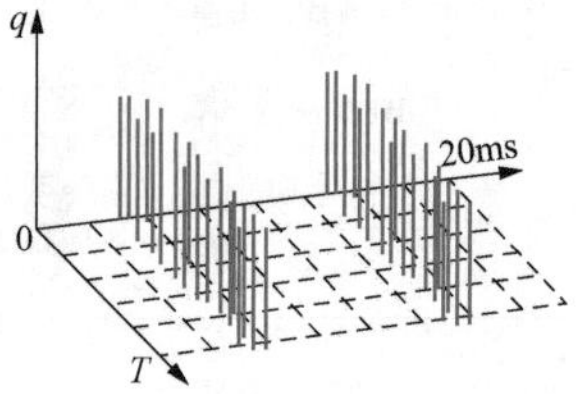
	放电脉冲幅值稳定，且相邻放电时间间隔基本一致。当悬浮金属体不对称时，正负半波监测信号有极性差异		
绝缘件内部气隙放电	固体绝缘内部开裂、气隙等缺陷引起的放电	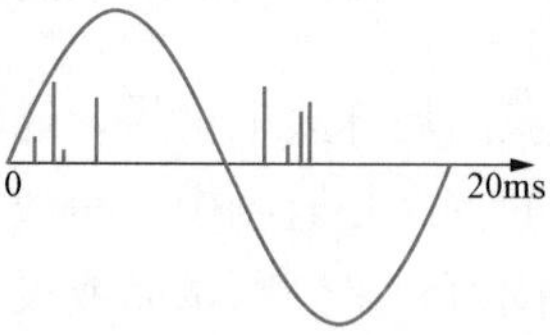	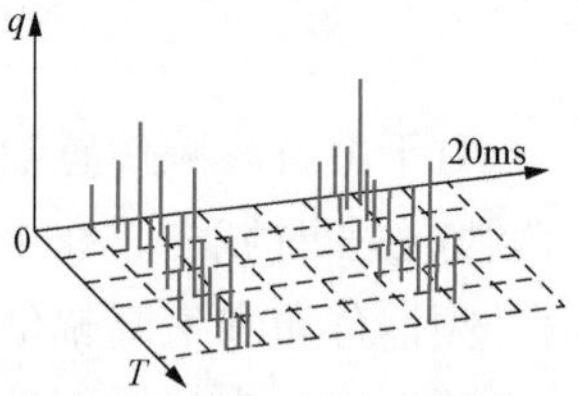
	放电次数少，周期重复性低，放电幅值也较分散，但放电相位较稳定，无明显极性效应		
沿面放电	绝缘表面金属颗粒或绝缘表面脏污导致的局部放电	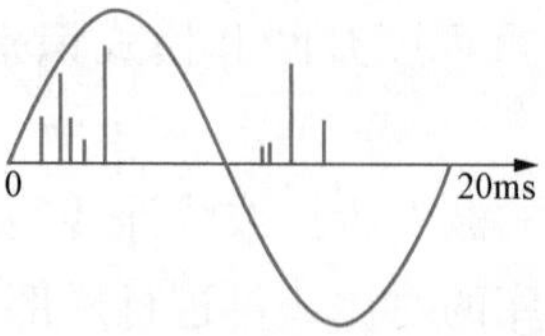	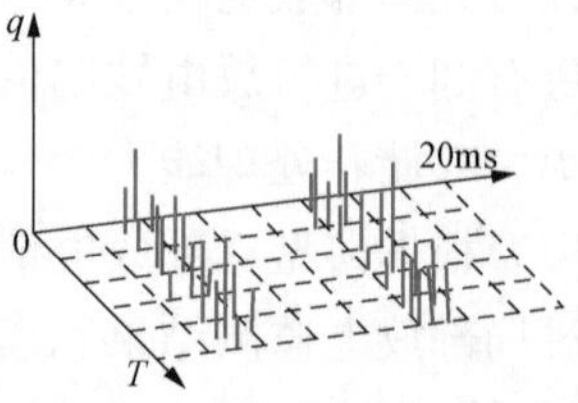
	放电幅值分散性较大，放电时间间隔不稳定，极性效应不明显		

续表

类型	放电模式	典型放电波形	典型放电谱图
金属尖端放电	处于高电位或低电位的金属毛刺或尖端，由于电场集中产生的 SF_6 电晕放电	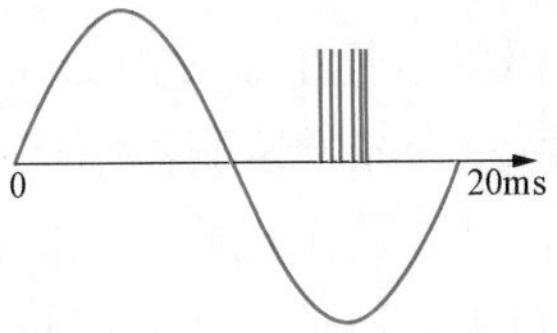	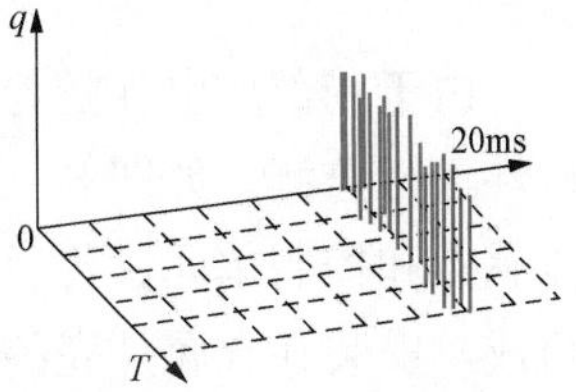
	放电次数较多，放电幅值分散性小，时间间隔均匀。放电的极性效应非常明显，通常仅在工频相位的负半周出现		

8.6 GIS局部放电气体分解产物监测

当GIS内部发生故障放电时，局部放电形成的高温将产生金属蒸气，会引起 SF_6 气体产生分解，生成化学性质很活泼的 SF_4，同时与气体中的水分子发生反应生成 SOF_2、HF、SO_2 等活泼气体。用化学分析法对这些被分解的气体进行检查，测量 H^+ 或 F^- 离子含量，就可推断 SF_6 的分解情况，测出GIS内部发生的局部放电。

利用气体监测器进行酸度测量十分灵敏、方便。图8-15所示为一种简易的气体分解物监测器。将气体监测器装在GIS气体管道口处，打开GIS管道口和气体监测器的流量调节阀，使试样气体流过探头。经过一定时间后，分解气体在监测元件上发生作用，导致监测元件变色，指示剂的变色长度几乎与分解气体浓度成正比，因而根据变色的长度，可初步判断分解气体浓度。

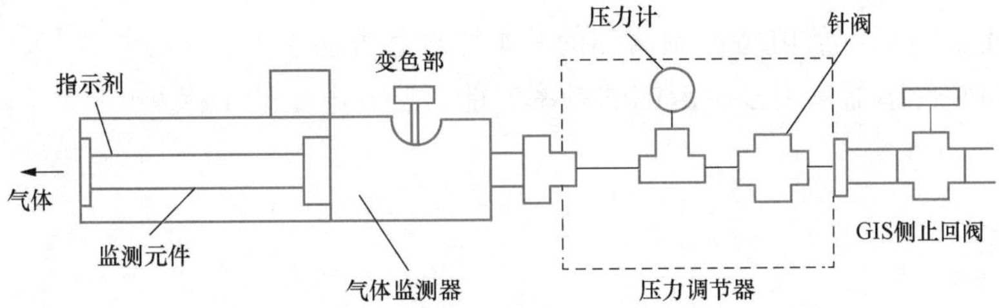

图8-15　气体分解物监测器结构示意图

通常可选用灵敏度高和变色清晰的溴甲酚红紫指示剂，这种指示剂随氢离子浓度的变化而变色，其pH值在转变范围5.2～6.8之间。这种敏感元件包括一支充有氧化铝粉和指示剂碱溶液的玻璃管，将含有分解气体的气样通过该敏感元件，玻璃管内的颜色从蓝紫色变到黄绿色。肉眼可观察相当于 0.03×10^{-6} 的分解气体浓度。这种方法的特点是：①从有、无变色就能简单地判断出有、无明显局部放电发生；②操作容易，不需要专门培训，携带方便；③不受电气机械噪声的影响。

8.7 GIS局部放电的光学监测

由于局部放电伴随着光辐射，若在GIS内部安装光传感器，就可以利用局部放电光特性进行监测。如图8-16所示为光学监测器原理框图。光学监测器配置有高灵敏度的传感器和控制单元。传感器由装在屏蔽电磁、光的铁壳中的光电倍增管和信号处理回路组成，安装在金属外壳的窗口上，以便监测GIS内部的局部放电。测量到的信号通过电缆送到控制单元，其信号按电流和距离进行校正，并显示出来。

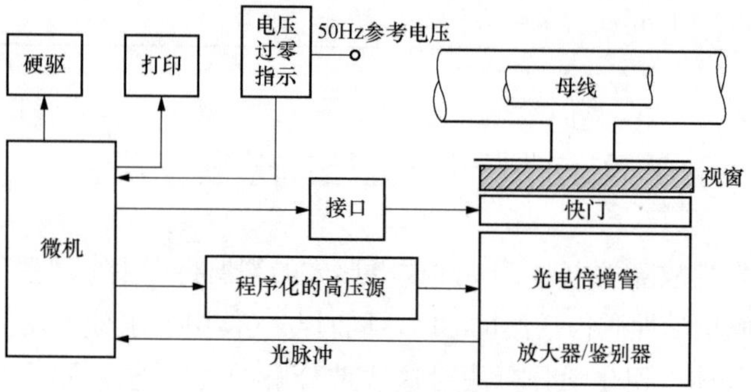

图8-16　光学监测器原理框图

思考题

1. 简述GIS有哪些常见故障及原因。
2. 简述GIS放电脉冲电流法在线监测的原理和方法。
3. 简述GIS声—电联和法的原理和特点。
4. 简述GIS局部放电特高频监测的基本原理和方法。
5. 特高频传感器采用多少范围的频率？能否避开电晕的干扰？

9

高压断路器的在线监测

9.1 概　　述

高压断路器是电力系统中最重要的开关设备，担负着控制和保护的功能，即根据电网运行的需要用来可靠地投入或切除相应的线路或电气设备。当线路或电气设备发生故障时，断路用于将故障部分从电网中快速切除，保证电网无故障部分正常运行。如果断路器不能在电力系统发生故障时开断线路、消除故障，就会使事故扩大造成大面积的停电。因此，高压断路器性能的好坏、工作的可靠程度，是决定电力系统安全运行的重要因素。在电力系统中工作的高压断路器必须满足灭弧、绝缘、发热和电动力方面的一般要求。

高压断路器就其对地绝缘方式来讲大体可分为以下两种类型：

（1）接地金属箱（或罐）型。接地金属箱型断路器的结构特点是触头和灭弧室装于接地的金属箱中，导电回路靠绝缘套管引入，如图 9-1 所示。它的主要优点是：可以在进出线套管上装设电流互感器以提供电流信号，利用出线瓷套的电容式分压器以提供电压信号。这种类型的断路器在使用不需再配专用的电流和电压互感器。

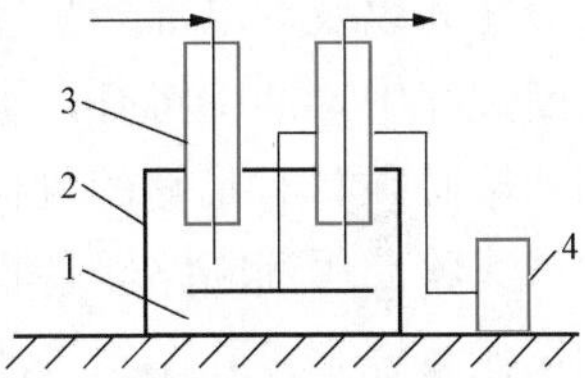

图 9-1　接地金属箱型断路器结构示意图

1—断口；2—箱；3—绝缘套管；4—操动机构

（2）套管支持型。套管支持型断路器的结构特点是安置触头和灭弧室的容器（可以是金属筒，也可以是绝缘筒）处于高电位，靠支持套管对地绝缘，如图 9-2 所示。其主要优点是可用串联若干个开断元件和加高对地绝缘尺寸的方法组成更高电压等级的断路器，如图 9-3 所示。

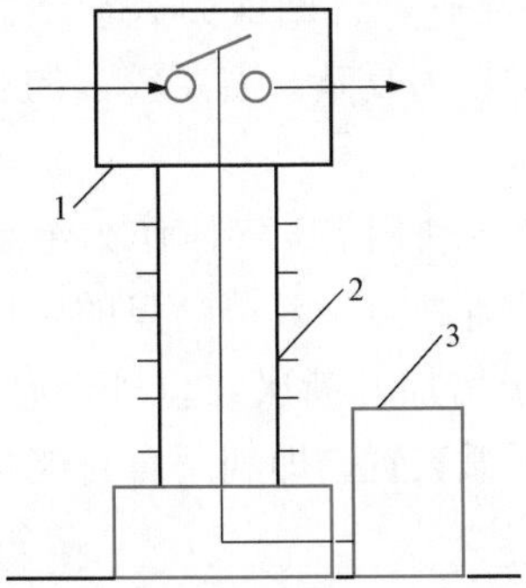

图 9-2　套管支持型断路器结构示意图

1—开断元件；2—支持绝缘子；3—操动机构

用断路器来关合和开断电力系统某些元件时，会出现电弧。关合与开断的电流越大，电弧就越强烈，其工作条件也就越严重。虽然从理论上讲，开断过程中出现的电弧可能在交流电流过零时自然熄灭，但由于电弧一经形成，断开间的绝缘不能立刻恢复，此时，只要在断口上加上一个比较低的电压，电弧就会重新形成，所以断路器的设计主要是围绕如何灭弧进行的。

按照灭弧介质的不同，断路器可划分为：①油

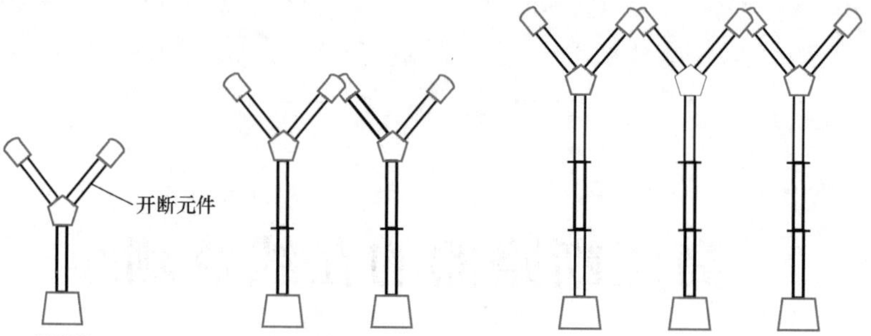

图 9-3　断路器的积木组合方式

断路器，指触头在变压器油中开断，利用变压器油作为灭弧介质的断路器；②空气断路器，指利用高压力的空气来灭弧的断路器；③六氟化硫断路器，指利用高压力的六氟化硫（SF_6）气体来灭弧的断路器；④真空断路器，指触头在真空中开断，利用真空作为绝缘介质和灭弧介质的断路器。

（1）油断路器。油断路器是最早出现、使用最广泛的一种断路器，制成金属箱型的油断路器常称为多油断路器，制成套管支持型的油断路器常称为少油断路器。多油断路器的结构是所有元件都处于接地的金属油箱中，油一方面用来灭弧，另一方面用作导电部分之间以及导电部分与接地油箱之间的绝缘介质。由于电弧的高温作用，在断路器的开断过程中，油中将有大量的气体分解出来，造成油箱压力急剧升高，因此多油断路器的油箱必须具有足够的机械强度。目前多油断路器主要用于 35kV 及以下电压等级的非主干线路。少油断路器是我国以前用量最大的断路器，它的结构特点是触头、导电系统和灭弧系统直接装在绝缘油筒或不接地的金属油箱中，变压器油只用来熄灭电弧和作为触头间的绝缘用，断路器导电部分的对地绝缘主要靠瓷套管、环氧玻璃布和环氧树脂等固体绝缘介质。少油断路器中都装有灭弧室并设油气分离器，把在电弧作用下分解出的气体中所含的油进行分离和冷凝后重新送回油箱。油断路器的灭弧室分为自能式和外能式两种，绝大多数油断路器都采用自能式灭弧原理。

（2）空气断路器。空气断路器是利用压缩空气来吹弧并用空气作操作能源的一种断路器。空气断路器是高压和超高压大容量断路器的主要品种，开断能力大，燃弧时间短，动作快，容易实现快速自动重合闸。空气断路器结构较为复杂，需要较多的有色金属，通常只在 330kV 及以上电压等级中才应用空气断路器。

（3）SF_6 断路器。SF_6 断路器是新一代的开关断路器，利用 SF_6 气体作为绝缘和灭弧介质，具有灭弧能力强、介质强度高、介质恢复速度快等特点。其单断口的电压可以做得很高，在 SF_6 中断路器触头材料烧蚀极轻微，有利于增加开断次数。SF_6 断路器的灭弧装置分为压气式和旋转式，近年来又发展了自能式灭弧装置，即利用自身能量建立熄灭电弧所需要的吹气压力来灭弧。

（4）真空断路器。真空断路器利用真空作为触头间的绝缘及真空灭弧室的灭弧介质。真空灭弧室的真空度在 $1.33\times10^{-2}\sim1.33\times10^{-5}$ Pa 之间，属于高真空范畴。真空灭弧室的绝缘性能好，触头开距小（12kV的真空断路器的开距约为10mm，40.5kV约为25mm），要求操动机构提供的能量也小，电弧电压低，电弧能量小，开断时触头表面烧损轻微，因此真空断路器的机械寿命和电气寿命都很高。真空断路器可用于要求操作频繁的场所，目前广泛用于10、35kV的配电系统中，额定开断电流已做到50～100kA。

目前，高压线路普遍采用SF_6断路器，中低压线路普遍采用真空断路器，油断路器和空气断路器已渐渐退出运行线路。

高压断路器的绝缘主要有三部分：一是导电部件对地之间的绝缘，通常由支持绝缘子（或瓷套）、绝缘拉杆和提升拉杆以及绝缘油（或绝缘气体）组成；二是同相断口间的绝缘；三是相间绝缘，各相独立的断路器的相间绝缘就是空气间隙。断路器各部分绝缘应能承受标准所规定的试验电压的作用。

影响高压断路器绝缘性能的主要因素有：

（1）水分。变压器油中吸入$1/10^4$的水分将使其耐压水平降低为原来的几分之一，绝缘胶纸受潮后沿面放电电压将大大下降，且由于绝缘电阻的下降，在工作电压下就可能发生热击穿。

（2）外绝缘污闪。断路器断口间的工频电压可以达到两倍相电压，在外绝缘污脏并出现雾雨天时容易发生污闪。

（3）绝缘胶开裂。由于热胀冷缩而导致瓷套管充胶开裂、密封结构老化，使绝缘强度大大降低。

断路器中的断口连接是靠电接触，接触电阻的存在增加了导体通电时的损耗，导致接触处的温度升高，将直接影响其间绝缘介质的品质。为保证断路器的可靠工作，无论是导体本身还是接触处的温升都不允许超过规定值，这就要求必须控制接触电阻的数值，使之不超过允许值。

断路器要求在运行过程中能在工频最大工作电压下长期工作不击穿，在最大负载电流下长期工作时各部分温升不超过规定值，并能承受短路电流所产生的热效应和电动力效应而不损坏。

9.2 高压断路器常见运行故障

高压断路器的运行特性和绝缘、触头材料、机械动作可靠性等诸多特性有关，其试验项目也有别于一般静态运行的电气设备，需综合考量电气和机械动作特性。

1. 绝缘故障

因绝缘问题引发高压断路器故障的次数是最多的，主要有内、外绝缘对地闪络击穿，相间绝缘闪络击穿，雷电过电压击穿，瓷套管、电容套管污闪、闪络、击穿、爆炸，绝缘拉杆闪络，电流互感器闪络、击穿、爆炸等。其中以内绝缘故障、外绝缘和瓷套闪络故障发生次数较多。

内绝缘故障原因：在断路器安装或运行过程中，断路器内出现的异物或剥落物可导致断路器本体内发生放电；此外，因触头及屏蔽罩安装位置不正而引起的金属颗粒磨损脱落也可导致断路器内部发生放电。

外绝缘和瓷套闪络故障原因：主要是瓷套的外形尺寸和外绝缘泄漏比距不符合标准要求以及瓷套的质量有缺陷。

由于断路器与开关柜不匹配、柜内隔板吸潮、绝缘距离不够、爬电比距不足、无加强绝缘措施等原因，导致高压开关柜发生绝缘故障的次数也较多，主要有电流互感器闪络、柜内放电和相间闪络等。此外，开关柜内元件有质量缺陷也将导致相间短路故障。

2. 拒动故障

高压断路器的拒动故障包括拒分和拒合故障。其中拒分故障最严重，可能造成越级跳闸从而导致系统故障，扩大事故范围。造成断路器拒动主要有机械原因和电气原因。

（1）机械原因。机械故障主要由生产制造、安装调试、检修等环节引发。因操动机构及传动系统机械故障而引发的断路器拒动占拒动故障的65%以上，具体故障有机构卡涩，部件变形、位移、损坏、轴销松断，脱扣失灵等。

（2）电气原因。由电气控制和辅助回路故障引发。具体故障有分合闸线圈烧损、辅助开关故障、合闸接触器故障、二次接线故障、分闸回路电阻烧毁、操作电源故障、熔丝烧断等。其中分合闸线圈烧损一般因机械故障而引起线圈长时间带电所致；辅助开关及合闸接触器故障虽表现为二次故障，实际多为触头转换不灵或不切换等机械原因引起；二次接线故障基本是由于二次线接触不良、断线及端子松动引起。

3. 误动故障

高压断路器的误动主要是由二次回路故障、液压机构故障和操动机构故障引起。

（1）二次回路故障。二次回路故障主要由因接线端子排受潮绝缘降低，合闸回路和分闸回路接线端子间发生放电而产生的二次回路短路引发。此外还有二次电缆破损、二次元件质量差、断路器误动、继电保护装置误动等原因。

（2）液压机构故障。断路器出厂时因阀体紧固不够、装配不合格、清洁度差而造成密封圈损坏，从而促发液压油泄漏或机械机构泄压，最终导致断路器强跳或闭锁。

（3）弹簧操动机构故障。检修断路器时，因调整操动机构分（合）闸掣子使弹簧的预压缩量不当，导致弹簧机构无法保持而引起断路器自分或自合。

4. 开断与关合故障

少油和真空断路器出现开断与关合故障较多，主要集中于7.2～12kV电压范围内。少油断路器发生故障主要是因为喷油短路烧损灭弧室，导致断路器开断能力不足，在关合时发生爆炸；真空断路器发生故障主要是因为真空灭弧室真空度下降，导致真空断路器开断关合能力下降，引起开断或关合失败；SF_6断路器发生故障主要是由于SF_6气体泄漏或者微水含量超标引起灭弧能力下降。

5. 载流故障

载流故障主要是由于触头接触不良过热或者引线过热而造成。触头接触不良是由于装配过程没有使动、静触头完全对准或对准偏差过大，操作过程中灭弧室喷口与静弧触头碰撞导致喷口断裂造成开关事故。7.2～12kV 电压等级开关柜发生载流故障主要是由于开关柜中触头烧融或隔离插头接触不良过热导致燃弧而引发。

9.3 高压断路器的在线监测

高压断路器与其他电气设备（如电机、电抗器、电容器）相比，有以下几个特点：结构的多样性、试验的重要性、高度的可靠性。电力系统的运行状态和负载性质是多种多样的，作为控制、保护元件的高压断路器，要保证电力系统的安全运行，对它的要求也是多方面的，如对电气性能、机械性能、开合能力以及断路器所处自然环境的要求，但是高度的可靠性是对高压断路器最基本的要求。

与高压断路器所保护的电气设备（如发电机、变压器）相比，单台断路器的价格低得多。但是因断路器故障造成的损失，如引起其他电气设备的损坏和电力系统的停电，则远远超过断路器本身的价值。断路器的在线监测工作，无论是国内还是国外，都还没有通用的在线监测装置标准产品，各研究机构或制造厂家根据不同的断路器装置和用户要求而生产不同的产品。

高压断路器的在线监测装置可以分为两种类型：一种是具有综合功能的在线监测装置，它监测断路器的状态参数相对多一些，如断路器的分、合闸速度和时间，断路器的开断电流和燃弧时间、气体压力等；另一种则是专门的参数在线监测装置，如断路器的机械在线监测、绝缘的在线监测、温度监测等。

高压断路器的在线监测内容主要包括：交流泄漏电流监测、介质损耗角正切值监测、高频接地电流监测、机械特性监测、灭弧室和灭弧触头电寿命监测、温度监测、真空度监测、SF_6 泄漏监测等。

9.3.1 交流泄漏电流在线监测

高压少油断路器在运行时，承受运行电压的绝缘是拉杆和绝缘油。高压少油断路器最常见的故障是断路器进水受潮，使得绝缘水平下降，有时甚至发生击穿或爆炸事故。

要实现断路器交流泄漏电流的在线监测，需要对断路器结构进行必要的改造。断路器的改造主要是对指对绝缘拉杆的改造，将电流表（微安表）串入回路，以满足在线监测交流泄漏电流的要求。断路器的绝缘拉杆一端通过操动机构接地，一端接于运行相电压上，改造的方法是在距离绝缘拉杆接地端上部 1～2cm 处镶上金属圆环，在圆环上焊接或用螺钉固定测量电极，并用可伸缩的弹性引线由断路器底部用小套管引出，在运行时将其接地。测量小套管与绝缘拉杆上镶包的圆环电极间的引线，采用具有伸缩弹性的绝缘软线，是为了在断路器分、合及绝缘拉杆发生快速运动时，弹性导线随之伸缩，保证不会断脱。

将测量引线接于测量小套管上，引线经桥式整流电路接地，用直流微安表测量，测量线路如图 9-4 所示。测量时，断开测量小套管接地引线，由直流微安表读出运行电

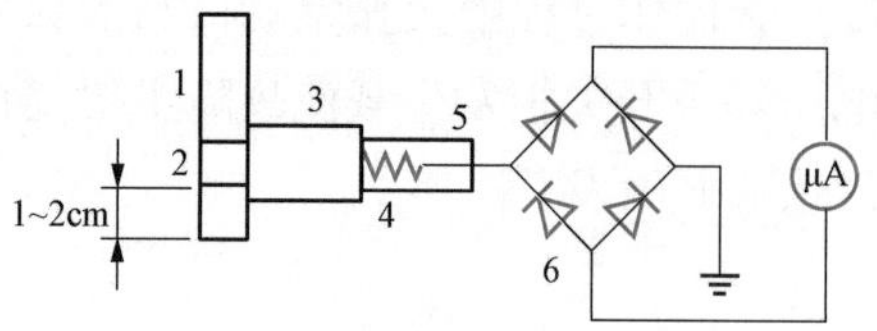

图 9-4　高压少油断路器交流泄漏电流在线监测原理图

1—绝缘拉杆；2—金属圆环；3—测量电极；4—绝缘引线；5—测量小套管；6—桥式整流

压下的泄漏电流（直流微安表接于桥式整流电路另两个端点）。测量完毕后，测量小套管恢复接地，使高压少油断路器恢复正常运行。

在线监测得到的断路器交流泄漏电流小于 DL/T 596—1996《电气设备预防性试验规程》规定的 10μA 时，与直流 40kV 电压下泄漏电流试验基本上一致。当断路器进水受潮后，监测交流泄漏电流基本能反映绝缘缺陷，考虑到在线监测交流泄漏电流的偏差，通常将交流泄漏电流的判断标准规定为不大于 5μA。当大于 5μA 时应引起注意，而当大于 8μA 时应停电检查。监测交流泄漏电流也可以有效地检出绝缘拉杆分层开裂的缺陷。

现场测量交流泄漏电流会受电场干扰和潮湿气候的影响。通常 A 相泄漏电流偏大，而 C 相泄漏电流偏小，应按历次测量数据进行比较、分析、判断。测量读数应该在晴天进行，空气相对湿度应不大于 65%。

9.3.2　介质损耗角正切值的在线监测

高压少油断路器改造成经测量小套管将拉杆绝缘引出后，接入西林电桥就可以用于在线监测介质损耗角正切（$\tan\delta$）。

电桥的第一臂为试品 C_x，第二臂为标准电容器 C_N，第三臂为可变电阻 R_3，第四臂由固定电阻 $R_4=3184\Omega$ 与电容箱 C_4 并联组成，则

$$C_x = C_N \frac{3184}{R_3} \tag{9-1}$$

$$\tan\delta = \omega R_4 C_4 \times 10^{-6} = C_4(\mu F) \tag{9-2}$$

现场在线监测 $\tan\delta$ 主要困难是缺乏高压标准电容器，必要时可用断口电容器串联或无放电耦合电容器作为标准电容器，但应注意电桥平衡条件。如遇到电桥不平衡情况，可以采用降低并联电阻 R_4 或增大可调电阻箱的方法，也可采用将标准电容和试品位置对调的方法。

由于在线监测试验电压较高，电场干扰影响相对较小，如能做到两次测量基本相同，一般可以忽略不计干扰的影响。

由于在停电条件下测量少油断路器的 $\tan\delta$ 时，分散性较大，所以在 DL/T 596—1996 中并未要求测 $\tan\delta$。但是在运行条件下，测量结果分散性较小，可以根据历次测量结果进行相互比较，并结合泄漏电流的测量结果对少油断路器的状况做出正确的判断。

9.3.3　高频接地电流的在线监测

由高压断路器（如 SF_6 断路器）内部放电产生的高频电晕电流，会流入壳体的接地线，通过传感器监测该电流，用滤波器消除干扰后，进行输出信号的判断处理，原理如图 9-5 所示。

除局部放电之外的各种外部干扰所产生的电流也会流入接地线，所以要利用传感器

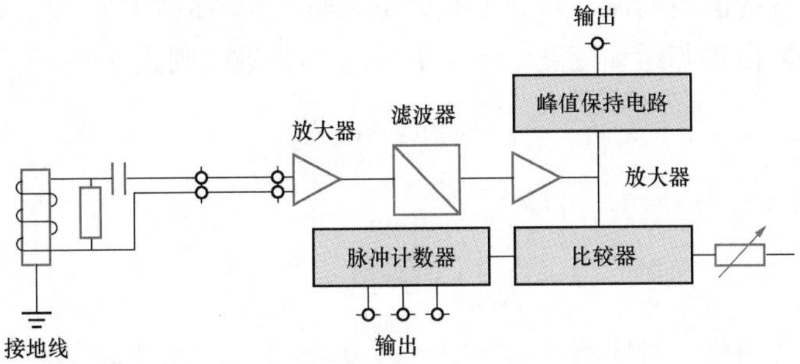

图 9-5　接地电流监测法的原理

的特性和滤波器，尽量消除那些外部放电。可采用第 8 章所叙的脉冲鉴别线路。

9.3.4　断路器机械特性的在线监测

断路器与其他电气设备相比，机械部分零部件特别多，加之这些部位动作频繁，造成故障的可能性就大。从中国电力科学研究院对全国 6kV 以上高压开关故障原因的统计分析中看出，在拒动、误动故障中操动机构故障占 41.63%；国际大电网会议（CIGRE）资料也表明，操动机构故障占 43.5%。由此可见，无论是国内还是国外，机械性故障是构成断路器故障的主要原因，所以对断路器机械状态的监测以及故障诊断甚为重要。

1. 断路器合闸、分闸线圈电流监测

高压断路器一般都是以电磁铁作为操作的第一级控制件。大多数断路器均以直流为其控制电源，故直流电磁线圈的电流波形中包含诊断机械故障的重要信息。断路器分、合闸线圈电路如图 9-6 所示，图中 L 的大小取决于线圈和铁芯铁轭等的尺寸，并与铁芯的行程 s（即铁芯向上运动经过的路程）有关密切关系，其值随着 s 的增加而增加。

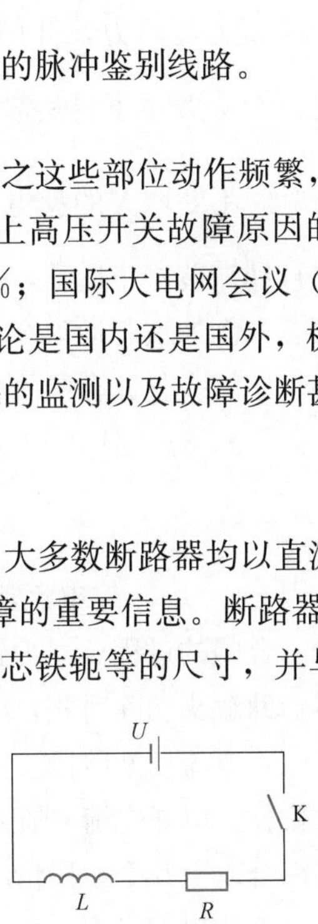

图 9-6　断路器分、合闸线圈电路图

设铁芯不饱和，则 L 与 i 的大小有关，电路中开关 K 合闸后，由图 9-7 得

$$u = iR + \frac{\mathrm{d}\psi}{\mathrm{d}t} \tag{9-3}$$

式中：ψ 为线圈的磁链，$\psi = Li$。于是，式（9-3）可变为

$$u = iR + \frac{\mathrm{d}(Li)}{\mathrm{d}t} = iR + L\frac{\mathrm{d}i}{\mathrm{d}t} + i\frac{\mathrm{d}L}{\mathrm{d}s}\frac{\mathrm{d}s}{\mathrm{d}t} \tag{9-4}$$

$$u = iR + L\frac{\mathrm{d}i}{\mathrm{d}t} + i\frac{\mathrm{d}L}{\mathrm{d}s}v \tag{9-5}$$

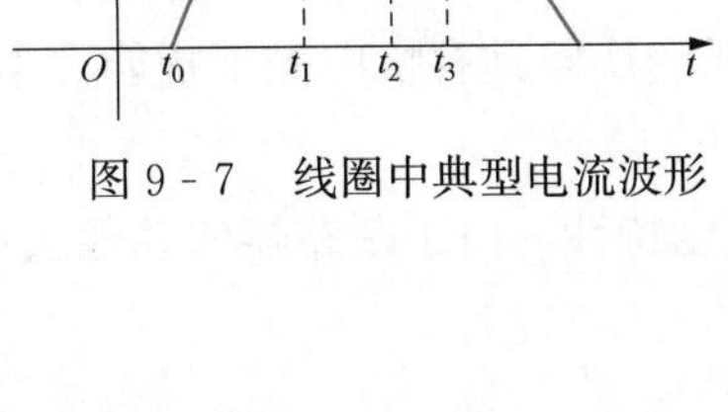

图 9-7　线圈中典型电流波形

断路器操作时，线圈中的典型电流波形如图 9-7 所示。根据铁芯运动过程电流波形可分为以下四个阶段。

（1）铁芯触动阶段。在 $t = t_0 \sim t_1$ 的时间段，t_0 为断路器分（合）命令到达时刻，是断路器分、合时间计时起点；t_1 为线圈中电流、磁通上升到足以驱动铁芯运动的时刻，即铁芯开始运动的时刻。在这一阶段铁芯运动速度 $v=0$，$L=L_0$ 为常数，则式（9-5）可改为

$$U = iR + L_0\frac{\mathrm{d}i}{\mathrm{d}t} \tag{9-6}$$

代入起始条件，$t=t_0$ 时 $i=0$，可得

$$i = \frac{U}{R}\left[1-\exp\left(-\frac{R}{L_0}t\right)\right] \tag{9-7}$$

这是指数上升曲线，对应图 9-7 中 $t=t_0\sim t_1$ 的电流波形起始部分。

（2）铁芯运动阶段。在 $t=t_1\sim t_2$ 时间段，铁芯在电磁力的作用下不，克服了重力、弹簧力等阻力，开始加速运动，直到铁芯上端面碰撞到支持部分停止运动为止。此时 $v>0$，L 也不再是常数，i 将按照式（9-5）变化。通常 $v>0$，$\frac{\mathrm{d}L}{\mathrm{d}s}>0$，$L\frac{\mathrm{d}i}{\mathrm{d}t}$表现为随时间不断增大的反电动势，通常大于 U，故$\frac{\mathrm{d}i}{\mathrm{d}t}$为负值，即 i 在铁芯运动后迅速下降，直到铁芯停止运动，v 重新为零为止。根据这一阶段的电流波形，可诊断铁芯的运动状态，例如铁芯运动有无卡涩以及脱扣、释能机械负载变动的情况。

（3）触头分、合闸阶段。在 $t=t_2\sim t_3$ 时间段，铁芯已停止运动，$v=0$，i 的变化类似于式（9-6），但 $L=L_{\mathrm{m}}$（$s=s_{\mathrm{m}}$ 时的电感）时有

$$i = \frac{U}{R}\left[1-\exp\left(\frac{R}{L_{\mathrm{m}}}t\right)\right] \tag{9-8}$$

因 $L_{\mathrm{m}}>L_0$，故电流比第一阶段上升得慢。这一阶段是通过传动系统带动断路器触头分、合闸的过程。t_2 为铁芯停止运动的时刻，而触头则在 t_2 前后开始运动，t_3 为断路器辅助触头切除时刻，$t_3\sim t_0$ 或 $t_3\sim t_2$ 可以反映操动传动系统运动的情况。

（4）电流切断阶段。$t=t_3$ 时，辅助触头切断后随之开关 K 断开，触头间产生电弧并被拉长，电弧电流 i 随之减小至零直至熄灭。

综合以上几个阶段情况，通过分析 i 的波形和 t_1、t_2、t_3、I_1、I_2、I_3 等特征值可以分析出铁芯启动时间、运动时间、线圈通电时间等参数，从而得到铁芯运动和所控制的启动阀，铁闩以及辅助开关转换的工作状态，即可以监测出操动机构的工作状态，从而预告故障的前兆。例如 I_1、I_2、I_3 三个电流分别反映电源电压、线圈电阻以及电磁铁动铁芯运动的速度信息，可作为分析动作的参考。图 9-8 所示为国产 CY-1 型液压操动机构各种状态的电流波形，其他操动机构与此类似。

2. 断路器操动机构行程及速度的监测

通过对监测断路器触头运动的曲线进行分析，可判断是否出现机械故障。例如，监测分、合闸线圈的电压特性，可采用一种性能优异的隔离器——基于霍尔效应的霍尔器件，并根据磁场平衡原理制造的 LEM 电压变换器，直接把分、合闸线圈的直流 220V 电源电压转换为微机系统能接收的电平信号。LEM 电压变换器具有抗电磁干扰能力强、准确度高、线性度高的特点。

采用光电轴角编码器监测断路器主轴的分、合闸速度特性。由于断路器的动触头在

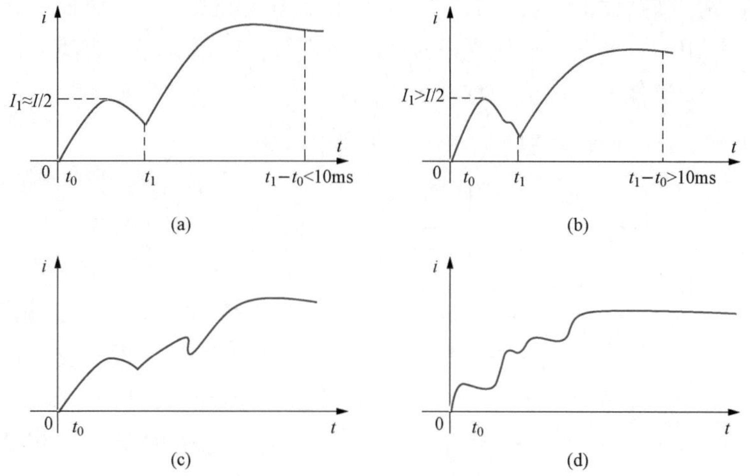

图 9-8　CY-1 型液压操动机构电流波形

(a) 正常波形；(b) 铁芯吸力不足或阻力过大；(c) 铁芯卡涩或空行程太小；(d) 铁芯行程太小或空行程均小

分、合闸过程中的运动行程与主轴的转角之间的关系曲线近似为直线，所以测得断路器主轴的分、合闸速度特性，也可得到其动触头的速度特性。光电轴角编码器是一种数字式传感器，它采用圆光栅，通过测量分、合闸过程中光电编码器输出的各个电脉冲信号的脉宽，即可得到断路器的分、合闸速度特性。

图 9-9 所示为某变电站一台断路器的分闸电压 u（已经软件换算为实际的电压值）和分闸速度 v（已经软件处理换算为动触头速度特性）与行程 s（用光电编码器输出的脉冲顺序数 N 代替表示）的实测数据经工业控制计算机处理打印输出的特性曲线。

根据分闸电压特性曲线和速度特性曲线，可知断路器的操作电源系统和机械操动机构的运行情况；对断路器的历次动作特性曲线加以纵向比较分析，可对断路器的运行状态进行正确的判断分析，为实现断路器从预防维修到状态检修的转变提供了必要的依据。

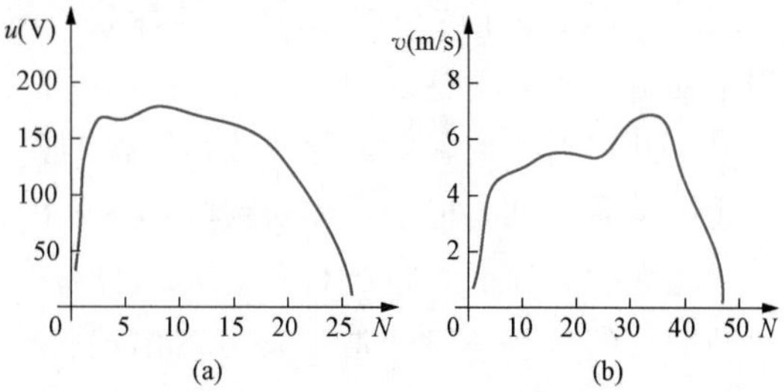

图 9-9　断路器机械特性试验曲线

(a) 分闸电压特性；(b) 分闸速度特性

断路器行程的监测可选用光栅行程传感器、电阻行程传感器等，若装在做直线运动机构上可选用直线式行程传感器，若安装在操动机构的转动轴上则应选用旋转式传器。传感器输出的脉冲信号经光电隔离、整形、逻辑处理、数据采集后可得到断路器操作过程中的行程—时间特性曲线。根据该特性曲线可计算出以下参数：平均速度，分、后合前 10ms 内的平均速度。在线监测的困难在于行程传感器不能安装在动触头上，因此不能直接测得触头行程。

目前测量高压断路器的行程—时间特性，多采用光电式位移传感器与相应的测量电路配合进行，常用的有增量式旋转光电编码器或直线光电编码器。直线光电编码器安装在断路器直线运动部件上，或者把旋转光电编码器安装在断路器操动机构的主轴上，通过传感器测量分（合）闸操作时动触头的运动信号波形。

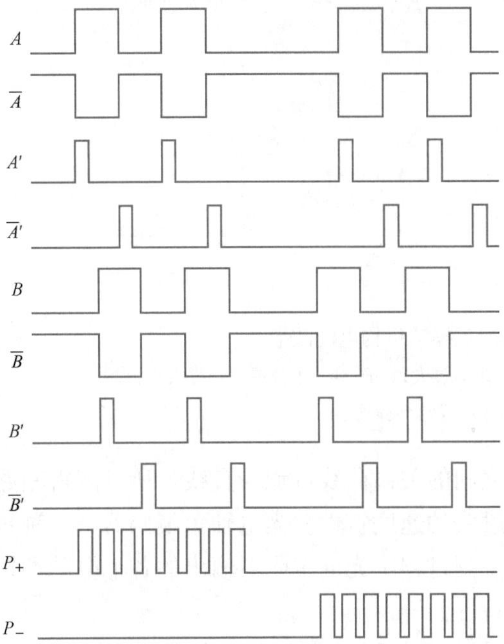

图 9-10　正交逻辑处理波形

旋转光电编码器是输入轴角位移传感器，采用圆光栅，通过光/电转换，将轴旋转角位移转换成电脉冲信号。当输入轴转动时，编码器输出 A 相、B 相两路相位差 90°的正交脉冲串，正转时 B 脉冲超前 A 脉冲 90°，反转时 A 脉冲超前 B 脉冲 90°，如图 9-10 所示。

采集 A 相、B 相两路脉冲，再对两相脉冲整形得到 A、$\overline{A}$、B、$\overline{B}$ 四路方波信号，这四路方波信号经过处理得到上升沿窄脉冲信号 A'、$\overline{A}'$、B'、$\overline{B}'$，再对窄脉冲信号进行运算处理，输出两路加减脉冲 P_+ 和 P_- 信号（P_+ 表示正转时的脉冲数，P_- 表示反转时的脉冲数），可得到 P_+ 和 P_- 的计算公式

$$P_+ = A'\overline{B} + \overline{A}'B + B'A + \overline{B}'\overline{A} \tag{9-9}$$

$$P_- = A'B + \overline{A}'\overline{B} + B'\overline{A}' + \overline{B}'A \tag{9-10}$$

两路加减脉冲信号经加减计数器计数，输出 12 位二进制编码，其值与断路器操作过程中动触头的运动过程相对应。

由于断路器种类繁多，脉冲数与行程的关系也很复杂，有的是线性关系，而有的又是非线性关系，这要根据具体断路器具体分析。

如图 9-11 所示，利用合（分）闸操作过程中动触头的行程—时间波形，可算出动触头合（分）闸操作的运动时间、动触头行程、动触头运动的平均速度和最大速度、时间—速度曲线等参数，并且通过对两相信号的计数，能得到转轴转动的角位移的正负，从而可以测得断路器触头运动的反弹情况。

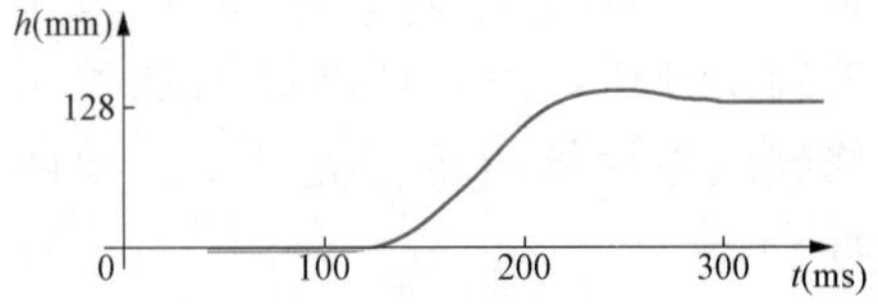

图 9-11　某断路器合闸操作过程行程—时间特性曲线

断路器在合闸过程中，动触头刚开始的行程是 0，随着时间的增加，P_+（正向脉冲数）也相应增加，根据脉冲个数与行程的对应关系，则知断路器触头的行程也在增加，在某个时间只取得最大值。时间继续增加，P_- 开始出现，说明触头出现了反弹。这样，

P_+和P_-交替出现，这表示合闸快结束时触头出现了反弹。时间继续增加，P_+和P_-不再变化，说明合闸过程结束。所以，从P_+开始出现，到P_+和P_-都不再变化这段时间，是合闸时间。

把两个相邻的时间值相减，则得到采样间隔，再根据脉冲数与行程的关系，则得到采样间隔所对应的行程，用这段行程除以采样间隔，则得到该段行程对应的触头运动速度。当反弹开始出现时，计算方法与没有反弹出现时的情况一样。计算完所有采样间隔对应的触头运动速度，则得到触头运动的时间—速度曲线；取出最大值，则得到触头合闸过程中运动的最大速度。

用同样的方法，可以得到分闸过程触头运动的时间—速度特性曲线、分闸时间等参数。

3. 断路器振动信号的监测

监测断路器操作时发出的机械振动信号，也可用来诊断高压断路器机械系统的工作状态。因为高压断路器是一种瞬动式机械，在动作时具有高度冲击、高速度运动的特点。其动作的驱动力可达到数万牛以上，在几毫秒的时间内，动触头系统能从静止状态加速到每秒几米，加速到100倍于重力加速度的数量级。而在制动、缓冲过程中，撞击更为强烈。这样强烈的冲击振动提供了更为敏感的信息，易于实现监测。

机械振动总是由冲击受力、运动形态的改变引起的。在断路器结构上，动作一般由操动机构的驱动器经过连杆机构传动，推动动触头系统。在一次操作过程中，有一系列的运动构件的启动、制动、撞击出现，这些状态的改变都在其结构构架上引起一个个冲击振动。振动经过结构部件传递、衰减，在传感器测量部位测到的是一系列衰减的冲击加速度波形。这些振动都可以找到与结构件的运动状态变化相应的关系，这就为在线监测与故障诊断提供了可能。

基于机械振动信号的断路器在线监测与诊断，作为一种间接的、不拆卸的诊断方法，已经成为国内外的研究热点。对于高压断路器，在通断操作过程中，内部主要机构部件的运动、撞击和摩擦都会引起表面的振动。振动是内部多种现象激发的响应，这些激发包括机械操作、电动力或静电力作用、局部放电以及SF_6气体中的微粒运动等。振动信号中包含丰富的机械状态信息，甚至机械系统结构上某些细微变化也可以从振动信号上发现。因此，以外部振动信号为特征信号，可以对高压断路器的机械状态进行监测。具体做法是在断路器适当部位，如具有较大的振动强度、较大的信噪比的部位，安装振动传感器（如加速度传感器）。当断路器进行通断操作时，采集振动信号经处理后作为诊断的根据。

监测振动信号的突出优点是振动信号的采集不涉及电气测量，振动信号受电磁干扰小，传感器安装于外部，对断路器无任何影响。同时，振动传感器尺寸小，工作可靠，价格低廉，灵敏度高，抗干扰好，特别适用于动作频繁的高压断路器的在线监测及不拆卸检修。

根据相似性原则，对于同一高压断路器，同种状态下的重复操作过程中，外部振动信号在一定范围内是稳定的，即采集的振动信号波形是相似的。将当前采集的振动信号与已知状态的振动信号进行比较，分析它们的相似程度，据此可做出相应的判断。

高压断路器是一种瞬时动作电器，平常处于静止状态，只是在执行分（合）闸命令时才快速动作，从而产生强烈的振动，其振动信号有以下特点：

（1）振动信号是瞬时非平稳信号，不具有周期性。有效信号出现的时间非常短，通常在数十到数百毫秒。

（2）振动是由于操动机构内部各构件的受力冲击和运动形态的改变引起的，在断路器的一次操作中，有一系列的构件按照一定的逻辑顺序启动、运动、制动，形成一个个振动波，沿着一定的路径传播，最终到达传感器的是一系列衰减振动波的叠加，不同的结构和不同的运动特性将产生不同的叠加波形。

（3）断路器的机构对振动信号的传递过程是复杂的，冲击（振源）位置与测量位置的变更都会显著地改变实测信号的特性。

4. 控制电流通过时间测量

监测断开、投入时的控制电流并测量通电时间，可监测断路器的特性，这就是控制电流通过时间测量，其原理如图 9-12 所示。

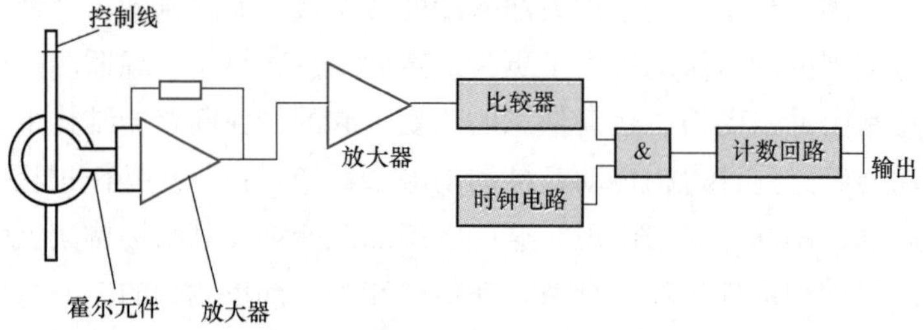

图 9-12　控制电流通过时间测量原理

断开时间表示从线圈励磁到动触头“开”为止的时间，但如动触头动作有异常，则用连杆机构与动触头做机械连接的操动机构部分的开关动作就会产生迟滞征兆，同时开关时间特性起变化，所以通过监测控制电流的通过时间，就能够监测动触头及操动机构部分的开关特性。

9.3.5　高压断路器温度特性的在线监测

温度在线监测用于监测触头和外壳的异常温升。目前用于断路器触头温度在线测量的方法主要分为接触式测量和非接触式测量两种。

接触式测量所用到的传感器价格低廉、结构简单，但是需要与断路器触头附近的带电部分接触，会给测量装置引入高电压绝缘问题。而非接触式测量可以实现远距离测量，不需要与测量点接触。

非接触式温度测量的传感器主要有光纤温度传感器和红外温度传感器两种。光纤温度传感器由光纤和感温元件构成，它的原理是利用感温元件对光的吸收性随温度变化而变化的特性，将待测物体温度的变化转化为光信号的变化，再通过光监测电路及滤波电路输出模拟电压量。温度测量是通过光信号转化为电信号。采用光纤温度传感器需要在测温点引出光纤电缆，而且光纤温度传感器的价格目前还是比较高，相对而言性价比较低。红外温度传感器原理是通过接收测量物体的电磁辐射，将辐射波长的变化转化成模拟电信号输出，其体积小、结构简单。综合比较，采用红外温度传感器能够实现远距离测量，对断路器本体结构不产生影响，在断路器触头温度测量中可行性高。

外壳温度监测常采用的方法是比较两个以上测量点温度以监测异常过热，即外壳温度测量法，其原理如图 9-13 所示。

温度传感器依次装在各相相同位置的测量点上，测量点位置如图 9-14 所示。测量的温度信号通过温度变换器输入数字运算部分，从而输出测量温度及同相的导体连接部分外壳温度差。传感器是和安装用磁铁成为一体的热电偶传感器，容易在箱体外壳上装拆。

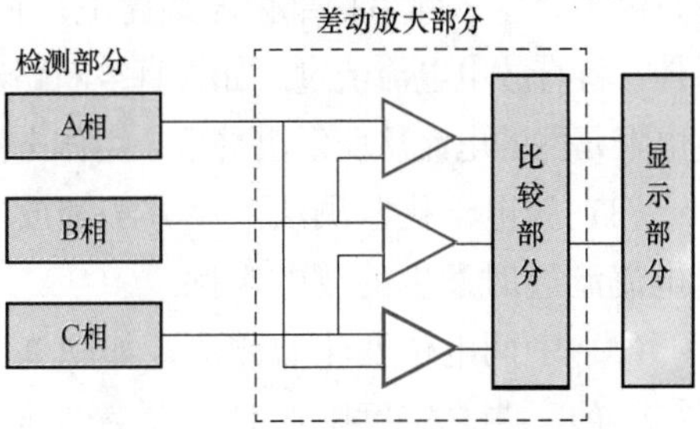

图 9-13　外壳温度测量法原理

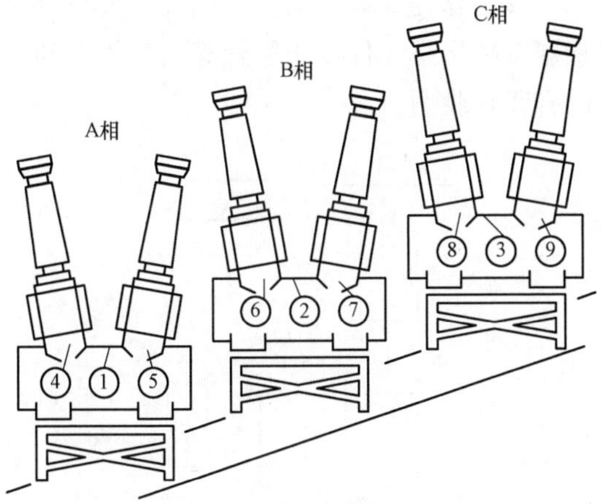

图 9-14　外壳温度测量点的位置

注　○内数字表示测量点的编号。

除了内部导体温升引起发热外，外壳温度还取决于直射阳光引起的温升和风吹引起的冷却，所以要对测量位置予以注意，以使三相的条件相同，通过监测温度差，使其影响保持在最小限度。

9.3.6　真空断路器真空度的在线监测

真空灭弧室的真空度因某种原因降低时，内部闪络电压值发生如图 9-15 所示的变化，这个现象称为巴中定律，当真空度为 13.3～133Pa 时，呈最低闪络值。巴中定律的范围是辉光放电领域，真空度监测基本上利用了这个现象。

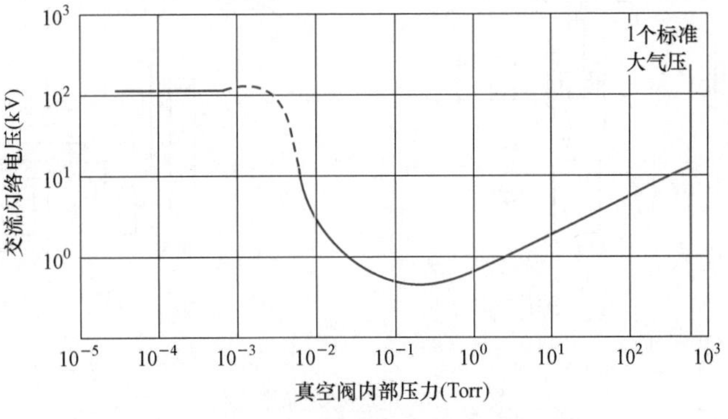

图 9-15　真空灭弧室内部压力和闪络电压

注：1Torr=133.322Pa。

真空度监测方法如下：

(1) 耐压法，如图 9-16 (a) 所示。在真空灭弧室的极间施加与真空灭弧室间距离相应的交流高压电或直流高压电，根据有无闪络现象（放电电流的大小）来判断真空度好坏。

（2）放电电流监测法，如图 9-16（b）所示。在真空度降低的状态下使真空断路器断开，因为真空灭弧室内部由于线路电压而呈导通状态，所以按照真空断路器负载侧的回路条件，将有放电电流流过。如果真空断路器的负载侧接有避雷器等电阻元件，就能够监测流过电阻元件的电流从而发出警报。用作电涌保护的 C-R 吸收器同样可用于监测放电电流。

（3）放电干扰监测法。该方法和放电电流监测法的原理相同，实际上是间接测量放电电流流过时发生的放电干扰。

（4）中间电位变化监测法，如图 9-16（c）所示。真空灭弧室多数具有中间保护屏（浮式屏）。当真空度降低时，真空灭弧室的中间保护屏电位会起变化，所以直接将电容器等接在中间保护屏上，就可以监测通过该电容的放电电压，并利用电压变化监测中间保护屏电位的变化（电场变化）。

（5）直接监测法，如图 9-16（d）所示。该方法是在真空灭弧室的某一处直接安装真空度监测传感器。直接测量真空度的传感器有离子泵元件、磁控管等元件等。利用放电的元件有放电间隙，利用尺寸变化的元件有膜片膜盒。

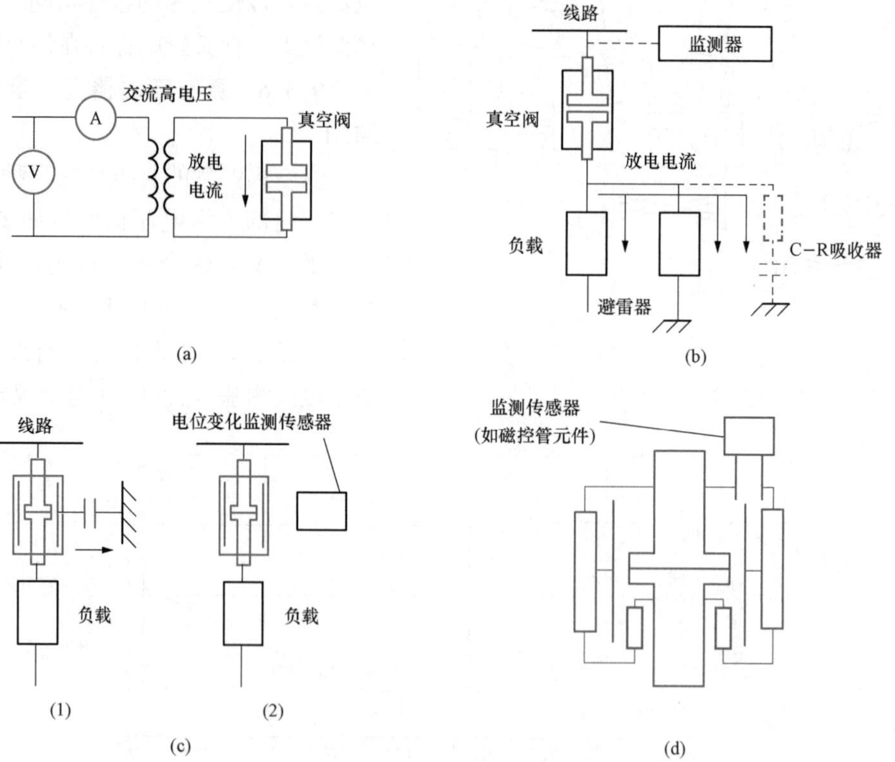

图 9-16　真空度监测方法

（a）耐压法；（b）放电电流监测法；（c）中间电位变化监测法；（d）直接监测法

9.3.7　SF_6 灭弧介质在线监测和触头电寿命诊断

1. SF_6 灭弧介质的在线监测

绝缘性能、灭弧能力、密封性和 SF_6 气体的微水含量是判断 SF_6 断路器是否合格的主要指标。而 SF_6 气体的密度值大小可以反映其灭弧能力和绝缘性。SF_6 气体的微水含量也对断路器的灭弧能力绝缘性能有影响，当微水含量超标时，在断路器发生故障的情况下，SF_6 气体会发生化学反应，分解出新的分解物，不仅会对断路器产生腐蚀还会对人身安全带来威胁。因此，通过对 SF_6 密度值、湿度值以及气体分解物的体积分数进行监测，可以实现对 SF_6 断路器绝缘性能、气体泄漏等断路器内部故障情况的诊断。

（1）气体压力监测。在常温条件下，通过气体压力值的大小的监测来监测密度值大小，进而间接反映出断路器的绝缘性能和开断能力。通过压力值大小的监测，还可对气体是否发生大量泄漏故障进行判断。当气体密度一定时，压力值随温度的变化而发生变化，因此，在进行压力值的在线监测时，必须对压力进行折算，将实测值转化到常温 20℃条件时的值，以避免因温度变化带来压力值变化的情况，以免误判断。值得注意的是，实测的压力值为被测断路器内气体的相对压力值，该值为被测气体的绝对压力值与所处环境压力值之差，因此，在环境压力值不为一个标准大气压的地区，还必须考虑不同环境压力值对所测压力值的影响。

（2）SF_6 气体湿度监测。当一定水分混入 SF_6 断路器时，在一定条件下会对 SF_6 断路器的绝缘性能和灭弧能力带来严重影响，甚至威胁到人身安全。严格来讲，当气体相对湿度为 30%时，运行中的 SF_6 断路器绝缘器件表面覆盖有 SF_6 电弧分解物。在 SF_6 气体所含水分较多时，受潮的固体分解物呈半导体特性，使绝缘子表面绝缘电阻下降，绝缘性能变差，甚至可能导致高压绝缘击穿；同时，水分的存在对电弧分解物的复合和断口间介质强度的恢复产生阻碍作用。随着条件的改变，SF_6 气体中的水分会在高温下使 SF_6 气体发生分解，产生具有强酸性质的 SF_6 气体，腐蚀金属件或绝缘件。

（3）SF_6 分解产物的在线监测。纯净的 SF_6 气体无色、无味、无毒，不会燃烧，化学性能稳定，常温下与其他材料不会发生化学反应。但随着条件的改变，SF_6 气体将不再呈惰性。在高温放电作用下，会发生化学反应，产生低氟化合物，而该化合物会进一步与电极材料、水分等发生反应，生成有毒化合物。因此，对 SF_6 气体分解物的监测是必要的。在整个 SF_6 气体分解过程中，SF_6 气体分解物的成分和体积分数受到以下主要因素的影响：电弧产生的能量大小、触头的电极材料、SF_6 气体的微水含量、SF_6 气体中 O_2 的含量以及断路器所采用的绝缘材料。其中，电弧能量越大，SF_6 气体分解物越多。

触头的电极材料的金属蒸发量决定了气体分解产生的成分和体积分数，水分含量的多少对电弧分解物组成的含量有绝对的影响，这是因为水分的存在会在电弧放电过程中使 SF_6 气体发生大量的分物。对 SF_6 气体而言，O_2 的含量对其影响较大，而之所以与绝缘材料也有关系，是因为断路器在运行过程中绝缘材料会产生 H_2O 和 O_2，进而与 SF_6 气体反应，产生微量的有毒分解物。

SF_6 气体在放电环境下发生的化学反应过程较复杂，分解物中主要的气体为 SO_2、H_2S 和 SF_6。根据主要气体分解物的体积分数，采用红外光谱原理的在线监测，可以判断出气体中水分的含量，并且对断路器内部故障做出故障诊断。由于断路器内部故障时局部故障严重性和过热程度的不同，SF_6 气体发生分解的机理和分解物含量也不尽相同。

红外光谱监测的原理：光辐射在气体中传播时由于气体分子对辐射的吸收、散射而衰减，因此可以利用气体对某一特定波段的吸收来实现对该气体的监测。当光波入射到被监测区域的物体上，并在物体表面上反射，反射光沿着原来的光路，重新返回到监测设备处。由于被测气体与背景有不同的吸收率（反射率），被反射回探测器的光子数有不同的吸收率（反射率），被反射回探测器的光子数量不同，返回的数据被处理后，通过显示设备成像。

2. SF_6断路器触头电寿命诊断

我国 SF_6断路器检修工艺对灭弧室解体检修的规定，都是以年限或某种等级的开断电流次数等作为依据的。也就是说，检修周期或临修次数与累计开断电流的大小有关。但是，单纯以累计开断电流作为判定触头健康状态的依据是不准确的。因为对于同一台断路器，虽然累计开断电流相同，但若单次开断的电流大小相差悬殊，则触头的电磨损程度会相差很大。因为对于一台断路器来说，其开断电流是随机的，不可能只开断一个或某几个等级的电流，累计电流和检修工艺中的定性规定都不能有效反映触头的烧损情况。

针对这一问题，采用触头累积电磨损量作为判断其电寿命的依据。利用任意开断电流下的等效电磨损曲线，将每次断路器的允许电磨损总量由其额定短路开断电流及允许开断满容量次数标定。

对于国产 SF_6断路器，利用试验得到的断路器 N - I_b 曲线（即等效电磨损曲线）如图 9 - 17 所示，任意电流下的等效磨损次数与相对磨损量的换算关系，见表 9 - 1。表 9 - 1 中，N 为额定开断电流下的允许次数，I_N 为额定开断电流，I_b 为实际开断电流，括号内数的意义是：对应 I_b/I_N 百分比下的触头可开断次数。其余各任意开断电流下的相对磨损量可根据表 9 - 1 进行线性插值获得（小于 3%的额定电流，其磨损量按 3%额定电流的磨损量计算）。

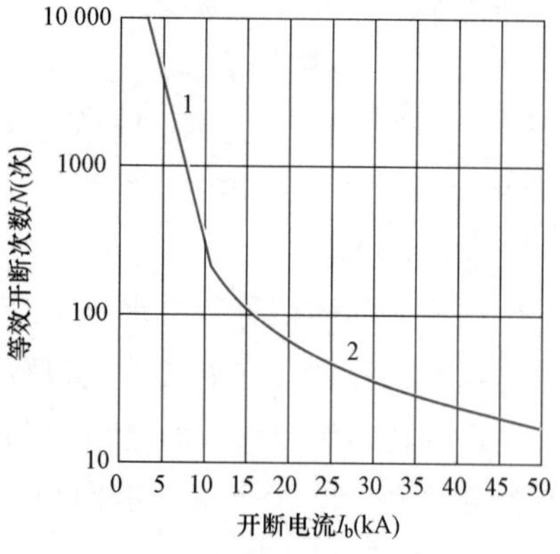

图 9 - 17 SF_6断路器 N - I_b 的曲线

1—$N=(49.5/I_b)^{3.46}$ （$I_b<11$kA）；

2—$N=(223.5/I_b)^{1.76}$ （$I_b\geqslant 11$kA）；

不同灭弧介质的断路器有不同的等效电磨损曲线。对 SF_6 断路器实施触头电寿命诊断，建立在累计效应和统计平均的基础上。由于燃弧时间及其他随机因素的影响，对每一次任意开断来说，上述所算得的电磨损可能是不准确的。但大量的试验及运行经验证明，当开断次数达到一定值后，其平均燃弧时间是趋近的，即随机因素对燃弧时间分散性的影响从累计的角度考虑是可以忽略不计的。因而对断路器使用寿命期间的成百上千次开断而言，只需考虑每次所开断的电流量。

需要指出的是，按灭弧介质将电磨损曲线分类显然是粗略的。因为即使是同一个厂家生产的断路器，其电压等级和生产时期不同，灭弧过程的磨损规律也会有某些差异。即使这样，与仅考虑累计电流的方法相比已进了一步。更细致、更精确的分类与诊断判据还有待今后运行过程中不断积累。

表 9-1　　SF_6 断路器相对磨损量的换算关系

I_b/I_N(%)	100	75	50	35	25	10	3
等效开断次数与额定开断次数比	1.00 (14)	1.65 (23)	3.30 (47)	6.30 (88)	11.40 (160)	199.00 (2786)	477.00 (6680)
相对磨损量	$1/N$	$606/1000N$	$303/1000N$	$159/1000N$	$88/1000N$	$5/1000N$	$2/1000N$

思考题

1. 断路器交流泄漏电流的在线监测如何实现？
2. 断路器机械特性的在线监测如何判断故障？
3. 高压断路器温度是如何实现在线监测的？
4. 真空断路器真空度在线监测的基本方法有哪些？
5. SF_6 断路器触头电寿命诊断的原理是什么？

10

电力电缆的在线监测

10.1 概　　述

电力电缆常用于城市地下电网、发电站的引出线路，工矿企业的内部供电以及过江、过海的水下输电线。在电力线路中，电缆所占的比重正逐渐增加。通常的电力电缆是由导电线芯、绝缘、护套、屏蔽层、铠装等部分组成。导电线芯常用铜或铝；绝缘和护套常用的有机绝缘材料，有黏性油纸、橡胶、塑料、交联聚乙烯等，对于更高电压等级的电缆，可以采用充油或充气绝缘；屏蔽层常用半导体材料，在电缆中起到均匀电场的作用；铠装是为了保护电缆的绝缘免受外力的损伤，常用钢带、钢丝、铅套、铝套等作为铠装层。

电缆按导电线芯的数量和形状可分为单芯电缆、三相圆芯电缆、三相扇形电缆、四芯扇形电缆等，如图 10-1 所示。

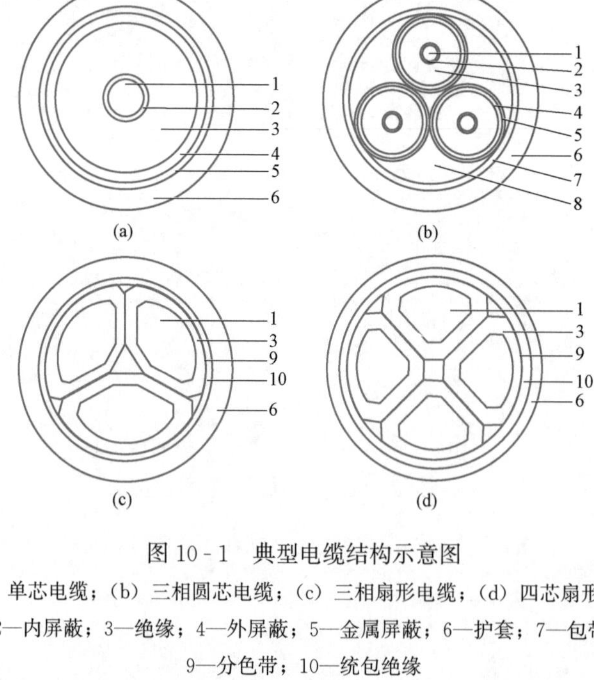

图 10-1　典型电缆结构示意图

(a) 单芯电缆；(b) 三相圆芯电缆；(c) 三相扇形电缆；(d) 四芯扇形电缆

1—导线；2—内屏蔽；3—绝缘；4—外屏蔽；5—金属屏蔽；6—护套；7—包带；8—填充；9—分色带；10—统包绝缘

在电力系统中常将电缆按绝缘材料分为油纸绝缘电缆、橡塑绝缘电缆、充油电缆、充气电缆等。随着绝缘材料和制造工艺的发展和技术的进步，油纸绝缘电缆已经逐步退出运行，橡塑绝缘电缆的使用量逐年增加，特别是交联聚乙烯电缆近年来已经成为中高压交直流输电系统中的主要品种。交联聚乙烯电缆由于其电气性能和耐热性能都很好，传输容量较大，结构轻便，易于弯曲，附件接头简单，安装敷设方便，不受高度落差的限制，特别是没有漏油和引起火灾的危险，因此得到广泛应用。

10.2 电力电缆的运行特性及绝缘老化

电力电缆在长期运行过程中，易受到电场、热效应、机械应力、化学腐蚀以及环境条件等因素的影响，其绝缘品质将逐渐劣化。同时由于电力电缆敷设于地下，一旦出现故障，寻找十分困难并需要花费大量的人力、物力和时间，甚至会造成较大的停电损失。为提高供电的可靠性，减少经济损失，对电力电缆应采用科学的故障监测技术、合理的检修体制和必要的在线监测技术，发现问题并及时解决。

引起电缆绝缘故障的原因是多方面的，如果电缆的制造质量好（包括线芯绝缘、护层绝缘所用的材料及制造工艺、附件接头制造工艺）、运行条件合适（包括负荷、过电压、温度及周围环境等），而且不受外力等因素的破坏，则电缆绝缘的寿命相当长。国内外的运行经验表明，制造、敷设良好的电缆，运行中的事故大多是由于外力破坏（如开掘、挤压而损伤）或地下污水的腐蚀等所引起的。由于电缆材料本身和电缆制造、敷设工程中不可避免地存在缺陷，受运行中的电、热、化学、环境等因素的影响，电缆的绝缘都会发生不同程度的老化。不同的老化因子，引起的老化过程及形态也不同。交联聚乙烯电缆绝缘老化的原因和表现形态见表 10 - 1，其中树枝老化是交联聚乙烯电缆所特有的。所谓水树枝和电树枝是指在局部高电场的作用下，绝缘层中水分、杂质等缺陷呈现树枝生长，最终导致绝缘击穿；所谓化学树枝是指绝缘层中的硫化物与铜导体产生化学反应，生成硫化铜和氧化铜等物质，这些生成物在绝缘层中呈树枝状生长。

表 10 - 1　　交联聚乙烯电缆绝缘老化的原因及表现形态

老化原因		老化形态
电效应	运行电压，过电压，过负荷，直流分量	局部放电老化，电树枝老化，水树枝老化
热效应	温度异常，冷热循环	热老化，热—机械老化
化学效应	化学腐蚀，油浸泡	化学腐蚀，化学树枝
机械效应	机械冲击，挤压，外伤	机械损伤、变形，电—机械复合老化
生物效应	动物啃咬，微生物腐蚀	成孔，短路

电缆的故障不是一下发展起来的，而是长期绝缘老化的结果，最终导致绝缘击穿。水树枝老化被认为是造成交联聚乙烯电缆在运行中被击穿的主要原因。在绝缘中存在缺陷、微孔和水分的前提下，由于缺陷或微孔处的电场畸变，会导致在较低的电压下引发水树枝，这便是交联聚乙烯电缆绝缘中水树枝的引发原因及生长特征。水树枝的生长相对较慢，但伴随水树枝生长，水树枝尖端的电场将愈加集中，局部高电场强度最终会导

致水树枝尖端产生电树枝。电树枝一旦形成，即可能造成电缆绝缘层在短期内被击穿。研究发现，许多交联聚乙烯电缆在电力线路遭到雷击后较短时间即发生击穿停电事故，对这些电缆绝缘解剖分析发现，在水树枝尖端有不同程度的电树枝出现。分析表明，当水树枝长到一定程度时，如电力线路遭到雷击，大气过电压会在水树枝尖端形成较大瞬态电流，该电流在树枝中的损耗会造成水树枝微孔内水分温度的急剧上升甚至汽化，产生较大压力，会使水树枝尖端处的交联聚乙烯分子链断裂从而引发电树枝。雷电流导致含水树枝交联聚乙烯电缆绝缘层，在短时间内有被工频运行电压击穿的可能。

10.3 直流成分的在线监测

10.3.1 直流分量法

由于交联聚乙烯电缆中存在着树枝老化（水树枝、电树枝）绝缘缺陷，它们在交流正、负半周表现出不同的电荷注入和中和特性，在长时间交流工作电压的反复作用下，水树枝的前端积聚了大量的负电荷，树枝前端所积聚的负电荷逐渐向对方漂移，这种现象称为整流效应。由于整流效应的作用，流过电缆接地线的交流电流便含有微弱的直流成分，监测出这种直流成分即可进行劣化诊断。用图 10-2 所示的在线监测回路可在交联聚乙烯电缆系统中，监测到电缆线芯与屏蔽层的电流中极小的直流分量。

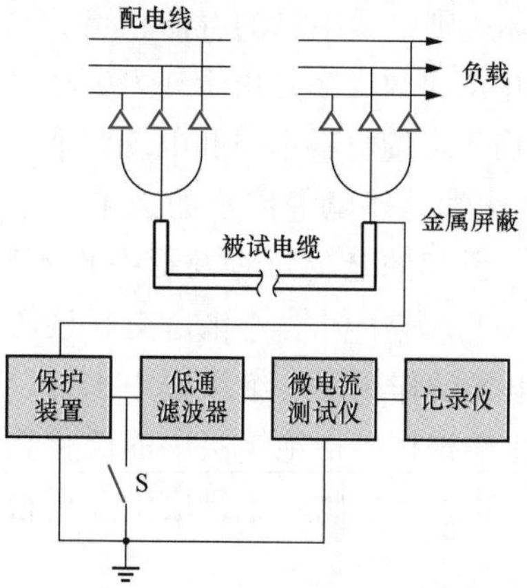

图 10-2　直流分量在线监测回路

研究表明，水树枝发展得越长，直流分量也就越大，而且交联聚乙烯电缆的直流分量电流 I_{dc} 与直流泄漏电流及交流击穿电压间往往具有较好的相关性，如图 10-3 和图 10-4 所示。在线监测出 I_{dc} 增大时，水树枝发展、直流泄漏电流增大，这样的绝缘劣化过程会导致交流击穿电压的下降。

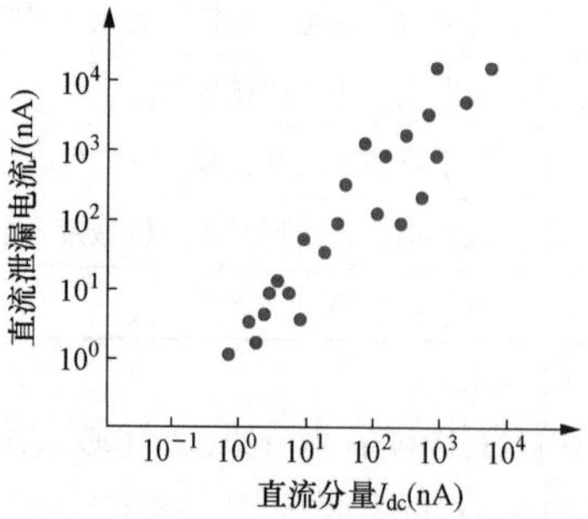

图 10-3　直流分量与直流泄漏电流的相关性

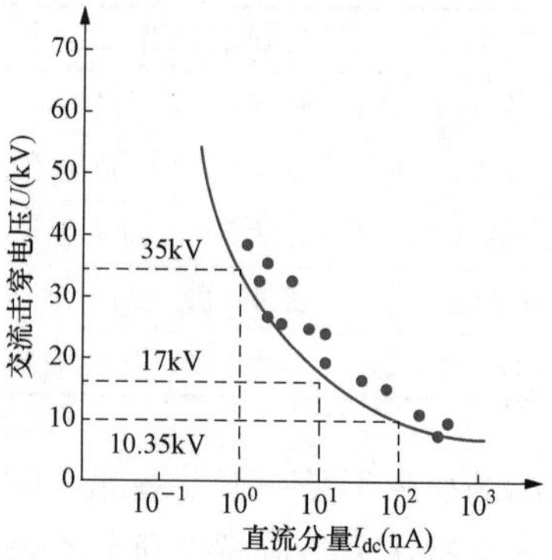

图 10-4　直流分量与交流击穿电压的相关性

直流分量法测得的电流极微弱，有时也不大稳定，微小的干扰电流就会引起很大误差。研究表明，这些干扰主要来自被测电缆的屏蔽层与大地之间的杂散电流，因杂散电流及真实的由水树枝引起的电流，均经过直流分量装置，以致造成很大误差。可以考虑采取旁路杂散电流或在杂散电流回路中串入电容将其阻断等方法。

目前国外将用直流分量法测得的值分为大于 100nA、1～100nA、小于 1nA 三档，分别表明绝缘不良、绝缘有问题需要注意、绝缘良好。

10.3.2 直流叠加法

在接地电压互感器的中性点处加进低压直流电源（通常为 50V），使该直流电压与施加在电缆绝缘上的交流电压叠加，从而测量通过电缆绝缘层的微弱的纳安级直流电流或其绝缘电阻。直流叠加法测量原理如图 10-5 所示。

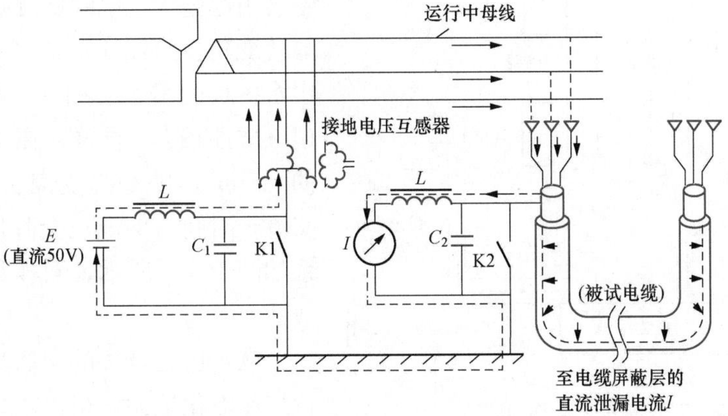

图 10-5 直流叠加法测量原理图

由于直流叠加法是在交流高压上再叠以低值的直流电压，这样在带电情况下测得的绝缘电阻与停电后加直流高压时的测试结果很相近。但绝缘电阻与电缆绝缘剩余寿命的相关性并不很好，分散性相当大。绝缘电阻与许多因素有关，即使同一条电缆，也难以仅靠测量其绝缘电阻值来预测其寿命。

国外对直流叠加法在线监测的研究中已经积累了大量的数据。表 10-2 为日本目前通用的直流叠加法测量绝缘电阻的判断标准。

表 10-2 日本直流叠加法测量绝缘电阻的判断标准

测定对象	测量数据（MΩ）	评价	处理建议
电缆主绝缘电阻	＞1000	良好	继续使用
	100～1000	轻度注意	继续使用
	10～100	中度注意	密切关注下使用
	＜10	高度注意	更换电缆
电缆护套绝缘电阻	＞1000	良好	继续使用
	＜1000	不良	继续使用，局部修补

对于中性点固定接地的三相系统，也可采用在三相电抗器中性点加进低压直流电源的直流叠加法对电缆绝缘性能进行在线监测。

10.4 电缆介质损耗角正切值（tanδ）的在线监测

对电缆绝缘层介质损耗的正切值（tanδ）的在线监测方法，与电容型试品的在线监测 tanδ 方法很相似。对多路电缆进行 tanδ 巡回监测时，仍常由电压互感器处获取电源电压的相位来进行比较，原理图如图 10-6 所示。

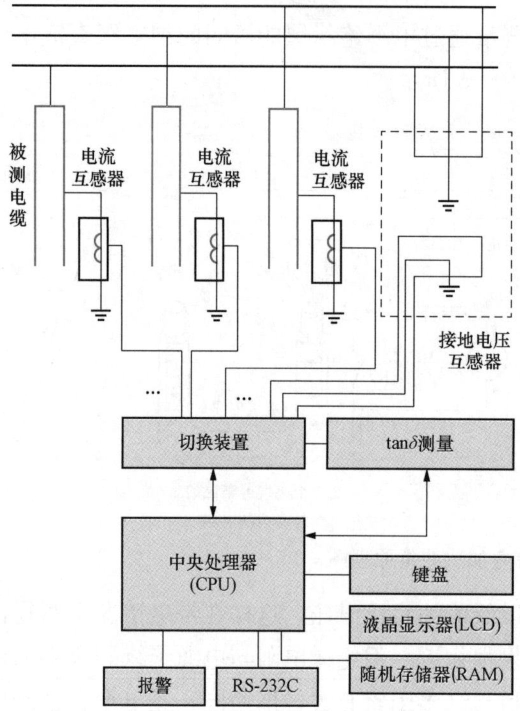

图 10-6 多路巡回监测 tanδ 监测原理图

通常认为，发现集中性的缺陷采用直流分量法较好，因为 tanδ 值往往反映的是普遍性的缺陷，个别较集中的缺陷不会引起整根长电缆所测到的 tanδ 值的显著变化。由图 10-7 可见，电缆绝缘中水树枝的增长会引起 tanδ 值的增大，但分散性较大。同样，在线测出 tanδ 值的上升可反映绝缘受潮、劣化等缺陷，交流长时间击穿电压会降低，其间的关系如图 10-8 所示，同样具有一定的分散性。

在对已运行过的交联聚乙烯电缆进行加速老化试验，得出水树枝发生的个数以及最长的水树枝长度与电缆 tanδ 的关系，如图 10-9 及图 10-10 所示，它们的趋势是明确的，但分散性很大。如将最长的水树枝长度与每单位长度电缆中的水树枝数的乘积作为横坐标，则与测得的 tanδ（纵坐标）之间具有更好的相关性，说明测得的 tanδ 取决于整体损耗的变化。

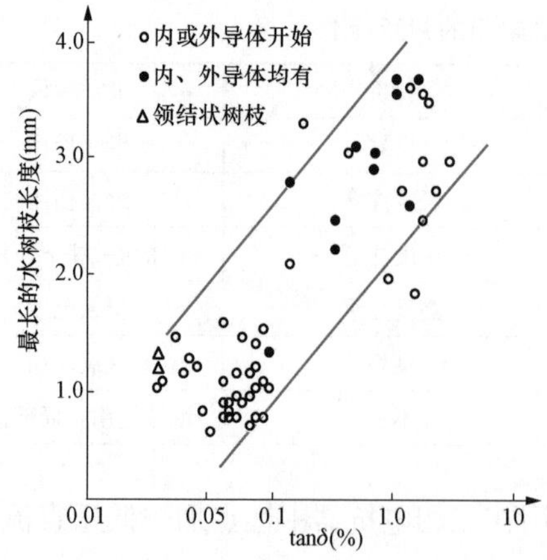

图 10-7 最长水树枝长度与 tanδ 的关系

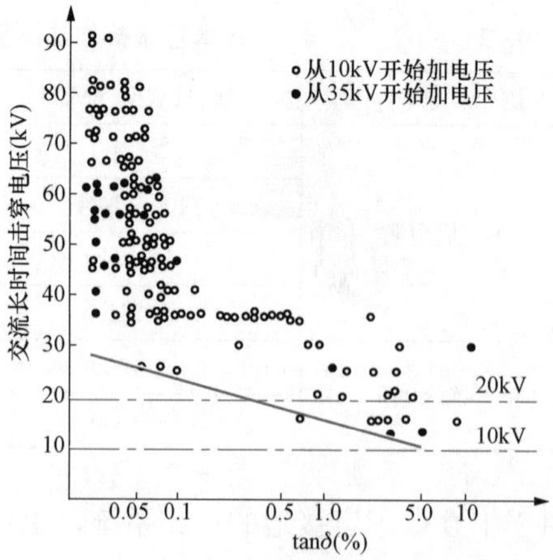

图 10-8 tanδ 与交流长时间击穿电压的关系

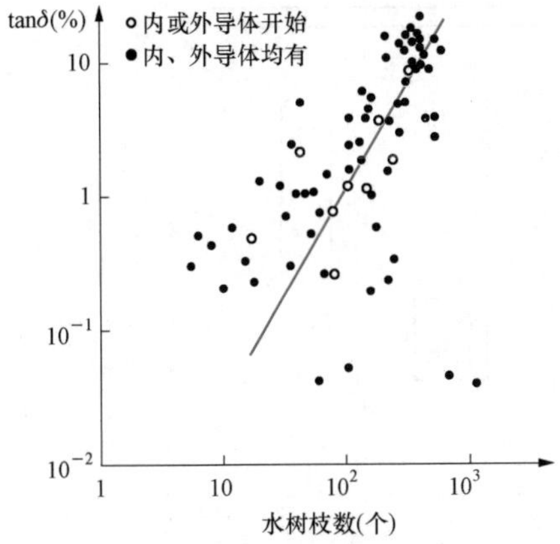

图 10-9　水树枝发生个数对 tanδ 的影响

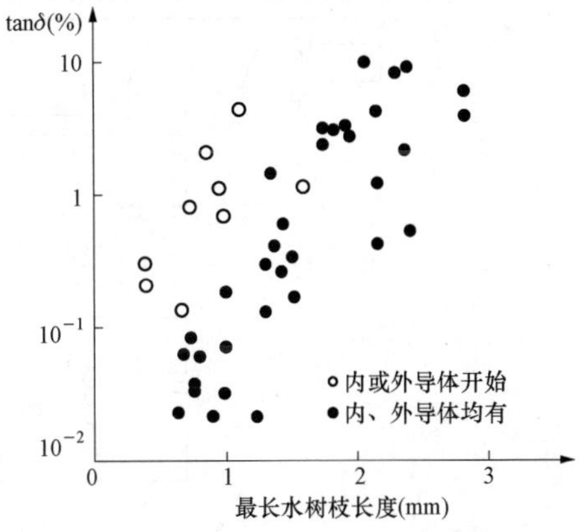

图 10-10　最长水树枝长度与 tanδ 的关系

由于交联聚乙烯电缆绝缘电阻很小，测量 tanδ 易受影响，而 tanδ、击穿电压和电容增量之间有较好的相关性，可改为测量流过接地线的电容电流增量的方法。该方法简便易行，只要在接地线上套以电流传感器即可实现，但这时另一端电缆终端接地线在测量时需要临时断开。

10.5　低频电流的在线监测

由于水树枝的存在，除了直流成分外，在电缆的充电电流中还含有低频成分，其频率在 10Hz 以下，特别是在 3Hz 以下的幅值较大，因此可以考虑在电缆接地线中接入监测装置，由测得的低频电流进行诊断。该低频电流一般是纳安数量级，对监测装置的要求很高。

低频叠加法是在电缆导体上施加一个低频交流电压（7.5Hz、20V），从接地端检出的低频电流中分离出与电压同相位的有功电流分量，从而求得绝缘电阻。试验证明，对未贯穿的水树枝造成的绝缘性能下降，采用这种方法可以进行监测。

该方法之所以要采用 7.5Hz 的低频交流电压，其原因和测量 tanδ 时降低测试电压频率相同，即电源频率 ω 减小，电容性电流分量 $I_C=U\omega C$ 也随之减小，而电阻性电流大小没有变化，从而使得从总电流中分离有功电流分量更加容易，测量结果的相对误差也会较小。同时，采用 20V 的电压幅值，也是在保证有足够的电流响应值的基础上尽量不对电网和负载造成太大影响。

低频叠加法原理如图 10-11 所示。低频叠加法对于监测因水树枝引起的绝缘老化是一种较好的方法，从原理上来说所监测到的交流损失电流是随着劣化的发展而变大的。但在使用中应认真确认电缆端部的工作状态，例如为调整端部电场分布而装有应力环时，即使电缆绝缘良好，交流损失电流也较大，那么仅根据在线监测的信号，就可能做出绝缘不良的误判断。

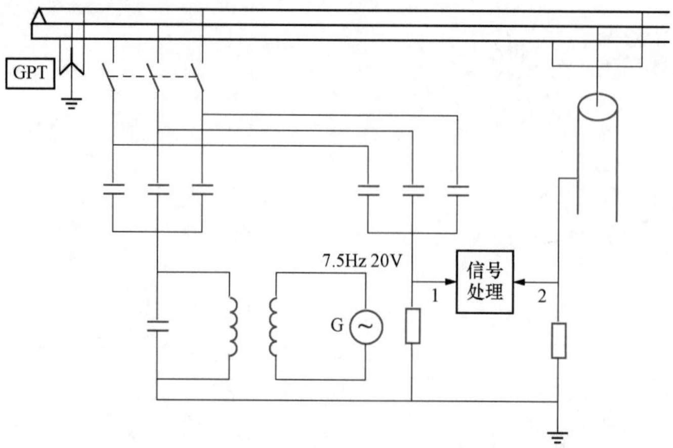

图 10-11　低频叠加法原理图

1—基准信号；2—监测信号；GPT—接地电压互感器

10.6　电缆局部放电的在线监测

电缆局部放电在线监测的主要问题有三方面：一是传感器很难接触到带电导体甚至不易接触到金属护套；二是传感点分布在长电缆上，因此监测的信号在传输过程中容易变形扭曲；三是干扰信号的存在。除以上问题外，由于电缆本体带有外屏蔽层，如何取得局部放电信号也是一个现实的问题，一般电缆局部放电所用传感器只能布放于接头位置。常用的电缆局部放电在线监测手段有电容耦合法和电感耦合法。

1. 电容耦合法

电容耦合法也是电测法的一种，其具体的方法是从距离接头比较近的地方取一段电缆，把电缆的外护套绝缘层去掉，电极是在外半导电层的表面裹上一导电体，这样就构成了容性电极，在发生放电时就可以通过耦合，然后测量脉冲电流信号。电容耦合法如图 10-12 所示，两个阻抗（同轴电缆和绝缘层）是并联在一起的，这种测量方法的最大优点就是不会损坏外半导电层和电缆绝缘层，而且对电缆信号传输几乎没有干扰。传感器的信号噪声比与剥去护套的长度、金属箔和护套之间的长度以及金属箔长度这三者之间是有关联的，通过调整可以得到理想的信噪比。

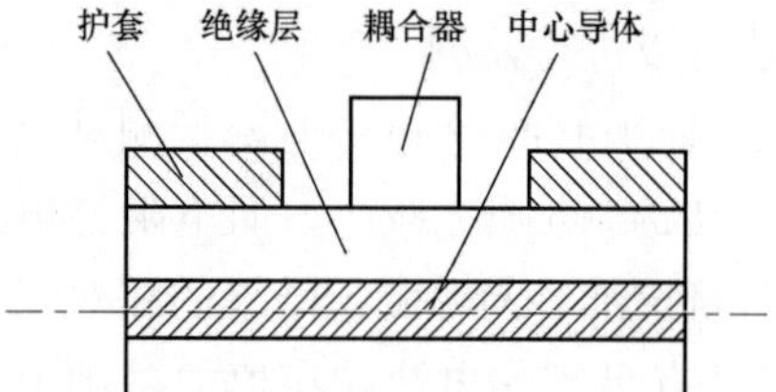

图 10-12　电容耦合法示意图

常用的电容耦合传感器有内置式和外置式。与内置式相比较，外置式更有优势，外置式的电极可以做在护套表面，对电缆的绝缘没有影响，这样安装比较方便，既可以用于在线局部放电监测，也可以用于现场局部放电监测。

2. 电感耦合法

罗戈夫斯基线圈（Rogowski coil，简称罗氏线圈）又称空心线圈、磁位计，广泛用于脉冲和暂态大电流的测量。

罗氏线圈是均匀缠绕在非磁性骨架上的线圈，围绕在导体外，用来测量流过导体的电流，最简单的就是空心圆环。罗氏线圈电流传感器主要由罗氏线圈传感头和后续信号处理电路两部分组成。其中传感头是测量元件的信号感应环节，通过空间中电磁场的捕获，与被测电流建立耦合关系。它的基本结构是将导线均匀缠绕在非磁性骨架芯上，并在线圈两端接上中端电阻，经后续处理还原电路后，就可以测量脉冲大电流。在加工罗氏线圈传感头时，要求必须回绕一周，即沿着任意闭合曲面环绕线圈，当绕到终点后再稀疏回绕到起点，如图 10 - 13 所示。

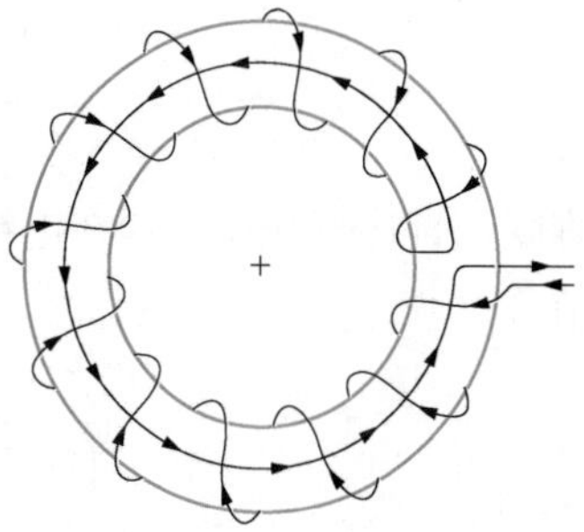

图 10 - 13　罗氏线圈传感头回绕方法示意图

罗氏线圈的结构特征是回绕结构。所谓回绕结构，是为了抵消掉垂直于罗氏线圈平面的干扰磁场在绕组中产生的感应电压而设置的。如果罗氏线圈没有回绕结构，由于小线匝彼此顺串，沿着绕制线圈的循环方向便形成一匝大线匝，这是不希望的额外线匝。绕制一圈与大线匝相反的回线，根据电磁感应定律可知，便可基本抵消掉垂直干扰磁场的影响。因此，回线的绕制要求穿过骨架中心，才可以认为基本抵消掉垂直干扰磁场的影响。如何获得耦合关系更稳定、信号强度更高的传感头及提高制作工艺是目前研究的重点。除回绕结构以外，罗氏线圈传感头的绕线要均匀、对称，实现对被测电流磁场的稳定耦合关系。

罗氏线圈测量电流的理论依据是电磁感应定律和安培环路定律，将导线缠绕于一个非磁性的具有相同截面积的环形闭合骨架上，当被测载流导体从骨架中心穿过时，由电磁感应定律可知线圈的两端会感生出与电流变化率成比例的电压，表达式为

$$e(t)=-N\frac{\mathrm{d}\phi(t)}{\mathrm{d}t} \tag{10 - 1}$$

根据安培环路定律，有 $\oint H(t)\mathrm{d}l=i(t)$ 和 $\phi=BA=\mu_0 HA$，可得

$$e(t)=-\mu_0 NA\frac{\mathrm{d}i(t)}{\mathrm{d}t}=-M\frac{\mathrm{d}i(t)}{\mathrm{d}t} \tag{10 - 2}$$

式中：M 为线圈与被测电流的互感；N 为线圈匝数；A 为骨架截面积；μ_0 为真空中的磁导率；$e(t)$ 为感应电压；$i(t)$ 为被测电流；B 为磁感应强度。

式（10 - 1）表明：被测电流与线圈感应电压之间是微分关系，线圈实质上相当于一个微分环节。为了准确地再现电流波形，必须建立传感头的精确等效电路模型，如图 10 - 14 所示。针对传感头等效电路，对感应电压 $e(t)$ 进行精确积分还原。

根据罗氏线圈原理生产的电磁耦合传感器也分为内置式和外置式。外置式和内置式的不同主要体现在大小有所差异、安装位置不同两方面。外置式的传感器尺寸比内置式大，抗干扰性也不如内置式；但在灵敏度方面，内置式低于外置式。外置式传感器安装比较复杂，所以大多设计成开口，方便携带。同时开口式的设计在一定程度上降低了安

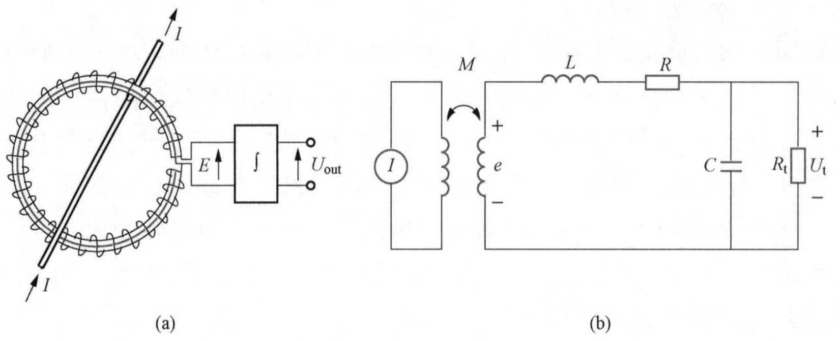

图 10-14　罗氏线圈测量系统和等效电路
（a）测量系统；（b）等效电路

装难度，直接打开口，套在电缆本体外部，这样就可以通过传感器监测到通过电缆的电流信号。

10.7　电缆的故障定位

10.7.1　电缆故障的类型

当电缆发生故障时，初步确定电缆故障位置起决定作用的参数为特征阻抗和波速度。电缆的特性阻抗 Z 表示导线某一点上特性电压与特性电流之比，它不受位置和时间的限制，只与电缆结构、绝缘材料和导体材料有关。脉冲电压波从电缆一端传到另一端需要一定时间，波速度 v 是电缆长度与传播时间之比。

如果在运行和测试状态下电缆特性参数均无变化，即可认为这条电缆无故障，但只要电缆某个位置存在特性阻抗发生变化的情况，电缆的均匀性就会受到影响，电缆就称为有故障电缆。

由于电缆的绝缘材料、运行方式、工作电压等不同，导致了大量的各种各样电缆故障，按故障性质主要分为接地故障、短路故障、开路故障、闪络故障和综合故障；按故障电阻值分为低阻故障和高阻故障。传统上把电缆故障点的直流电阻小于电缆特性阻抗称为低阻故障，反之则称为高阻故障。

（1）接地故障。电缆一线芯或多线芯接地而发生的故障，称接地故障。当电缆绝缘由于各种原因被击穿后发生接地故障，按脉冲反射仪测试波形划分，一般接地电阻在1kΩ 以下为低阻接地故障，1kΩ 以上为高阻接地故障。

（2）短路故障。电缆线芯之间绝缘完全破损形成短路而发生的故障，称为短路故障。一般线芯之间电阻 $R_F < 10\Omega$。

（3）开路故障。电缆一线芯或多线芯断开而发生的故障，称为开路故障。通常是由于电缆线芯被短路电流烧断或外力破坏引起。

（4）闪络故障。电缆进行试验时绝缘间隙放电，造成绝缘击穿，此为击穿故障。在某种情况下，绝缘击穿后又恢复正常，即使提高试验电压也不再击穿，此为封闭性故障。此时电缆存在故障，但该故障点没有形成通道，这两种故障都属于闪络故障。该故障大多情况发生在电缆接头或终端内，主要表现为：当试验电压升到某一值时，电缆泄漏电流突然升高，并且测量表针呈规律性摆动，降低电压时该现象消失，测量绝缘电阻值仍很高。

(5) 综合故障。同时具有上述两种以上故障的称为综合故障。

在进行电缆故障探测时，先需要进行电缆故障性质判断，通常是将电缆脱离供电系统，并按下列步骤测试：

(1) 用绝缘电阻表测量每相对地绝缘电阻，如绝缘电阻为零，可用万用表或双臂电桥进行测量，以判断是高阻接地还是低阻接地；

(2) 测量两相之间的绝缘电阻，以判断是否是相间故障；

(3) 将另一端三相短路，测量其线芯直流电阻，以判断是否有开路故障。

10.7.2 电缆故障定位方法

早期的电缆故障探测方法有电桥法、脉冲法、驻波法等，这些方法只能用于测试低阻接地故障。后来发展了一些专用的自动、半自动化的电缆故障探测仪，采用的方法主要为低压脉冲法和高压闪络法。低压脉冲法可测试电缆中出现的开路故障、相间或相对地的低阻接地故障；高压闪络法可用于测试高阻接地故障。

(1) 低压脉冲法。低压脉冲法是依据均匀传输线中波传播与反射的原理，将被测电缆看作是一均匀传输线，它每一点的特性阻抗是相等的，当从电缆一端发射一低压脉冲波时，由于故障点的特性阻抗发生了变化，电磁波传播到该点处就发生折反射现象，反射电压 U_e 与入射电压 U_i 满足关系式

$$U_e = \frac{Z - Z_c}{Z + Z_c} U_i = \beta U_i \tag{10-3}$$

式中：Z_c 为电缆的特性阻抗；Z 为电缆故障点的等效波阻抗。

对于低阻接地故障，若故障点对地电阻为 R，则该点的等效波阻抗 $Z=R//Z_c$；对于开路故障，若故障电阻为 R，则该点的等效阻抗 $Z=R+Z_c$。

由此可见，当 $-1<\beta<0$ 时，说明低阻抗点存在反射波，且反射波与入射波反极性。R 越小，$|\beta|$ 越大，$|U_e|$ 越大，当 $R=0$ 为短路故障时，$\beta=-1$，$U_e=-U_i$，即电压波在短路故障点产生全反射。当 $0<\beta<1$ 时，说明开路故障点也存在反射波，且反射波与入射波同极性。R 越大，$|\beta|$ 越大，$|U_e|$ 越大，当 $R=\infty$，即为断线故障时，$\beta=1$，$U_e=U_i$，电压波在断线故障点产生开路全反射。

实际用仪器测试低阻接地故障、开路故障时，可由仪器内产生周期为 0.1～2μs、幅值大于 120V 的低压脉冲，在 t_0 时刻加到电缆故障相一端。此时脉冲以速度 v 向电缆故障点传播，经 Δt 时间后达到故障点，并产生反射脉冲，反射脉冲波又以同样的速度 v 向测量端传播，并经过同样的时间 Δt 于 t_1 时刻到达测量端。若设故障点到测量端的距离为 L，则有

$$L = v\Delta t = \frac{1}{2} v(t_1 - t_0) \tag{10-4}$$

所以只要记录 t_0 和 t_1 时刻，就可以测出测量端到故障点的距离。

当对电缆全长进行校准时，往往使电缆终端开路。因此，电缆全长的校准相当于电缆开路故障的测试情况。电缆存在中间接头时，由于接头处的电缆形状及绝缘介质等的变化，引起该点的特性阻抗的变化。根据电磁波传输理论，该点也存在一定的反射。

（2）高压闪络法。对于高阻接地故障，由于故障点电阻较大，此点的反射系数β很小或几乎等于零，采用低压脉冲法时，故障点的反射脉冲幅度很小或不存在发射，因而仪器分辨不出来。这时需要用高压闪络法（又称脉冲电压法或闪测法）进行故障探测。高压闪络法是由直流高压发生器产生负的直流高压，加到电缆故障相，当电压高到一定数值后，电缆故障点产生闪络放电，瞬间被电弧短路，故障点便产生跳变电压波在故障点与测量端之间来回传输，这时只要测量电压波两次经过某一端的时间差即可求出故障点的距离。

用于击穿高阻接地故障点的电源也可以是冲击高压。在用冲击放电进行高阻接地故障探测时，应特别注意电缆的耐压等级，所选用的冲击电压的幅值应不超过正常运行电压的 3.5 倍。该方法的优点是不必把高阻接地故障或闪络性故障永久性烧穿，利用故障击穿产生的瞬间脉冲信号进行测试，具有测试速度快、误差小、操作简单等优点。

（3）脉冲电流法。高阻接地故障也可采用脉冲电流法测试。脉冲电流法采用线性电流耦合器采集电缆中的电流行波信号，将电缆故障点用高电压击穿，使用仪器采集并记录下故障点击穿产生的电流行波信号，通过分析判断电流行波信号在测量端与故障点往返一次所需时间来计算故障距离。该方法的优点是测量准确度高。其缺点是所用仪器较多；由于故障点电阻要降到很小的数值，如果故障点受潮严重，故障点击穿过程较长，测试时间相应增加；故障点维持低阻状态的时间不确定，施加二次脉冲的控制有难度。

在采用以上办法进行电缆故障定位后，若需进一步在现场进行准确故障定位，则一般是依据声学或声磁原理进行。一般做法是给故障电缆线芯加上一个足够高的冲击电压和冲击能量，此时故障点会击穿并发生闪络放电，在故障点就会发出相当大的“啪啪”的放电声，这种声音可传到地面，一般闪络放电间隔为 6～15s。此时，采用以下方法进行故障点准确定位。

（1）声测定位法。如图 10 - 15 所示，当电缆故障预定位给出故障距离后，在故障电缆测试端给故障线芯加上冲击高电压，使故障点闪络放电，同时用定点仪（含探头、接收机、耳机）在预定故障点附近的地面来听测故障点的放电声，听测出最响点，即为故障点的准确位置。

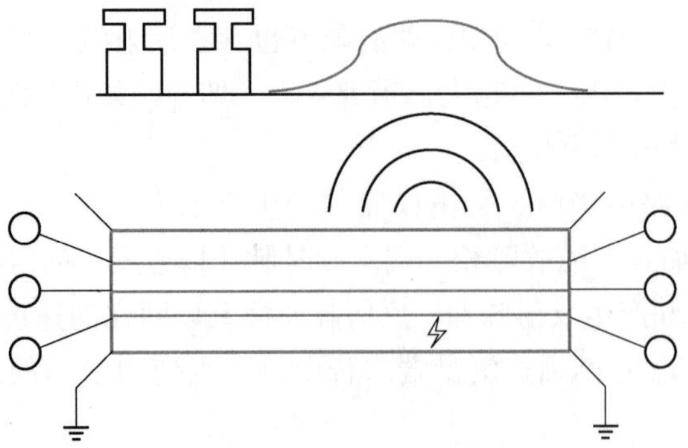

图 10 - 15　声测定位法示意图

（2）声磁同步定位法，如图 10 - 16 所示。当采用冲击放电时，在故障点除产生放电声外，还会产生高频电磁波向地面传播。在地面用声磁探头可同时接收声信号和磁信号，电磁波起辅助作用，用来确定所听到的声音是否是故障点的放电声。由于声波与电磁波的传播速度不同，在地面每一点可利用声磁同步定点仪测出声信号和磁信号的时间差，时间差最小点即为故障点的准确位置。

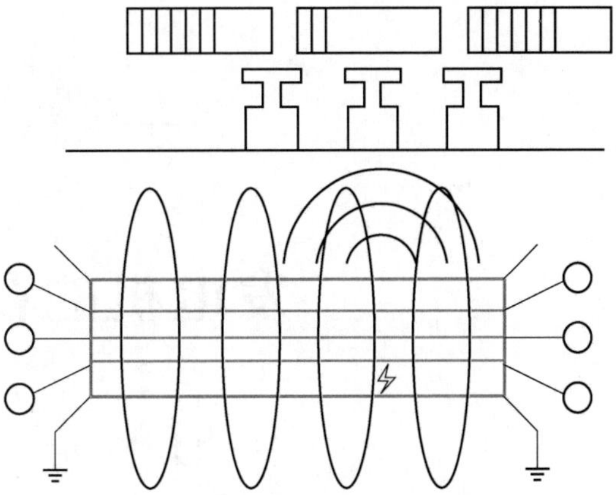

图 10-16　声磁同步定位法示意图

当电缆故障点处于相间短路或相地短路（死接地）时（此时线芯之间电阻 $R_F<10\Omega$），用冲击放电器冲击，故障点不放电，也就是说故障点不产生放电声，所以不能用声测法确定故障点。此时应采用音频感应法来探测定位故障点。该方法需要相当的故障测试经验和对电缆各方面的情况（如接头位置、埋设深度等）有详细的了解，才能取得较好的效果。

（3）音频感应定位法。如图 10-17 所示，该方法采用多芯电缆扭绞结构，当音频信号传输到电缆故障线芯时，在故障点前会产生有规则升降的电磁信号，到故障点电磁信号突然增大，过故障点电磁信号下降并保持均匀。

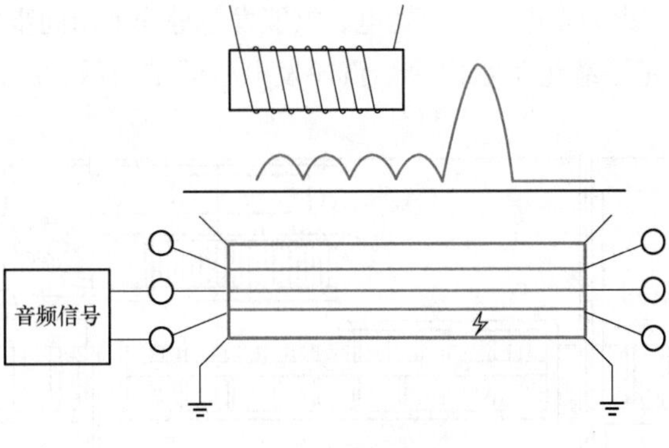

图 10-17　音频感应定位法示意图

思考题

1. 交联聚乙烯电力电缆老化的主要因素有哪些？
2. 电力电缆在线监测主要有哪些方法？
3. 简述电力电缆直流成分在线监测的基本原理，存在的主要问题及原因。
4. 电力电缆的故障类型及定位方法有哪些？

11

发电机的在线监测

11.1 概　　述

发电机的形式很多，但工作原理都基于电磁感应定律。发电机构造的一般原则是：用适当的导磁和导电材料构成实现电磁感应的磁路和电路，以产生电磁功率，达到机电能量转换的目的。大型汽轮发电机和水轮发电机一般为电励磁同步发电机，近些年发展较快的风力发电所用发电机则多为双馈异步发电机和永磁直驱型同步发电机。

发电机的基本结构包括定子、转子、轴承装置、底板、其他附属结构等。同步发电机是当今主要动力电源，火力发电、水力发电、核能发电等均采用同步发电机。图 11 - 1 所示为一个氢气冷却（定子绕组为水内冷）汽轮发电机的结构示意图。

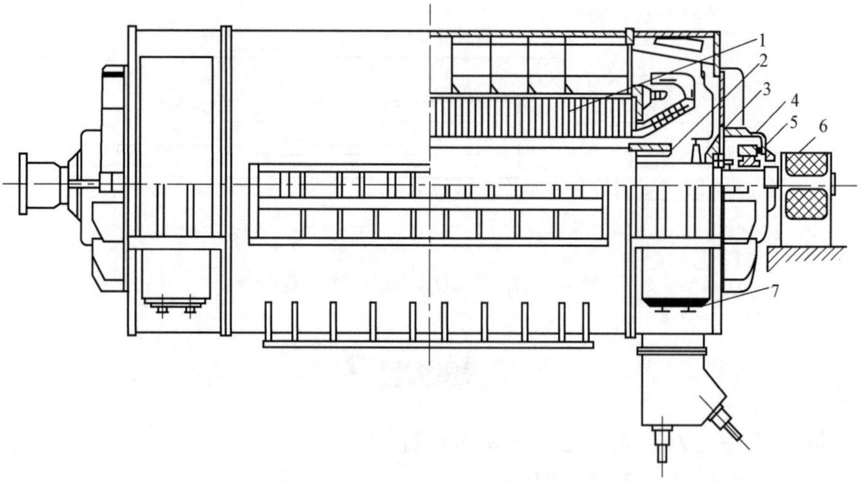

图 11 - 1　氢气冷却汽轮发电机结构示意图

1—定子；2—转子；3—端盖轴承；4—油密封；5—轴承瓦；6—电刷罩；7—冷却水管

发电机绝缘结构主要包括槽绝缘、匝间绝缘和端部防晕。发电机槽中的绝缘厚度（包括导线绝缘、匝间绝缘和对地绝缘等）是影响槽满率的主要因素。大型汽轮发电机的线棒，由于处于同一槽中仅上、下两线棒，各自的对地绝缘（主绝缘）在上、下两线棒间组成了足够可靠的线棒间绝缘，不存在匝间绝缘问题。大型发电机的对地绝缘厚度较厚，如能减薄，则可显著提高槽满率，减小发电机的体积和质量。

发电机绕组绝缘基本采用连续式结构。所谓连续式绝缘是指整个绕组均采用绝缘带半叠绕而成。以前用沥青云母带浸胶连续绝缘，现在用玻璃布补强环氧粉云母带连续式绝缘。粉云母带弹性小、容易包紧，厚度和耐电强度的分散性小。粉云母材料的缺点是机械强度很小，并且在集中负荷的作用下很容易损坏。使用热固性黏合剂可以克服在粉云母工作温度下流动和变形的缺点，具有较好的综合机械特性、很强的黏合力，当温度升高到工作温度时，其性能不会明显变化，仍能保持良好的整体性。玻璃布用作补强材料，有较高的耐热性和机械强度。

11.2 发电机的运行特性和常见故障

发电机能否可靠工作，直接影响发电和供电的可靠性。发电机在制造过程中，绝缘可能受到损伤；在运行过程中，会不断受到振动、发热、电晕、化学腐蚀的作用，各个部件逐渐老化，直至损坏。为了及早发现发电机的绝缘缺陷，对发电机进行预防性试验是十分必要的。

发电机不但在出厂前要严格进行试验，而且必须根据绝缘状况定期进行预防性试验，以免在运行中出现重大事故。对大型发电机更希望有合适的在线监测装置，以便及时发现缺陷。如果不是整台发电机的绝缘寿命将尽，而仅仅是局部或个别线棒绝缘性能低下，则可及时更换线棒。

大型汽轮和水轮发电机组可有选择地采用不同的监测和诊断系统，包括定子绕组绝缘监测系统、发电机内过热监测与诊断系统、定子绕组端部振动监测系统、转子绕组匝间短路监测系统、汽轮发电机组扭振监测与诊断系统、气体杂质组分监测与诊断系统等。

1. 发电机的绝缘故障

发电机在运行过程中受电、热、机械、环境等因素的影响，绝缘结构逐渐产生缺陷而导致绝缘故障。其常见绝缘故障有：

(1) 定子绕组绝缘击穿。定子绕组绝缘击穿占发电机事故的 30%以上，主要是由于绝缘老化、磨损、受潮导致电气和机械强度降低引起的。

(2) 定子相间短路。主要是由于定子绕组端部绝缘有缺陷而造成相间击穿，定子绕组端部手包绝缘是发电机绝缘的薄弱环节。

(3) 定子绕组空心导体内堵塞。由于定子绕组空心导体堵塞，冷却水流通不畅，致使局部绝缘过热。

(4) 发电机定子、转子漏水。发电机的定子和转子的引水管及连接件在运行中发生破裂，造成漏水引发绝缘击穿事故。

(5) 定子端部焊接不良。定子绕组端部并头套焊接不良（假焊、虚焊）以及断股，运行中发热开焊烧损绝缘。

(6) 转子绕组匝间短路。转子因端部工艺难度较大，自身机械强度较低，在运行过程中易发生匝间绝缘损伤，引起匝间短路。

2. 发电机的机械故障

发电机作为旋转机械，存在一些机械故障，主要原因有：设计、制造方面（如设计不当，动态特性不良，运行时发生强迫振动或自由振动），安装、维修方面（如机器安装不当，零部件错位，预负荷大），运行操作方面（如机器在非设计状态下超转速、超负荷或低负荷运行，改变了机器工作特性），机器劣化方面（如长期运行，转子挠度增大）。旋转机械发生故障的重要特征是机器有异常的振动和噪声，振动信号从幅值域、频率域和时间域实时地反映了机器故障信息。工况变化的伴随状态（如振动随转速变化、振动随负荷变化等）作为敏感参数是振动故障识别的重要手段。

11.3 发电机的在线监测

发电机转子绕组通过气隙与定子绕组进行电磁耦合将机械能转化为电能，发电机的这种工作原理决定了其结构和运行的弱点。发电机常见的故障有：定子铁芯故障、定子绕组故障、定子绕组股线故障、定子端部绕组故障、转子本体故障、转子绕组故障、冷却水系统故障。无论哪种故障都会按一定的模式或机制发展，即从最初的缺陷发展成为故障，在劣化的过程中总有一些特征量可以反映劣化的情况。对于发电机的绝缘来说，在运行过程中将受到电、热、机械以及环境的影响，逐步老化，导致寿命终结，在这些过程中均可通过一定的方法进行监测，如图 11 - 2 所示。

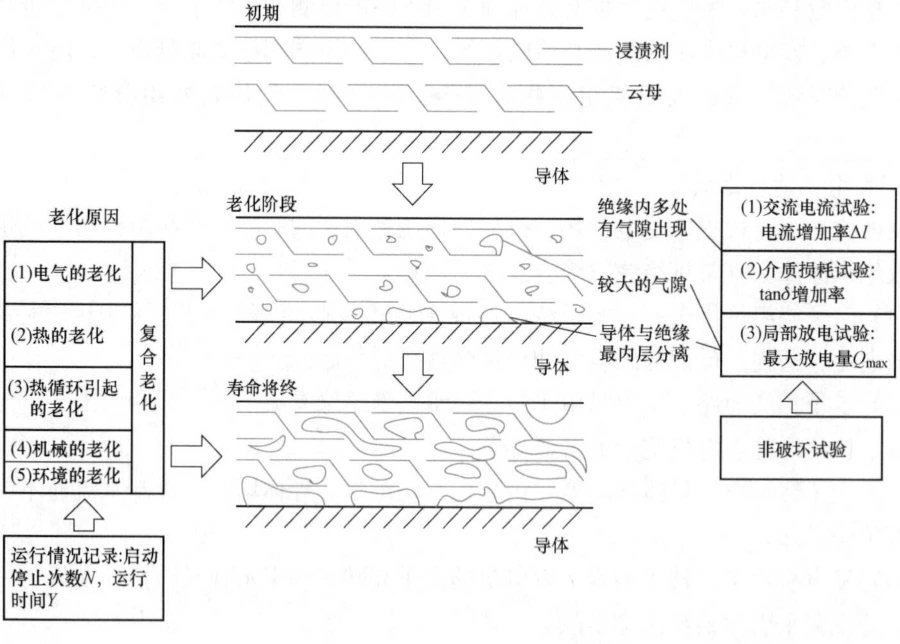

图 11 - 2　发电机绝缘老化过程及监测方法

在电场的作用下，发电机绝缘中因各种因素产生的电气故障，都会呈现放电现象。随着绝缘进一步老化，放电加剧，发电机的绝缘剩余寿命减少。测量发电机的放电不仅可以提供早期故障的报警信号，还可以提供绝缘剩余寿命的信息。发电机内部放电主要有：

(1) 槽部放电。定子线棒槽部防晕层与铁芯之间的气隙中的放电称为槽部放电。这时放电波形中的正极性脉冲常大于负极性，而且放电次数随负荷变动而变动。

(2) 表面防晕层放电。这时虽然正极性的脉冲也常大于负极性，但放电过程比槽部放电缓慢，后期也往往发展成槽部放电。

(3) 绝缘层内部的局部放电。这时正、负极性的放电脉冲大体上相同。

11.3.1 发电机局部放电的在线监测

研究表明，局部放电信号的数量、幅度和极性可以直接反映发电机绝缘系统的状况，利用局部放电评估发电机的绝缘寿命仍是一个研究热点问题。

在实际的绝缘系统中，绝缘材料的构成是多种多样的。不同绝缘材料所承受的电场强度不同，击穿场强也各不相同。当绝缘体某种材料中局部区域的电场强度达到击穿场强时，就会出现局部放电。有的绝缘系统虽然是由单一的材料做成，但由于在制造中残留的，或在使用中绝缘老化而产生的气隙、裂纹或其他杂质，在这些绝缘的缺陷中往往会首先发生放电。其中最常发生的是气隙的放电，因为气体的介电常数很小，在交流电场中，电场强度是与介电常数成反比的，所以气隙中的电场强度要比周围介质中高得多，而气体击穿场强一般比液体或固体低得多，因而很容易在气隙中首先出现放电。经验表明，许多绝缘损坏都是从气隙放电开始的。

在发电机中，局部放电可能在铜棒和发电机接地的铁芯磁钢之间的任何气隙中产生。这些气隙包括铜棒与绝缘体之间的气隙、绝缘材料内部的气隙、绝缘体与接地铁芯之间的气隙。此外，在发电机中，线棒的绝缘外层并非都与铁芯连接，所以局部放电还会在绕组端部区域发生。对于这些区域来说，当绝缘受潮或表面污染时，会发生表面放电或闪络现象。

大部分电气设备在正常工况时都不允许有局部放电发生，旋转电机是个例外。发电机被设计成在正常工作时也能容忍一定量的局部放电，只有局部放电的幅值超过了一定的量值，才会损坏发电机的绝缘系统。从异常局部放电发生到最终绝缘击穿通常达半年或一年以上，所以监测发电机的异常局部放电情况，提出预警，可以安排计划性停机检修，避免绝缘系统的损坏，延长系统的使用寿命。

1. 中性点射频法

当定子绕组线棒出现导线断股时，将出现间歇性电弧，产生频带很宽的、按指数规律变化的高频衰减电流波形，其中一部分传向定子星形绕组的中性点。中性点射频法是采用装于中性点上的射频电流互感器及相应的测量装置在线监测电流，测量原理如图 11-3 所示。

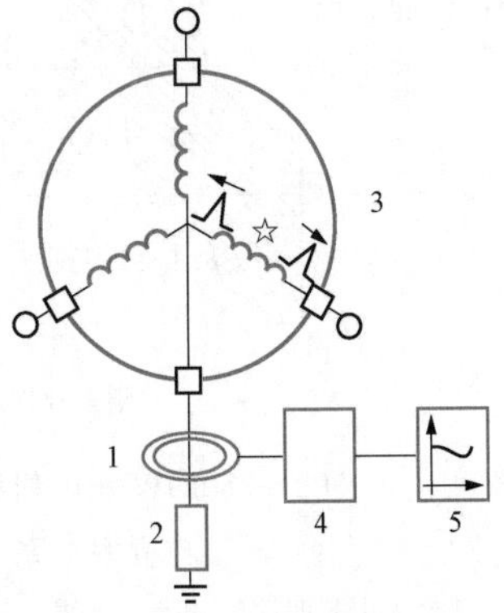

图 11-3 中性点射频法测量原理图

1—高频电流互感器；2—中性点电阻；3—定子；4—测量仪；5—记录仪

测量回路中高频电流互感器（或罗氏线圈）套在定子星形绕组的中性点引线上，通过电流互感器把放电产生的电磁波信号提取出来，再用一个准峰值的无线电干扰场强仪（RIFI）或无线电干扰仪（RIV）来监测这个信号，电流互感器的频带为30kHz～30MHz。

在零序电流的频谱中往往可看出有三个比较明显的频率分量：①由整相绕组的电感和电容所引起；②由每个线圈的电感和电容所引起；③由一相绕组的电感和零序电流互感器的电容所引起。有资料介绍，对于容量为500MW及以上的汽轮发电机，这3种频率分别为50kHz、370kHz及1MHz左右。不少国家已在大型汽轮发电机上安装了固定频率（如1MHz）的中性点射频在线监测仪。

根据实测经验，对600MW左右容量的大型汽轮发电机，在用1MHz射频测试仪于中性点在线监测时，建议的判别原则为：①正常时，射频测量仪的测量值小于300μV；②当达到500～1000μV，已可能有1～2根导线断股，或者有电弧放电；③当达到3000μV时，可能有6根左右导线断股。如果该射频测量仪的测量值大于1000μV，宜进一步观察此测量值是否随负荷而变动。如果负荷减小时此测量值显著降低，说明该发电机里有因电弧放电而损伤的股线，需停机检修。

美国西屋（Westing House）电气公司曾对8台500MW及以上的汽轮发电机进行过较长期的射频监测，当没有出现电弧放电时，射频频谱为图11-4中曲线1、2之间带阴影的部分。图中曲线3已超出此范围，其射频信号比正常范围要大一个数量级；而且发现此频谱还随负荷而变化，显然已有故障。停机检查时，发现在此发电机的绕组间的连接铜板上已有电弧烧伤的坑。经检修后，射频频谱即恢复正常，如图11-5所示。

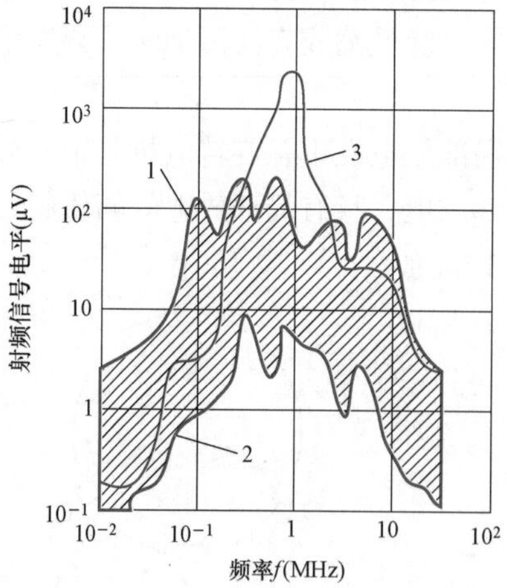

图11-4　500～750MW发电机射频信号（准峰值）与频率关系

1、2—7台无电弧时测值的上、下限；3—1台不正常的射频信号

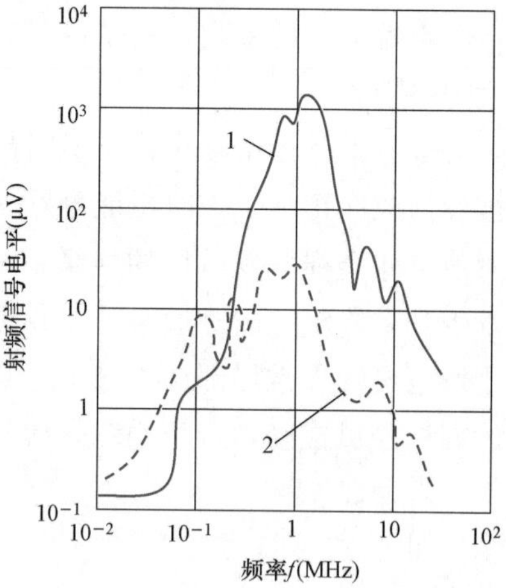

图11-5　在检修后的射频频谱

1—检修前；2—检修后

2. 耦合电容法

耦合电容法是在发电机定子绕组的出线端通过耦合电容器与脉冲高度分析器相连，

对放电脉冲的时域特性进行分析的一种方法，测量原理如图 11-6 所示。这里所用的脉冲高度分析器由阈值上、下限电路与单稳电路等构成，考虑到足以捕捉上升时间为 1～10ms 级的局部放电脉冲，分析器的响应带宽为 80MHz。耦合电容器永久地装在发电机的端部各相的环形母线上，还可以保证系统免受外部供电系统的放电信号所产生的干扰的影响。

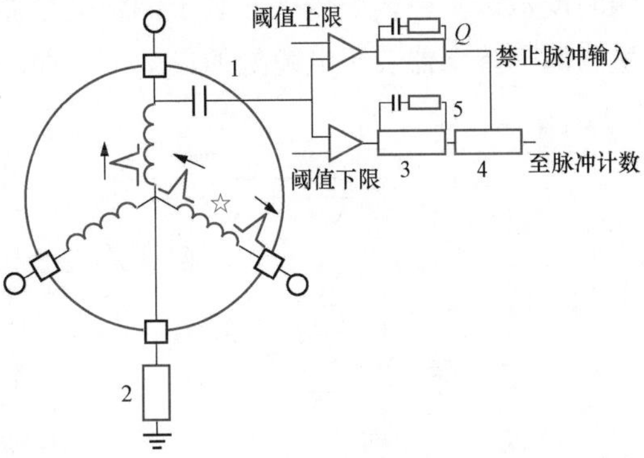

图 11-6　耦合电容法测量原理图

1—耦合电容；2—中性点电阻；3～5—单稳电路

利用耦合电容法定期对发电机进行监测，可以监测到定子槽部放电和绕组绝缘劣化过程。用耦合电容法进行局部放电测量，应尽量靠近局部放电源，如将耦合电容器成对地接到差分放电器上，可大大抑制来自电源等的外来干扰。

在线监测槽部局部放电的原理如图 11-7 所示。由于对放电强度、脉冲次数、频谱等都做了纪录，因而便于观察放电的性质、区分放电的部位等。

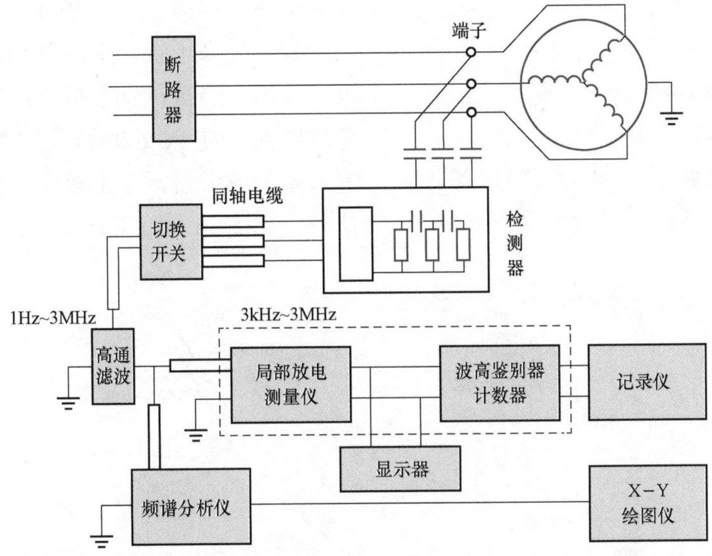

图 11-7　在线监测槽部局部放电的原理图

对发电机的局部放电进行在线监测，可根据现场的情况，将电流传感器装于发电机的接地侧，或装于耦合电容器或电缆的接地侧。对安装于不同处时的灵敏度进行试验，结果如图 11-8 所示，图中，C_g为绕组等效电容；C_x为系统侧的等效电容；C_k为耦合电容器；C_r为抑制环流用电容器；PG 为校正脉冲发生器；C_0 为注入校正脉冲用电容器，注入电荷量取 5000pC；M 为局部放电测试仪。监测时 K1 闭合，但在监测点 A 或 B 时 K2 打开，在监测点 C 时 K2 闭合。由图 11-8 所示的曲线可看出，在绕组局部放电在线监测的模拟试验中，如传感器装于耦合电容器接地侧，即图 11-8（a）中 A 处，检出的灵敏度低于传感器装于电缆处的灵敏度，即图 11-8（a）中的 B 或 C 处。无论系统侧的等效电容 C_x 如何改变，都有此试验结果。另外，灵敏度与 C_k、C_x 的数值有关。

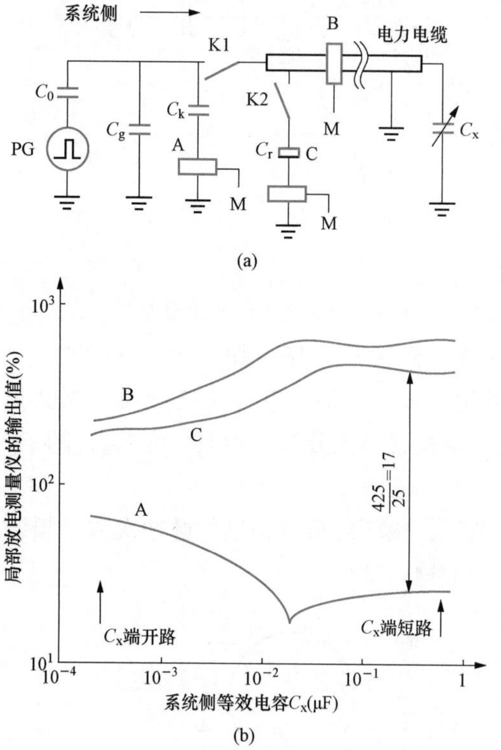

图 11-8　绕组局部放电在线监测模拟试验
（a）测量电路；（b）不同处测量时的灵敏度曲线

图 11-9 所示为一台已运行约 8 万 h 的高压发电机的局部放电在线监测结果。在换绝缘更新前后，测得的最大放电量 q_m 有很大差异；而且在绝缘更新前，其测值还随负荷电流而急剧增大，启动时可出现最大值。在这种情况下，此测值与固定是否结实密切相关。

如前所述，局部放电的高频脉冲沿绕组传播过程将很快衰减，因此如用耦合电容器配合局部放电测量仪进行测量，最好尽量靠近局部放电源。如将耦合电容器成对地接到差分放大器上，可将来自电源等的外来干扰大大削弱，如图 11-10 所示。图 11-10（a）中，仅有外来干扰，无内部局部放电，几乎没有输出。当被试发电机绕组绝缘中发生局部放电时，如 A 处的脉冲比 B 处的脉冲早进入差分放大器，于是放大器将有明显输出信号，如图 11-10（b）所示。

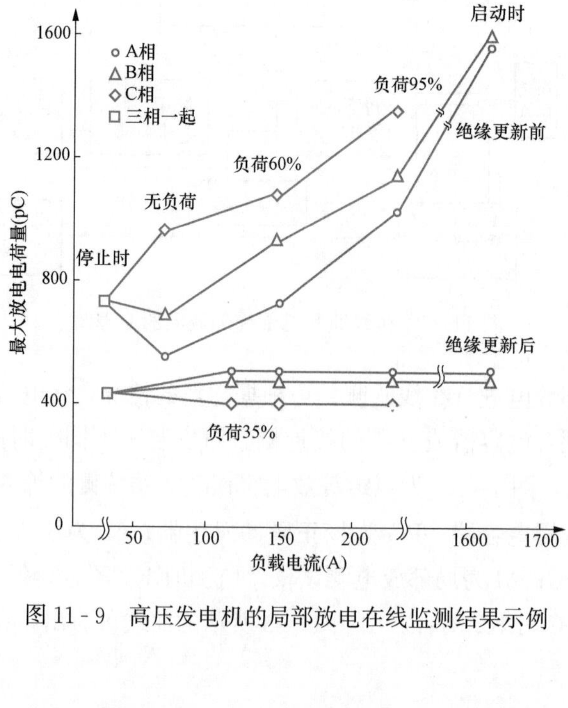

图 11-9　高压发电机的局部放电在线监测结果示例

在早期，用于局部放电信号监测的电容传感器电容量一般都在 375～1000pF 范围内，后来采用了 80pF 的电容作为传感器。研究发现采用 80pF 的电容传感器，其等效电路的下限截止频率在 40MHz 左右，而干扰信号分量一般都远远小于该频率。因此采用 80pF 的电容传感器，信号的信噪比较高，可以避免误警现象；而且电容容量小，传感器的体积小，容易安装且寿命高，保证了被测试系统的安全性。

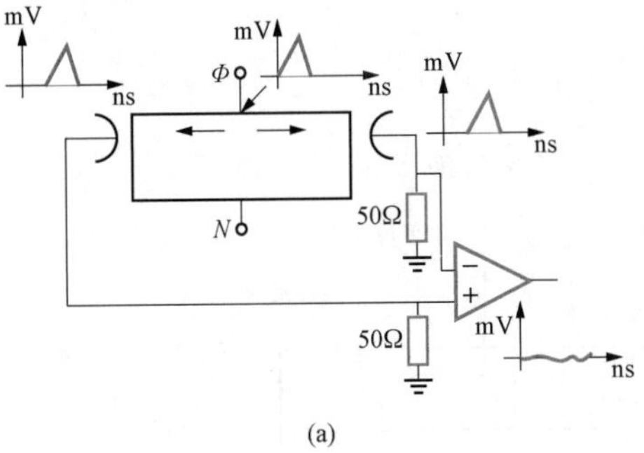

图 11 - 10　加装差分放大器系统后的作用示意图

(a) 仅有外来干扰，无内部局部放电时；(b) 有内部局部放电时

近年来，一方面由于技术的进步，同容量电容的体积大大下降，另一方面随着数字信号处理技术的发展，新的抗干扰技术不断出现，大容量电容传感器又重新获得了重视。大容量的电容比起小容量电容在局部放电信号监测方面灵敏度更高，信号的带宽也更宽，但同时耦合的噪声信号能量也会增加，因此采用大电容传感器需要有高性能的抗干扰数字处理算法做基础。

3. 高频天线法

研究表明，任何一台好的发电机都有一定的基准电晕放电和基准局部放电，其大小因不同时刻和不同的发电机而异。而危害性的放电脉冲，如严重的局部放电、火花放电、电弧放电的脉冲上升时间比基准放电脉冲更短，从而产生频率高得多的电磁波信号，可达到几百兆赫，甚至达到数千兆赫。通常频率高于 4MHz 的电磁波信号可以从绕组的放电处空间辐射出来，而不像较低频段的电磁波信号只能沿绕组传递。对这种辐射信号可以用安装在发电机外壳内或外部的紧靠外壳空隙处的高频天线来监测。

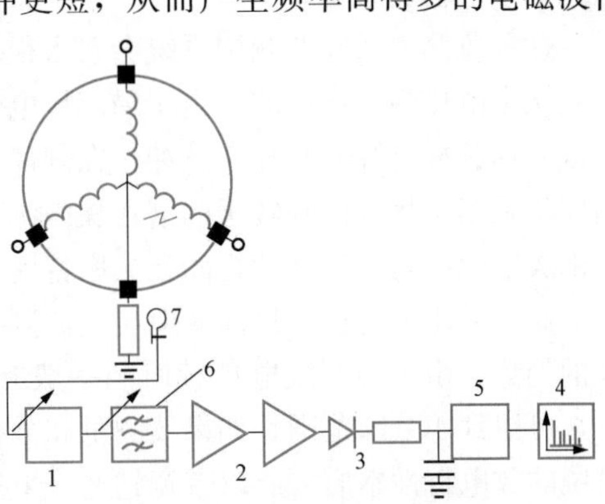

图 11 - 11　高频天线法监测原理图

1—衰减器；2—高频放大器；3—检波器；
4—记录仪；5—信号处理单元；
6—可调带通滤波器；7—高频天线

图 11 - 11 所示为一种基于高频天线法进行局部放电监测的原理图。它从天线上接收信号，信号经放大后再监测，监测器内有一带通滤波器，其通带在放电噪声的截止频率以上（如 350MHz）。在大型汽轮发电机上，使用这种监测方法，可以得到

较满意的结果。把天线装在发电机外壳外靠近中性点附近，这在现场是可以实现的。使用这种方法可以监测到绕组股线的电弧放电和其他危害性放电。

图 11-12 所示为一种装在发电机转子上的高频天线局部放电在线监测装置，它通过滑环将接收到的局部放电信号送到信号处理单元。也有将高频天线安装在发电机轴的中心线的延长线上的，由于采用了很高的频段（如 1～6GHz），常见的背景干扰已较小，能明显区分出局部放电。

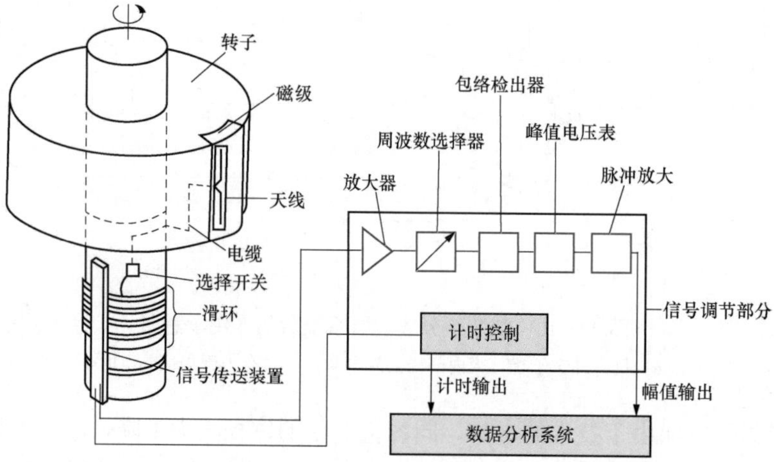

图 11-12　装在发电机转子上的高频天线局部放电监测装置

4. 基于埋置在定子槽内的电阻式测温元件导线的监测法

还有一种局部放电监测方法是以埋置在定子槽内的电阻式测温元件（RTD）导线作为局部放电传感器。根据现行的美国国家标准协会（ANSI）标准和 IEC 标准，每台发电机上都要安装电阻式测温元件，因此不必再停机安装额外传感器就可进行局部放电测量。只要与发电机机座外侧的电阻式测温元件引线连接起来，就可以将局部放电信号载入局部放电监测系统。

这种监测方法在监测中系统会引入很多电磁干扰，有些噪声来自外部，而另一些噪声是从发电机内部产生的。由于局部放电传感器频率特性很宽，可以通过硬件和软件技术区分局部放电脉冲与噪声脉冲。在硬件上，可以从发电机周围多级传感器上进行数据的同步采集，将母线和转子的潜在噪声源引入测试系统；在软件上，根据在高频范围内局部放电脉冲与噪声脉冲之间在频率特性和灵敏度方面存在的差别来区分噪声。

此外，用上述这些局部放电在线监测技术，频带上有越来越宽，中心频段有越来越高的趋势。由于局部放电持续时间一般介于 $10^{-9}\sim10^{-7}$s 之间，其对应的频域十分宽广，可达到 1GHz 范围，如果仅测量和分析兆赫级以下的信号，显然不能全面反映绝缘系统的放电特性本质。所以带宽越宽，采集的局部放电信息越丰富；频段越高，信号的信噪比也越高。这些都需要有先进的硬件设备和有效的抑制干扰算法为基础，局部放电在线监测技术从窄带到宽带乃至超宽频带，是这一领域技术发展的趋势。

11.3.2　发电机温度的在线监测

发电机额定容量通常是由绝缘所能承受的最高允许温度所决定的，发电机出厂前主要性能试验之一是进行温升试验。在运行中对发电机各部分进行温度监测是十分重要的。

发电机温度测量有两种基本方法：用埋入式测温元件测量发电机内部某些部位的局部温度，测量发电机内温度分布并计算平均温升。

在设计和制造过程中，为了监测发电机有效部分的温度，在定子绕组或定子铁芯之中常预埋热电偶或电阻式监测计类的测温元件，这些测温元件还可以埋在运行的轴承中监测发热情况。这种方法的缺点是热电偶和电阻式监测计必须与发电机的带电部分绝缘，因为它们都是由金属构成的，不能直接安放在定子绕组的最热部位，而不得不安放在定子线棒的绝缘层外，由此产生的温差可通过热阻公式进行计算。

随着科学技术的发展，光纤温度传感器已开始用于发电机内部转子温度测量，其基本原理是在转子表面用荧光涂料喷涂成一个环状，这种涂料在紫外线照射时，将随温度升高而发生荧光，并随时间而衰减，温度越高衰减时间越快。光纤通过定子将紫外线聚焦在转子表面荧光涂料环上，使涂料发射荧光，同时接收光纤将这些带有温度信息的荧光传输到监测系统，即可得到转子表面的温度分布。

发电机内部最高温度点测量技术目前尚不成熟。设计和运行经验表明，定子端部绕组是发电机中的局部最热点。发电机的整体热状态可以通过平均温度来反映，平均温度测量可以通过热电偶测量入口和出口处冷却介质温度的方法得到。发电机上都装有这样的测温装置，当发电机过负荷或其冷却系统工作不正常时，可以及时显示出来。

现在借助红外测温仪，可以不接触地监测定子铁芯、槽孔表面和碳刷滑环的温度。

11.3.3 发电机非电量的在线监测

1. 发电机在线监测仪（GCM）

当发电机里某处过热时，引起该处有机绝缘材料的热分解，会出现比气体分子（$10^{-4}\mu m$）大的微粒或冷凝核（$10^{-3}\sim10^{-1}\mu m$），而 GCM 就可及时对这些微粒或冷凝核的出现进行监测。

监测微粒用的 GCM 的原理如图 11-13 所示。将氢冷发电机里的冷却媒质——氢气引进此 GCM 后，由于电离壁上含有放射性同位素，它不断放出的 α 射线（3.99×10^7eV）将使氢气电离。当氢离子进入离子收集室后，由于氢质量（m）小，因此质量电荷比 m/Q 小，绝大多数的氢离子将被电极所捕获而形成离子流（约 10^{-12}A 级），经放大后可监测到。

当绝缘材料过热而出现微粒或冷凝核时，由于其质量比氢离子大得多，即 m/Q 增大，于是在离子收集室里被捕获的离子流将明显减小，经放大后的记录仪上的波形如图 11-14 所示。因过热而出现的电流—时间波形与某些偶然、暂时性因素而引起的电流波动明显不同。一般可取初期离子流的 50%作为警报点，这在图 11-14 中已示出。

2. 绝缘过热烟雾的监测

当发电机绝缘在高温或电弧作用下分解时，产生大量的碳氢化合物气体，能看到挥发物形成烟雾。过热事故持续时间与过热事故的类型（匝间短路、铁芯短路、局部放电等）、过热区域的范围和绝缘材料的性质有关。

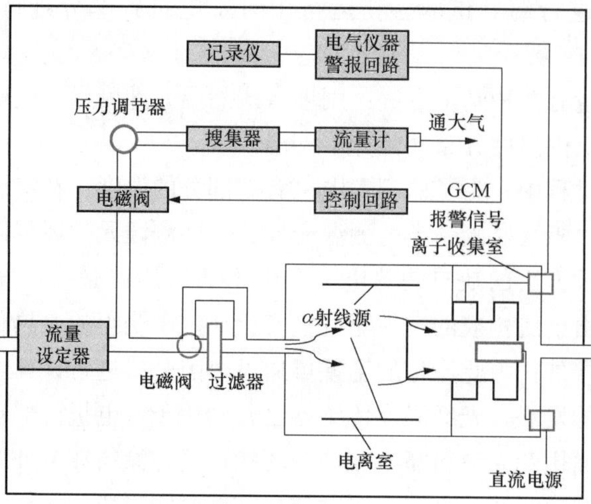

图 11-13　监测微粒用的 GCM 的原理图

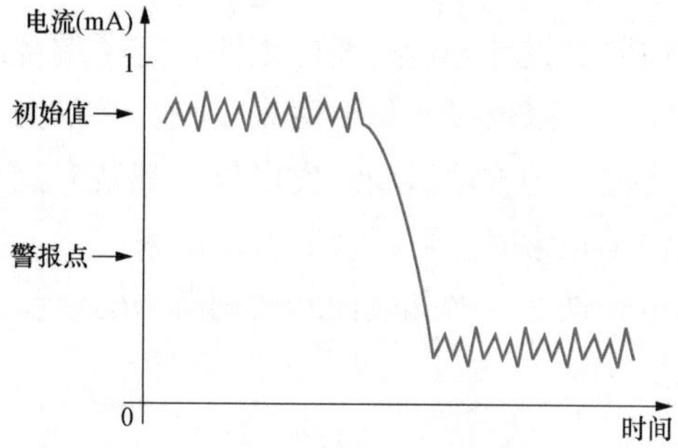

图 11-14　热分解后微粒引起电流下降

烟雾监测是利用电离室来监测绝缘过热分解的烟雾微粒，原理如图 11-15 所示。当取自发电机内的冷却气流样品送入电离室时，气体被低能放射源辐射而产生电离。电离的气体进入电极系统，由于电极极板带有极化电压，气体中的正负离子便移向不同极性而产生离子电流，在静电计上将产生一个电压值。当烟雾微粒进入电离室时，这些绝缘分解产生的气体也将被电离，产生离子电流，但由于它们分子质量大，能动性差，所以一旦这类气体进入电极系统，离子电流和相应的静电计放大电路的输出电压就会降低。

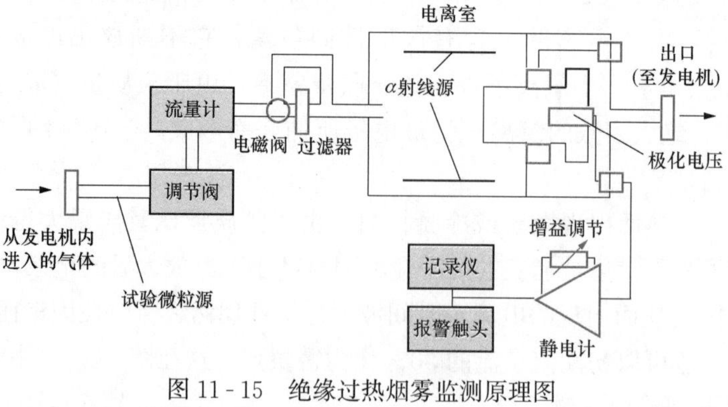

图 11-15　绝缘过热烟雾监测原理图

烟雾监测装置能监测到铁芯短路、匝间短路和局部放电所造成的绝缘局部过热故障。这种监测装置的缺点是不能区别过热材料的性质，且输出信号随发电机冷却气体的压力与温度变化而波动。

烟雾监测的原理与 GCM 相似，不同的是 GCM 监测 H_2 气流，而该方法是监测放电所产生的混合气流烟雾。

3. 气体成分的在线监测

发电机绝缘出现过热、局部放电等故障时，将分解出多种气体，因此也可根据冷却气体中所含的其他气体的成分和量值来对绝缘状况进行在线监测，国外已普遍将这种技术用于监测发电机绝缘的早期故障。

随着过热温度的不同，不同绝缘材料中分解的气体成分也不同。表 11 - 1 所列为环氧云母绝缘和沥青云母绝缘材料因过热而产生分解的试验结果。

表 11 - 1　　环氧云母绝缘和沥青云母绝缘材料热分解试验结果　　（单位：mL/g）

绝缘材料	温度（℃）	CO_2	CH_4	C_2H_2	C_2H_4
沥青云母绝缘	100	0.16			
	200	0.38	0.02	0.02	0.01
	300	5.11	0.86	0.43	0.07
环氧云母绝缘	100	0.02			
	200	0.06			
	300	0.44	0.14	0.01	0.01
	400	1.14	1.74	0.25	0.17
	500	0.78	2.97	0.45	0.18

过热分解物的气体在冷却系统中滞留的时间比较长，连续的气体成分在线监测能获得发电机过热的早期报警。

对于氢冷发电机，可采用一种称作火焰电离监测器的装置对 H_2 中有机物总含量进行监测，如图 11 - 16 所示。这是一种用色谱分析来测定有机物成分的典型监测器，它把氢冷发电机中的气体引入氢氧火焰中燃烧，而氢氧火焰是电路的一个部分，正常时呈现很高的电阻。当有机类物质存在时，形成了含碳有机离子，火焰的电阻就与有机物质的含量成正比地下降。这种监测器非常灵敏，并可连续地显示过热分解物的变化趋势。

在局部放电的作用下绝缘材料也将分解出气体，一般来说当放电量增大时，平均放电电流也增大，分解物也随之增多。

对氢冷汽轮发电机绝缘材料的热裂解，用气相色谱法进行监测时较常见的判据为：

（1）运行时间在 10 年以内的汽轮发电机，正常时在 H_2 中的 CH_4 含量不大于 0.01%，CO_2 含量不大于 0.05%。而运行 10 年以上的汽轮发电机，CO_2 的含量有可能大于 0.1%，但 CH_4 的含量不大于 0.1%。

（2）如 H_2 中 CH_4 及 CO_2 的含量增高，并且出现其他气体（如 CO、C_2H_6、C_2H_4 等）时，往往表示有固体绝缘过热或气体放电。如出现 C_2H_2，则反映在有些点上有较强烈的放电现象。

（3）如 H_2 中有 CO_2，而 CH_4 的浓度不大于 0.01%，则可能是在固体绝缘中有微弱的局部放电。

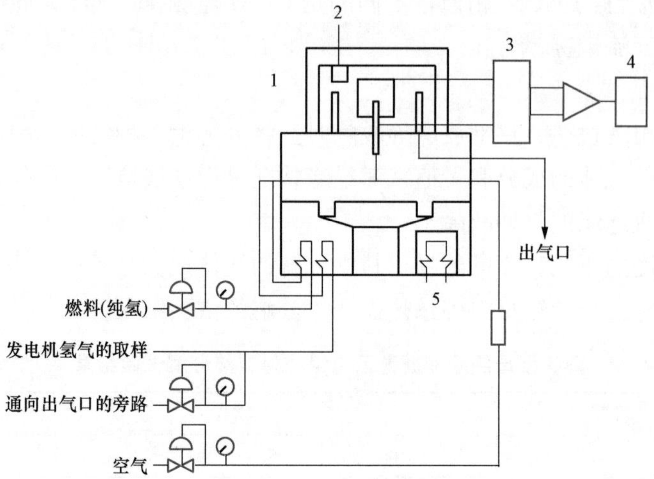

图 11 - 16　火焰电离监测器工作原理

1—火焰电离监测器；2—点火装置；3—信号适配器；4—记录仪；5—加热器

思考题

1. 简述发电机的故障特点与监测诊断内容。
2. 简述发电机放电类型、主要监测方法及基本原理。
3. 简述发电机烟雾监测的基本原理和方法。
4. 简述发电机温度监测的基本原理和方法。

12

变电站绝缘状态的非接触式监测

12.1 概　　述

变电站主要组成部分包括馈电线（进线、出线）和母线，电力变压器，隔离开关，断路器，电力电容器，电压互感器（TV），电流互感器（TA），避雷器和避雷针，以及六氟化硫全封闭组合电器（GIS）。GIS把断路器、隔离开关、母线、接地开关、互感器、出线套管或电缆终端头等分别装在各自密封间中集中组成一个整体外壳充以SF_6气体作为绝缘介质。

变电站按照其使用特征主要可分为：枢纽变电站、终端变电站，升压变电站、降压变电站。电力系统变电站的电压等级主要有1000、750、500、330、220、110、35kV等。

随着智能变电站可视化在线监测要求的提出，电气设备在线监测技术得到了极大发展。但由于变电站的功能不一，重要程度不同，不可能每个变电站的电气设备都安装在线监测系统，这样不但投资过大，且大多数老式变电站实现起来有一定的难度。因此，近年来，国际上提出并实现了变电站绝缘状态的非接触式监测，不是对变电站的每个设备进行监测，而是固定监测这个变电站的特高频放电和定位，或是移动地监测设备的温度、局部放电，当出现一些初步的绝缘故障后，再用便携式仪器进行在线监测，或采用离线式准确监测。例如，在变电站的边缘安装4～8个阵列特高频天线，监测到微弱的放电信号并定位后，再在定位区域监测有关电气设备，寻找故障放电的设备。也有的采用红外技术监测设备的过热温度，采用紫外技术监测设备的电晕放电，再确定某个设备的绝缘故障。现在已实现机器人自动巡检变电站，把特高频放电传感器、红外传感器和紫外传感器安装在自动机器人设备上，机器人则定时自动在变电站流动巡检，监测到故障信号后，通过无线信号传送到变电站主控室，声光报警，通知检修人员到现场准确监测。

12.2 红外热成像的在线监测

在变电设备现场巡检所发现的缺陷中，与温度相关的设备隐患和缺陷占到了80%以上，因此，变电设备在线测温技术的应用是无人值班技术发展和状态检修的必然要求。变电站电气设备很多故障是由于过电流、过载、老化、接触不良、漏电、设备内部缺陷或其他异常导致的，而这些故障一般都会伴有发热异常等现象。及时发现设备发热缺陷，将发热缺陷消除在初始状态，是保证设备的安全运行，降低检修成本，减少事故发生，避免被迫停电的重要措施之一。目前，变电站巡检人员采用红外测温技术进行巡检的设备主要有两类：一类是手持式红外热像仪；另一类则为远程在线式红外热像仪。

电流型致热故障往往是由于电气设备与金属部件之间的导线、线夹、接头等接触不良导致电流变化而产生。电流型致热的电气设备主要包括 SF_6 断路器、真空断路器、充油套管、高压开关柜、空气断路器、隔离开关等。

通过红外测温技术对电气设备进行温度测量，分析出对应电气设备是否存在潜在故障。目前主要有以下故障分析方法：

(1) 绝对温度判断法。将测得的电气设备表面温度与 GB/T 11022—2011《高压开关设备和控制设备标准的共用技术要求》相对照，从而判断设备的运行状况。

(2) 相对温差判断法。相对温差 δ_t 定义为两个对应测点间的温差与其中较高热点的温升之比，即

$$\delta_t = \frac{\tau_1 - \tau_2}{\tau_1} \times 100\% = \frac{T_1 - T_2}{T_1 - T_0} \times 100\% \tag{12-1}$$

式中：τ_1、τ_2 为发热点温度；T_1、T_2 为正常相对应点的温度；T_0 为环境参照体的温度。

相对温差判断法主要适用于发热点温升大于 10K 的电流型致热电气设备的故障分析，不同的 δ_t 值对应不同的缺陷级别，见表 12-1。

表 12-1　部分电流型致热电气设备的相对温差判据

设备类型	相对温差值（%）		
	一般缺陷	重大缺陷	紧急缺陷
SF_6 断路器	≥20	≥80	≥95
真空断路器	≥20	≥80	≥95
充油套管	≥20	≥80	≥95
高压开关柜	≥35	≥80	≥95
空气断路器	≥50	≥80	≥95
隔离开关	≥35	≥80	≥95

(3) 三相温差判断法。根据三相设备对应部位的温差来判断设备的运行状况。

除此之外，还有热像图谱异常判断法、档案分析法等故障分析方法。不同故障分析方法各有特点，可综合考虑选用。

12.3　紫外成像的电晕监测

电晕放电是一种局部化的放电现象，是由于绝缘系统的局部电压应力超过临界值所产生的气体电离化现象。因此，电晕放电一般是指存在导体表面的气体放电现象，当带

电体表面电位梯度超过空气的绝缘强度（约 30kV/cm）时，会使空气游离而产生电晕放电现象，特别是高压电气设备，常因设计、制造、安装及维护工作不良而产生电晕放电问题。

目前的紫外成像电晕测量仪器是针对紫外光谱进行监测，通常用来监测被测物电晕或表面放电所产生的紫外线，以发现电晕放电问题。一般在室内晚间没有太阳光的干扰下，效果显著。在白天有太阳光干扰的环境下，必须采用含特殊滤波技术的监测仪器，针对太阳盲光波段（240～280nm）进行感测，以免受到太阳辐射的干扰。另外，双频谱影像机器使用日盲紫外线滤波器技术，同时监测电晕影像及周围环境视觉影像，可应用于监测及定位高压电气设备的电晕。其中视觉通道用于定位电晕，紫外线通道用于监测电晕。

1. 紫外线带电巡检及可识别的故障类型

输供电线路和变电站等电气设备在大气环境下工作，在某些情况下随着绝缘性能的降低，出现结构缺陷或表面局部放电现象。电晕和表面局部放电过程中，电晕和放电部位将大量辐射紫外线，这样便可以利用电晕和表面局部放电的产生和增强，间接评估运行设备的绝缘状况，及时发现绝缘设备的缺陷。目前，放电过程的诊断方法中，光学方法的灵敏度、分辨率和抗干扰能力最好。采用高灵敏度的紫外线辐射接收器，记录电晕和表面放电过程中辐射的紫外线，再加以处理、分析，达到评价设备状况的目的。能够预防、减少设备发生故障造成的重大损失，具有很大的经济效益。这种利用紫外成像原理的技术在甄别设备故障或缺陷时有以下作用：

（1）监测发现劣化绝缘子（陶瓷、复合、玻璃绝缘子）的缺陷、表面放电和污染。

（2）导线架线时拖伤，运行过程中外部损伤（人为砸伤），断股、散股监测。导线表面或内部变形都可产生电晕。

（3）监测高压设备的污染程度。污染物通常表面粗糙，在一定电压条件下会产生放电，例如绝缘子表面因污染会产生电晕。导线的污染程度、绝缘子上污染物的分布情况等，都可以利用该技术有效地进行分析。

（4）运行中绝缘子的劣化监测，复合绝缘子及其护套电蚀监测。绝缘子的裂纹可能会构成气隙，绝缘子的劣化导致表面变形，在一定的条件下都会产生放电。当绝缘子表面形成导电的碳化通道或者侵蚀裂纹时，合成材料支柱式绝缘子的使用寿命大大降低。形成碳化通道或者裂纹以后，绝缘子的故障是不可避免的，而且可能会在短期内发展成绝缘子击穿事故。利用紫外成像技术在某些情况下还可以发现支撑绝缘子的内部缺陷，可在一定灵敏度、一定距离内对劣化的绝缘子、复合绝缘子和护套电蚀进行定位、定量监测，并评估其危害性。

（5）高压设备的绝缘缺陷监测。紫外成像的监测结果还可为电气设备的绝缘诊断与寿命预测提供大量信息，可以建立综合档案资料，以便更好地诊断分析。

（6）高压变电站及线路的整体维护。传统的放电异常判别方法有听声音（包括超声波故障监测）和夜间观察放电等。由于很多设备的放电并不影响其正常运行，所以听声音的方法无法排除干扰因素和主观因素，且受监测距离的限制。如果绝缘设备在夜间发出可见光，放电已经十分严重了。很多事故是在绝缘设备未见可见光放电的情况下突然闪络击穿引起的。

（7）寻找无线电干扰源。高压设备的放电会产生强大的无线电干扰，影响附近的通信、电视信号的接收等，使用紫外成像技术可迅速找到无线电干扰源。

（8）在高压电气设备局部放电试验中，利用紫外成像技术寻找或定位设备外部的放电部位，以及设备内部和外部放电，或消除外部干扰放电源，提高局部放电试验的有效性。

2. 双通道紫外线带电巡检

双通道紫外成像仪有紫外线和可见光两个通道。紫外线通道用于电晕成像，可见光用于拍摄环境（绝缘体、电流器、导线等）图片。两图片可以重叠生成一幅图片，用于同时观察电晕和周围环境情况，因此可以监测电晕并清楚地显示电晕源的精确位置。紫外线通道工作波段采用太阳盲区中的 240～280nm 波段，该波段不受太阳辐射的干扰。在太阳盲区波段臭氧吸收太阳光辐射，因此电晕信号可以在白天获取并成像。双通道紫外线监测系统原理如图 12 - 1 所示。

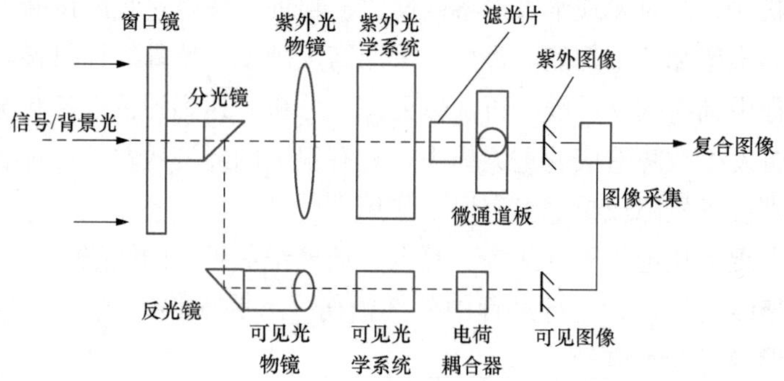

图 12 - 1 双通道紫外线监测系统原理图

12.4 变电站全站局部放电的特高频监测及定位

特高频法监测重要电气设备内部局部放电的研究和应用近些年发展较快，但该方法多应用于监测单台设备。近年来国内外开发了车载非接触式变电站设备局部放电监测系统，将特高频天线阵列安装于车顶，在变电站内巡逻进行故障监测（也可以固定地安装 6～8 个监测天线在变电站内）。其监测原理如下：变电站内的高压设备如果存在绝缘缺陷，那么在带电运行过程中，尤其当运行状态或运行环境改变的时候可能发生局部放电，局部放电伴随的陡脉冲电流（脉宽为纳秒级）若上升时间足够快，则能在设备电气附件（如套管）处激发出相应的特高频电磁波辐射到设备外的空气中。这些特高频电磁波可以被频带对应的天线在几十米甚至几百米外耦合，从而在天线导体表面激励起特高频感应电流，而天线性能和电磁波幅值则决定了天线能监测到多远距离外的特高频信号。如图 12 - 2 所示，在天线阵列感应到特高频电磁波并且通过传输线传送至采集装置后，具有高模拟频带和采样频率的采集装置可以准确采集到相应的信号数据，并以此计算出存在局部放电的电气设备所在的位置，从而达到监测整个变电站设备局部放电和早期预警的目的。

相比单台设备内部的局部放电监测，全站局部放电的天线安装完全不与被测设备发生接触，但在应用中必须考虑到变电站背景噪声的问题。变电站背景噪声可以分为固有噪声和突发噪声。固有噪声是变电站设备正常运行时产生的干扰再加上广播通信信号等外界干扰组成的，这些噪声往往比较稳定，是变电站内存在的主要电磁干扰。因此在监测前需要确定固有背景噪声幅值，以设置相应的局部放电信号触发阈值，确保监测系统具有良好的信噪比。而突发噪声很多时候是来源于变电站内开关设备操作产生的脉冲，这些脉冲幅值很大，波形和频域也同局部放电信号相似，因此在监测时要注意变电站开关设备操作的时间以避免信号误判。

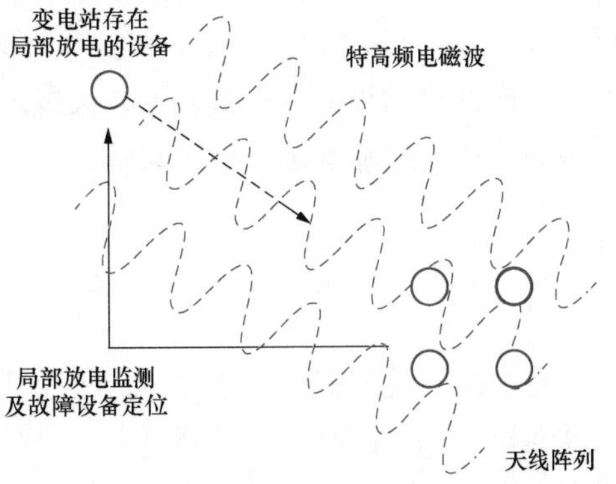

图 12-2　变电站全站局部放电监测及故障定位

用于局部放电信号监测的天线传感器要实现监测整个变电站局部放电，需要传感器能够接收到远处电气设备因局部放电辐射到空气中的特高频信号，从天线设计的角度来说，要求天线具有合适的带宽、水平面（H 面）全向性和高增益。就天线带宽而言，首先需要覆盖局部放电信号能量最强频段，在此基础上，频带越宽则天线灵敏度越高，有助于天线更好地接收局部放电信号并提取更多放电信息。各种类型放电的信号频带有明显差异，电缆接头的局部放电信号能量在 0.2～1.5GHz 有较强分布，变压器内各种类型局部放电信号能量最强频带各不相同，但都分布在 0.2GHz 以上范围内。因此在考虑天线灵敏度和局部放电信号频带分布的基础上，用于变电站局部放电监测的天线频带应至少覆盖 0.2～2GHz。测试时，在固定平台或移动平台上构建天线阵列（见图 12-3）。每个天线都尽量远离金属物体（如探照灯），以避免由于折反射造成畸变而影响信号到达天线时间的准确读取。这样的阵列方式应该在空间限制和尽可能避开金属物体的情况下能提供最大的矩形，以便最有效提高信号到达各天线传感器的时间差的分辨率。

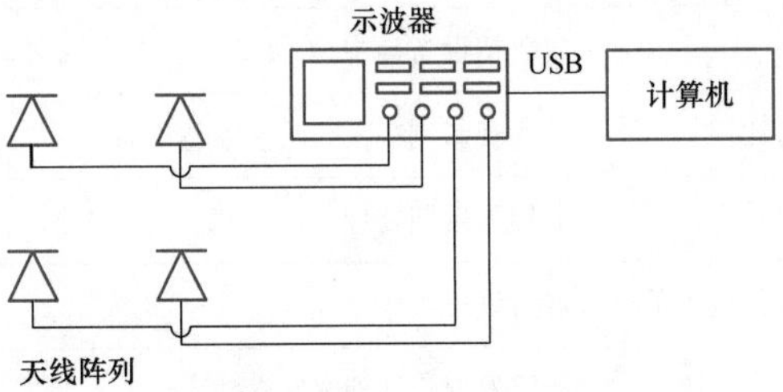

图 12-3　变电站全站局部放电监测天线阵列

放电信号到达各天线存在时间差，读取了时间差就可以计算出放电源所在的位置。不同天线采集的特高频信号的峰值的时间差，再结合标定的系统时延误差，即得到信号到达各天线的时间差，而示波器的高采样频率优势可以使信号达到时间差的读取更加精确。

在求取了信号到达各天线的时间差后，根据式（12-2）可以计算出放电源所在位置坐标（在天线阵列中以天线 1 位置为坐标原点）。

$$c\Delta t_{ij}=\sqrt{(x_{\mathrm{s}}-x_i)^2+(y_{\mathrm{s}}-y_i)^2+(z_{\mathrm{s}}-z_i)^2}-\sqrt{(x_{\mathrm{s}}-x_j)^2+(y_{\mathrm{s}}-y_j)^2+(z_{\mathrm{s}}-z_j)^2} \tag{12-2}$$

式中：c为光速；Δt_{ij}为信号到达天线i和天线j的时间差；(x_{s}，y_{s}，z_{s}) 为放电源位置坐标；(x_i，y_i，z_i) 和 (x_j，y_j，z_j) 为天线i和天线j的位置坐标；i，j=1，2，3，4。

变电站全站局部放电监测中，天线阵列设计、干扰抑制、局放信号的捕捉和标定是实现局部放电故障准确定位的关键。

12.5 变电站机器人巡检

变电站巡检机器人技术在短短十年间取得了一定进展，现在已有变电站实现机器人自动巡检。把特高频放电传感器、红外传感器和紫外传感器安装在自动机器人设备上，机器人则定时自动在变电站流动巡检，就可定时地监测电气设备的温度、电晕放电和特高频局部放电，监测到故障信号后，通过无线信号传送到变电站主控室，通过软件进行故障诊断和分析，就能判别是否出现绝缘故障。

图 12-4 变电站巡检机器人

图 12-4 所示为变电站巡检机器人的实物照片。实际上，巡检机器人只是整个变电站自动巡检系统的一部分，它还需要相应的通信基站、控制和数据处理平台等系统为其提供支持。

整个系统的工作流程大致为：通过定位系统对巡检机器人进行准确定位、导航，再通过机器人所携带的摄像机或红外传感器等传感器对电气设备的工作状态进行采集，并即时向控制中心返回设备状态和机器人本体的工作状态，达到机器人巡检的目的。机器人巡检与人工巡检的特点见表 12-2。

表 12-2　机器人巡检与人工巡检的特点

项目	机器人巡检	人工巡检
巡检设备	可同时携带多种测量设备	以手持设备为主
巡检标准	能够实现标准化测量，具有可对比性	受主观影响很大，水平参差不齐
巡检后处理	可同步实现数据处理与分析	需额外后期处理
巡检成本	一次性投入固定成本多，后期运行成本低	需持续投入成本
其他	自动化测量，具有可扩展性	能够发现、处理突发事件

1. 变电站机器人巡检系统框架

变电站巡检机器人系统结构为网络式分布结构，由基站层、通信层和终端层三层组成，如图 12 - 5 所示。

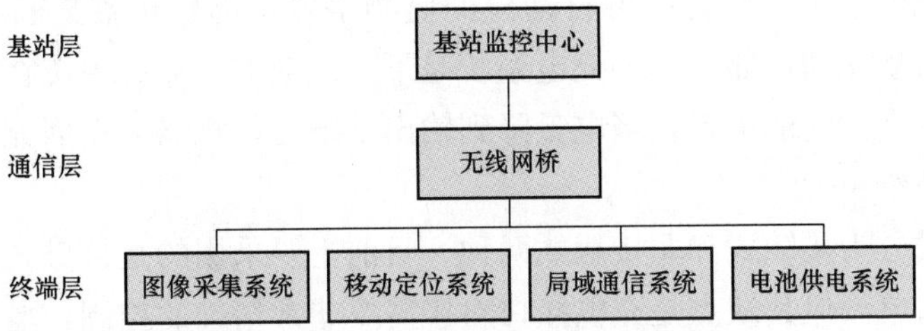

图 12 - 5　变电站机器人巡检系统结构框图

基站层即监控后台，主要负责机器人巡检系统中接收数据、处理数据以及展示处理结果的任务，由数据库（模型库、历史库、实时库）、模型配置、设备接口（机器人通信接口、红外热像仪接口、远程控制接口等）、数据处理（实时数据处理、事项报警服务、日志服务等）、视图展示（视频视图、电子地图、事项查看等）等模块组成。基站层通过对所采集数据的分析，判别设备的运行情况，对设备缺陷以及潜在危险进行识别并及时报警。

通信层主要由交换机和无线网桥等设备组成，为基站层与终端层之间的通信提供双向、透明的信道。

终端层主要是巡检机器人主体和充电基站。巡检机器人通过无线通信受到监控后台的控制，并将所采集的电气设备运行情况以及自己运行的情况实时反馈给监控室。充电基站中安装有自动充电设备，机器人在巡检过程中如发现自身电量不足，可自动进入充电基站充电。

2. 变电站巡检机器人构成

变电站巡检机器人由运动控制系统、导航定位系统、自动充电系统、云台及传感器系统构成。

(1) 运动控制系统。目前所有已知的变电站巡检机器人都采用轮式机器人的结构，由电动机驱动左右车轮实现机器人的前进、后退和旋转。其机械结构简单，控制算法比较成熟，控制准确度高，机器人行进速度快，能够满足变电站巡检的任务需求。

由于机器人速度适中，自由度较少（至多有 3 个自由度，在图像中的位置由 xy 坐标轴确定，为 2 个自由度，再由机器人的方向确定第 3 个自由度），控制策略普遍采用比例—积分—微分（PID）闭环控制，控制框图如图 12 - 6 所示。

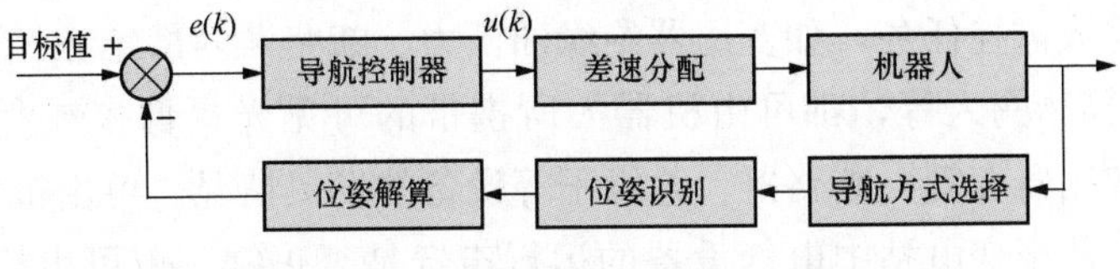

图 12 - 6　机器人运动控制系统框图

(2) 导航定位系统。机器人在自动巡检过程中，需要对变电站内不同位置的设备进行监测，所以机器人要在导航定位系统的帮助下按照所规划的路径行进，对设备相关信息进行采集，这是变电站巡检机器人的关键技术之一。

（3）自动充电系统。作为高度自动化的监测手段，巡检机器人长期值守在变电站中，一套高度自动化和可靠稳定的充电系统是不可或缺的。充电系统在机器人执行巡检任务时能够实时查询电池电量，当电量降到输出下限时，机器人返回充电系统，完成机器人电能自动补给。

充电的方式分为接触式和非接触式两种。目前主要采用的是接触式充电方法，充电速度快，原理简单。但其缺点是充电接口对接需要非常精确的控制，增加了系统的复杂程度，耗时较多。随着无线输电（即磁耦合共振技术）的发展，非接触式的充电方法已经变为现实，其优点是对巡检机器人的控制准确度要求不高，速度快，并且没有裸露的金属接口，不会出现金属腐蚀而降低充电效果甚至失效的现象，可靠性更高。

（4）云台及传感器系统。云台是巡检机器人承载各种检测设备的平台，能够灵活转动。目前在云台上搭载的传感器主要有可见光摄像仪、红外成像仪、紫外传感器和特高频传感器等。

3. 变电站机器人巡检的基本功能

（1）监测功能。通过红外成像仪监测一次设备的热缺陷，或通过紫外线监测电晕放电，或通过特高频传感器监测局部放电；通过可见光摄像仪进行一次设备的外观监测，包括破损、异物、锈蚀、松脱、漏油等；监测断路器、开关的位置；监测表计读数、油位计位置；通过音频模式识别，分析一次设备的异常声音等。

（2）导航功能。按预先规划的路线行驶，能动态调整车体姿态；差速转向，原地转弯，转弯半径小；磁导航时超声自动停障；最优路径规划和双向行走，指定观测目标后计算最佳行驶路线。

（3）分析及报警功能。能够进行设备故障或缺陷的智能分析并自动报警；自动生成红外测温、局部放电、设备巡视等报表，报表格式可由用户定制，可通过 IEC 61850 规约传送至信息一体化平台；具有按设备类别提供设备故障原因分析及处理方案的辅助系统，提供设备红外图像库，协助巡检人员判别设备的故障。

（4）控制功能。设备巡检人员可在监控后台进行巡视；可对车体、云台、红外及可见光摄像仪进行手动控制；实现变电站设备巡检的本地及远方控制；与顺序控制系统相结合，代替人工实现断路器、隔离开关操作后位置的校核。

4. 机器人巡检双图像系统

目前变电站中电气信号基本可以得到实时监控，而一些非电量的信号以及特征就可由巡检机器人完成监控任务，如变压器绝缘油压力、断路器内部绝缘气体压力（压力表读数）、是否有异物闯入等，都可由机器人所携带的可见光摄像仪或激光测距仪检测；而母线接头、变压器套管、断路器、绝缘子等设备的发热情况，可由机器人所携带的红外成像仪检测；甚至变电站中电气设备的运行声音是否正常，也可由拾音器采集声音，经由监控后台处理。目前为止，最主要的检测项目是利用红外测温技术，检测诊断设备外部发热情况以及热缺陷。红外可见光双图像系统也已用于机器人巡检。

红外测温技术是利用红外测温仪通过测量物体表面的红外辐射能量，来显示物体表面温度。红外测温仪由光学系统、光电探测器、信号放大器、信号处理及显示输出等部分组成。工作环境的影响主要来自大气环境，物体在红外辐射的过程中，由于大气中存在大量尘埃和颗粒，它们既对红外辐射具有一定的散射作用，同时也会让红外辐射偏离其原来的传播方向从而引起一定的衰减。太阳光辐射和风力干扰也会对红外测温产生很大影响。当被测物体处于太阳光直射下时，由于阳光反射，会使得测出的物体温度高于实际温度，从而可能引起事故误报。而风力干扰的影响则恰恰相反，由于风力会将物体外围空气吹走，使得所测物体温度低于实际温度，可能导致危险情况的漏报。因此红外测温尽量能选择在夜间或者无风的阴天进行。

因此，单纯采用红外图像进行温度测定局限性较大，目前已有研究提出利用可见光图配合红外图像测温的技术。在获得红外图像和可见光图像后，利用图像配准将不同的两幅图像进行匹配、叠加，将取自同一目标区域的两幅或多幅图像在空间位置上最佳地匹配起来。再经过红外图像与可见光图像的融合，减小环境因素的干扰，可以获得更佳的视觉效果，具有实际的研究价值。

双图像系统采用可见光、红外光双通道图像系统，如图 12-7 所示。可见光实景图像系统可以观察变电站运行环境状况、分合状态等，直接查看漏油、结构变形、压力数据异常等故障信息，并且与红外图像进行实景匹配。

红外图像系统用于变电站设备测温，可发现故障及缺陷。外部接线高温，可通过红外图像的热场分布，直接确定故障部位；内部故障导致高温，热量将通过金属导体导出，根据金属导体的热场区别以及外壳的热量变化，可以判断内部故障部位。并且可利用材料热容不同，监测变压器油面变化。

图 12-7　机器人巡检双图像系统

双图像系统的技术基础是，两套成像设备安装于同一云台统一控制云台旋转及运动；成像设备焦距与拍摄范围相同或近似，成像具有对照性，设备位置能够重叠。图像处理技术根据被摄物体边缘变化，判断物体位置，双图像系统进行对照匹配，在实景图上标注发热点。

变电站巡检机器人已进入实用阶段，但受到各种外界影响因素的制约，变电站巡检机器人仍有不足之处：一是机器人巡视路线单一，灵活性与可靠性成为相互制约的矛盾，如果为了提高其中一项，势必会削弱另一项；二是监测项目单一，以监测设备的热缺陷为主，不能完全替代人工巡检；三是测温准确性在很大程度上受到天气因素影响，相应的图像处理技术有待提高。

可以肯定的是，现运行的变电站巡检机器人都能较为可靠地替代部分人工巡检任务，提高了设备巡检的工作效率和质量，降低了变电站工作人员的劳动强度和工作风险。随着自动化技术的不断发展，变电站巡检机器人可以逐步替代人工作业，加快智能变电站或无人值守变电站的建设。可以预见未来，机器人巡检将是智能变电站的标准配置，可以极大地降低人力的巡检成本。

思考题

1. 变电站红外成像带电监测的原理和方法是什么？
2. 变电站紫外成像带电监测的原理和方法是什么？
3. 变电站全站特高频局部放电监测及定位原理是什么？
4. 变电站机器人巡检的技术特点和方法是什么？

参 考 文 献

[1] 肖登明．电气设备在线监测与故障诊断．上海：上海交通大学出版社，2005.
[2] 王昌长，李福祺，高胜友．电气设备的在线监测与故障诊断．北京：清华大学出版社，2006.
[3] 朱德恒，严璋，谈克雄，等．电气设备状态监测与故障诊断技术．北京：中国电力出版社，2009.
[4] 严璋．电气绝缘在线检测技术．北京：中国电力出版社，1995.
[5] 成永红．电气设备绝缘与诊断．北京：中国电力出版社，2001.
[6] 严璋，朱德恒．高电压绝缘技术．3 版．北京．中国电力出版社，2015.
[7] 苑舜．高压开关设备状态监测与诊断技术．北京：机械工业出版社，2001.
[8] 申忠如．电气测量技术．北京：科学出版社，2003.
[9] 张迎新．非电量测量技术基础．北京：北京航空航天大学出版社，2002.
[10] 何洪英，杨迎建，姚建刚．利用红外热像检测高压绝缘子污秽度的影响因素研究．高电压技术，2010，36（7）：1730－1736.
[11] 唐炬，廖华，张晓星，等．GIS 局放超高频在线监测系统研制．重庆大学学报，2008，01：29－33.
[12] 廖瑞金，周天春，刘玲，等．交联聚乙烯电力电缆的电树枝化试验及其局部放电特征．中国电机工程学报，2011，28：136－143.
[13] 赵振兵，高强，苑津莎，等．一种变电站电气设备温度在线监测新方法．高电压技术，2008，08：1605－1609.
[14] 李和明，王胜辉，律方成．基于放电紫外成像参量的绝缘子污秽状态评估．电工技术学报，2010，（12）：22－29.